U0207336

地表过程与资源生态丛书

中国土壤流失方程

刘宝元 等 著

科 学 出 版 社

北 京

内 容 简 介

土壤侵蚀模型是土壤侵蚀调查和水土保持规划的技术工具。中国土壤流失方程（Chinese soil loss equation，CSLE）将美国通用土壤流失方程（universal soil loss equation，USLE）覆盖与管理因子和水土保持措施因子修改为覆盖与生物措施因子、工程措施因子和耕作措施因子；增加了陡坡公式；对降雨侵蚀力因子和土壤可蚀性因子在全国进行了评估。应用于陡坡条件、复杂侵蚀环境和区域土壤侵蚀调查时更具有针对性、实用性和方便性。本书介绍了 CSLE 模型结构、模型因子、模型验证、用户指南，以及各因子的定义、计算方法、取值范围和适用条件等。

本书可供水土保持与荒漠化防治、土壤、环境、生态和自然资源等学科领域的科研人员、管理工作者以及相关专业的师生参考。

审图号：GS 京（2024）1076 号

图书在版编目（CIP）数据

中国土壤流失方程／刘宝元等著 . 北京：科学出版社，2024. 6.
（地表过程与资源生态丛书）. -- ISBN 978-7-03-079008-8

Ⅰ. S157

中国国家版本馆 CIP 数据核字第 20248ZQ201 号

责任编辑：王 倩／责任校对：樊雅琼
责任印制：赵 博／封面设计：无极书装

科学出版社 出版
北京东黄城根北街 16 号
邮政编码：100717
http://www.sciencep.com
北京建宏印刷有限公司印刷
科学出版社发行　各地新华书店经销
*
2024 年 6 月第 一 版　开本：787×1092　1/16
2024 年 11 月第二次印刷　印张：18 1/2
字数：440 000
定价：**248.00 元**
（如有印装质量问题，我社负责调换）

"地表过程与资源生态丛书"编委会

《中国土壤流失方程》撰写组

组 长 刘宝元

成 员 谢 云 符素华 魏 欣 章文波

张科利 殷水清 殷 兵 郭乾坤

张 岩 刘瑛娜 刘洪鹄

总　　序

　　2017 年 10 月，习近平总书记在党的十九大报告中指出：我国经济已由高速增长阶段转向高质量发展阶段。要达到统筹经济社会发展与生态文明双提升战略目标，必须遵循可持续发展核心理念和路径，通过综合考虑生态、环境、经济和人民福祉等因素间的依赖性，深化人与自然关系的科学认识。过去几十年来，我国社会经济得到快速发展，但同时也产生了一系列生态环境问题，人与自然矛盾凸显，可持续发展面临严峻挑战。习近平总书记 2019 年在《求是》杂志撰文指出："总体上看，我国生态环境质量持续好转，出现了稳中向好趋势，但成效并不稳固，稍有松懈就有可能出现反复，犹如逆水行舟，不进则退。生态文明建设正处于压力叠加、负重前行的关键期，已进入提供更多优质生态产品以满足人民日益增长的优美生态环境需要的攻坚期，也到了有条件有能力解决生态环境突出问题的窗口期。"

　　面对机遇和挑战，必须直面其中的重大科学问题。我们认为，核心问题是如何揭示人–地系统耦合与区域可持续发展机理。目前，全球范围内对地表系统多要素、多过程、多尺度研究以及人–地系统耦合研究总体还处于初期阶段，即相关研究大多处于单向驱动、松散耦合阶段，对人–地系统的互馈性、复杂性和综合性研究相对不足。亟待通过多学科交叉，揭示水土气生人多要素过程耦合机制，深化对生态系统服务与人类福祉间级联效应的认识，解析人与自然系统的双向耦合关系。要实现上述目标，一个重要举措就是建设国家级地表过程与区域可持续发展研究平台，明晰区域可持续发展机理与途径，实现人–地系统理论和方法突破，服务于我国的区域高质量发展战略。这样的复杂问题，必须着力在几个方面取得突破：一是构建天空地一体化流域和区域人与自然环境系统监测技术体系，实现地表多要素、多尺度监测的物联系统，建立航空、卫星、无人机地表多维参数的反演技术，创建针对目标的多源数据融合技术。二是理解土壤、水文和生态过程与机理，以气候变化和人类活动驱动为背景，认识地表多要素相互作用关系和机理。认识生态系统结构、过程、服务的耦合机制，以生态系统为对象，解析其结构变化的过程，认识人类活动与生态系统相互作用关系，理解生态系统服务的潜力与维持途径，为区域高质量发展"提质"和"开源"。三是理解自然灾害的发生过程、风险识别与防范途径，通过地表快速变化过程监测、模拟，确定自然灾害的诱发因素，模拟区域自然灾害发生类型、规模，探讨自然灾害风险防控途径，为区域高质量发展"兜底"。四是破解人–地系统结构、可持续发展机理。通过区域人–地系统结构特征分析，构建人–地系统结构的模式，综合评估多种区域发展模式的结构及其整体效益，基于我国自然条件和人文背景，模拟不同区域可持续发展能力、状态和趋势。

自 2007 年批准建立以来，地表过程与资源生态国家重点实验室定位于研究地表过程及其对可更新资源再生机理的影响，建立与完善地表多要素、多过程和多尺度模型与人-地系统动力学模拟系统，探讨区域自然资源可持续利用范式，主要开展地表过程、资源生态、地表系统模型与模拟、可持续发展范式四个方向的研究。

实验室在四大研究方向之下建立了 10 个研究团队，以团队为研究实体较系统地开展了相关工作。

风沙过程团队：围绕地表风沙过程，开展了风沙运动机理、土壤风蚀、风水复合侵蚀、风沙地貌、土地沙漠化与沙区环境变化研究，初步建成国际一流水平的风沙过程实验与观测平台，在风沙运动-动力过程与机理、土壤风蚀过程与机理、土壤风蚀预报模型、青藏高原土地沙漠化格局与演变等方面取得了重要研究进展。

土壤侵蚀过程团队：主要开展了土壤侵蚀对全球变化与重大生态工程的响应、水土流失驱动的土壤碳迁移与转化过程、多尺度土壤侵蚀模型、区域水土流失评价与制图、侵蚀泥沙来源识别与模拟及水土流失对土地生产力影响及其机制等方面的研究，并在全国水土保持普查工作中提供了科学支撑和标准。

生态水文过程团队：研究生态水文过程观测的新技术与方法，构建了流域生态水文过程的多尺度综合观测系统；加深理解了陆地生态系统水文及生态过程相互作用及反馈机制；揭示了生态系统气候适应性及脆弱性机理过程；发展了尺度转换的理论与方法；在北方农牧交错带、干旱区流域系统、高寒草原-湖泊系统开展了系统研究，提高了流域水资源可持续管理水平。

生物多样性维持机理团队：围绕生物多样性领域的核心科学问题，利用现代分子标记和基因组学等方法，通过野外观测、理论模型和实验检验三种途径，重点开展了生物多样性的形成、维持与丧失机制的多尺度、多过程综合研究，探讨生物多样性的生态系统功能，为国家自然生物资源保护、国家公园建设提供了重要科学依据。

植被-环境系统互馈及生态系统参数测量团队：基于实测数据和 3S 技术，研究植被与环境系统互馈机理，构建了多类型、多尺度生态系统参数反演模型，揭示了微观过程驱动下的植被资源时空变化机制。重点解析了森林和草地生态系统生长的年际动态及其对气候变化与人类活动的响应机制，初步建立了生态系统参数反演的遥感模型等。

景观生态与生态服务团队：综合应用定位监测、区域调查、模型模拟和遥感、地理信息系统等空间信息技术，针对从小流域到全球不同尺度，系统开展了景观格局与生态过程耦合、生态系统服务权衡与综合集成，探索全球变化对生态系统服务的影响、地表过程与可持续性等，创新发展地理科学综合研究的方法与途径。

环境演变与人类活动团队：从古气候和古环境重建入手，重点揭示全新世尤其自有显著农业活动和工业化以来自然与人为因素对地表环境的影响。从地表承载力本底、当代承载力现状以及未来韧性空间的链式研究，探讨地表可再生资源持续利用途径，构筑人-地关系动力学方法，提出人-地关系良性发展范式。

人–地系统动力学模型与模拟团队：构建耦合地表过程、人文经济过程和气候过程的人–地系统模式，探索多尺度人类活动对自然系统的影响，以及不同时空尺度气候变化对自然和社会经济系统的影响；提供有序人类活动调控参数和过程。完善系统动力学/地球系统模式，揭示人类活动和自然变化对地表系统关键组分的影响过程和机理。

区域可持续性与土地系统设计团队：聚焦全球化和全球变化背景下我国北方农牧交错带、海陆过渡带和城乡过渡带等生态过渡带地区如何可持续发展这一关键科学问题，以土地系统模拟、优化和设计为主线，开展了不同尺度的区域可持续性研究。

综合风险评价与防御范式团队：围绕国家综合防灾减灾救灾、公共安全和综合风险防范重大需求，研究重/特大自然灾害的致灾机理、成害过程、管理模式和风险防范四大内容。开展以气候变化和地表过程为主要驱动的自然灾害风险的综合性研究，突出灾害对社会经济、生产生活、生态环境等的影响评价、风险评估和防范模式的研究。

丛书是对上述团队成果的系统总结。需要说明，综合风险评价与防御范式团队已经形成较为成熟的研究体系，形成的"综合风险防范关键技术研究与示范丛书"先期已经由科学出版社出版，不在此列。

丛书是对团队集体研究成果的凝练，内容包括与地表侵蚀以及生态水文过程有关的风沙过程观测与模拟、中国土壤侵蚀、干旱半干旱区生态水文过程与机理等，与资源生态以及生物多样性有关的生态系统服务和区域可持续性评价、黄土高原生态过程与生态系统服务、生物多样性的形成与维持等，与环境变化和人类活动及其人–地系统有关的城市化背景下的气溶胶天气气候与群体健康效应、人–地系统动力学模式等。这些成果揭示了水土气生人等要素的关键过程和主要关联，对接当代可持续发展科学的关键瓶颈性问题。

在丛书撰写过程中，除集体讨论外，何春阳、杨静、叶爱中、李小雁、邹学勇、效存德、龚道溢、刘绍民、江源、严平、张光辉、张科利、赵文武、延晓冬等对丛书进行了独立审稿。黄海青给予了大力协助。在此一并致谢！

丛书得到地表过程与资源生态国家重点实验室重点项目（2020-JC01~08）资助。

由于科学认识所限，不足之处望读者不吝指正！

2022 年 10 月 26 日

序

　　水与土相互依赖，共同维系着地球家园，是人类赖以生存的自然资源，承载着生命的繁荣与文明的延续。土壤侵蚀导致土地资源退化的同时，侵蚀下来的泥沙淤积河道，增加洪水风险，污染了水体。作为一名长期致力于水文学研究的学者，我对此深有感触。中国土壤流失方程（Chinese soil loss equation，CSLE）的建立，为计算土壤流失量，定量评价土壤侵蚀造成的土地退化和因此带来的面源污染等，提供了重要的技术工具。《中国土壤流失方程》一书的出版，无疑会让更多的人深入理解土壤侵蚀的基本原理，掌握土壤侵蚀模型的建模思想和方法，应用模型评价土壤侵蚀影响和水土保持效益，进行水土保持规划和政策制定等。

　　刘宝元教授长期致力于土壤侵蚀机理与模型研究，20多年来他带领团队通过大量的观测、实验和已有研究成果的总结，对中国多样化地貌与气候条件的土壤侵蚀过程、悠久的农耕活动积累的水土保持经验有着深刻的理解，构建了适用于中国国情的土壤流失方程。与国际上应用较广的美国通用土壤流失方程（universal soil loss equation，USLE）相比，在陡坡土壤侵蚀规律研究方面有明显突破；在水土保持措施分类方面体现了中国特色，强调了结合我国水土保持分类的应用简便性；在确定降雨侵蚀力计算方法和土壤可蚀性因子值方面，基于了我国大量实测数据；在水土保持措施因子值方面，应用了大量我国已有研究成果。可以说，该模型是我国以往研究的集大成者，本书对此进行了详尽的介绍，也是国际USLE同类型土壤侵蚀模型的重要补充。

　　该书既是一本模型的技术档案，又是一本应用手册。该书的最大特点是站在模型使用者的角度，详细介绍了模型的基本原理、计算步骤、应用条件和应注意的问题，还为读者提供了计算机软件和用户指南，体现了作者一直坚持的严谨的科学态度和务实的工作作风。

　　相信本书将为地理学、土壤学、水文学、水土保持与荒漠化防治、环境科学等领域的学者、政策制定者、大学教师和学生，以及所有关心土壤和水资源保护的人士提供重要的参考。通过共享知识和技术，我们可以更好地应对土壤侵蚀给土地资源和水资源管理带来的挑战，从而保护和恢复我们宝贵的自然资源。

　　期待该书能够激发更多的研究和实践，共同推动我们土地资源保护和水资源管理工作向前发展。

刘昌明

2024年3月

前　　言

　　土壤侵蚀是土地可持续利用的头号威胁，土壤侵蚀规律研究是认识世界的过程，土壤侵蚀模型则是用来改造世界的工具。土壤侵蚀模型构建是笔者 1987 年在中国科学院水利部西北水土保持研究所攻读博士学位时，唐克丽研究员为我确定的研究方向。1992 ~ 1996 年在美国普渡大学美国农业部国家土壤侵蚀研究实验室从事博士后研究时，笔者更坚定了建立中国土壤侵蚀模型的决心。1996 年回国后便组织团队和学生们开展了大规模全面研究。

　　土壤侵蚀模型研究已有 80 年的历史，经历了由经验模型到机理模型，由理论到应用的发展阶段。但目前机理模型距离应用还有相当长的路要走，以美国通用土壤流失方程（universal soil loss equation，USLE）为代表的经验模型在区域乃至全球土壤侵蚀强度评估、土地利用和气候变化对土壤侵蚀影响、水土保持措施效益评价等方面得到了广泛应用。为什么还要出版中国土壤流失方程（Chinese soil loss equation，CSLE）？因为经验模型中的参数是基于实测数据率定，一定要用当地的观测数据。对此，英国土壤侵蚀学家 Hudson 指出：没有一个模型是通用的，任何国家或地区应该建立自己的土壤侵蚀模型。更何况土壤侵蚀是人类活动导致的加速侵蚀过程，各国人类活动方式不同，必须结合本国实际。目前欧洲、韩国、日本等都先后研究了 USLE 同类型的经验模型。

　　中国土壤流失方程大规模研究开始于 1997 年，通过持续性在全国不同地区开展径流小区观测，进行人工模拟降雨实验，收集大量历史观测资料和研究成果，逐步完善了方程各个因子的计算方法或取值。其主要特点包括：一是按照中国水土保持措施分类，提出了覆盖与生物措施、工程措施和耕作措施三大因子，用七因子代替了美国 USLE 的六因子，对田间管理和水土保持措施因子进行了重新定义。可直接对应于不同土地利用，易于理解，方便应用。二是针对中国季风气候和陡坡（>10°）耕种的特点，提出了采用不同分辨率降水资料计算降雨侵蚀力、陡坡条件的陡度因子计算公式，反映了中国土壤侵蚀环境特点，提高了陡坡土壤侵蚀预测精度。三是充分利用中国土壤侵蚀研究成果，给出了工程措施和耕作措施因子的取值，便于应用。由于 CSLE 在中国的适用性和应用上的易操作性，成为水利部行业标准《土壤侵蚀分类分级标准（SL190–2007）》、2010 ~ 2012 年第一次全国水利普查土壤水力侵蚀普查、2018 ~ 2027 年二轮全国水土流失动态监测的指定模型。

　　本书系统介绍了 CSLE 的结构、模型因子计算或取值、应用条件和注意的问题等，并对模型精度进行了验证，还介绍了开发的相应软件和用户指南。本书分9章。第1章是绪论，介绍了土壤侵蚀的相关概念和中国土壤流失方程的应用，由刘宝元执笔。第2~8章介绍了模型的7个因子，其中第2章降雨径流侵蚀力因子由谢云和殷水清执笔，第3章土壤可蚀性因子由刘宝元、张科利和刘洪鹄执笔，第4章地形因子由符素华和刘宝元执笔，第5章覆盖与生物措施因子由章文波、张岩和刘宝元执笔，第6章工程措施因子由刘宝元、刘瑛娜和郭乾坤执笔，第7章耕作措施因子由刘宝元、谢云和郭乾坤执笔，第8章中国土壤流失方程验证由魏欣和谢云执笔，第9章计算机软件与用户指南由魏欣、章文波和殷兵执笔。全书由刘宝元审定。

CSLE在2002年第12届国际水土保持大会正式推出，首先感谢国家自然科学基金委员会杰出青年基金项目（项目名称：中国土壤水蚀模型研究，项目号：49725103）的资助，使我们的梦想得以实现；其次感谢水利部水土保持司和水土保持监测中心，使CSLE实现了由理论到应用的跨越；再次感谢笔者的团队，包括在中国科学院水利部西北水土保持研究所和北京师范大学工作期间的同事和学生们，没有他们，就没有CSLE；最后感谢所有同行、同事和朋友给予的各种支持和帮助。

土壤侵蚀模型需要长期深入的研究，在提高模型的适用性、精确度和对复杂环境过程模拟能力等方面仍面临诸多挑战。希望本书能起到抛砖引玉的作用，并恳请读者批评指正。

2024年3月

目　　录

第1章 绪 论

1.1 土壤侵蚀及其危害

1.1.1 土壤侵蚀的定义

土壤侵蚀是指水和风等外营力对土壤的消损过程（刘宝元等，2018）。侵蚀（erosion）一词源于拉丁语 erodere，原意是啃掉（gnaw away）。1894 年，彭克首次将侵蚀作为科学术语用于地质学中，描述河流流水对固体物质的磨蚀（Zachar，1982）。1918 年，Sampson 和 Weyl（1918）在美国农业部第 675 号公告中第一次使用了土壤侵蚀（soil erosion）这一术语。但直到 20 世纪 20 年代末 30 年代初，土壤侵蚀才被广泛使用，意指水和风等外营力啃掉（Lahee，1921）或磨掉（Bennett，1939）土壤颗粒，或是对土壤颗粒的分离（detachment）和搬运（transport）（Ellison，1947）。北魏郦道元在《水经注·江水一》中以"今夏水漂荡，岁月消损，高处可二三尺，下处磨灭殆尽"描述水力侵蚀。其中，"消损"一词便反映了水力作用下土壤颗粒的消除和损失。

土壤侵蚀发生在点尺度上。任何一块土壤，即使面积很小，在遭受风吹、雨打、水冲等外营力作用时发生土壤颗粒（团粒和单粒）被带走的过程即为土壤侵蚀。由于某一点在发生土壤侵蚀的同时也可能有外来泥沙沉积，因此测量得到的结果是净侵蚀量或净沉积量。在各种土壤侵蚀测量方法中，^{137}Cs 和 ^{7}Be 等同位素测定和测针法等可以得到土壤侵蚀或沉积的空间分布，但由于精度不高，其应用有所限制。径流小区法由于是对一定面积范围的测量，理论上可缩小小区面积无限逼近点尺度的净侵蚀速率。离开某一坡面或地块的土壤数量是土壤流失量（Kirkby and Morgan，1980）。在中国，通常用"水土流失"这一术语，顾名思义，在土壤流失的基础上加上水的损失。水的损失应该指相对于当地原始植被条件而言增加的地表径流量，不包括地表的蒸散发和土壤入渗等。在通常应用中，一般认为"水土流失"与"土壤侵蚀"同义。

为了认识土壤侵蚀的本质，理解土壤侵蚀模型的应用对象，实现水土保持目标，需要弄清以下几组概念及其区别。

1. 地质侵蚀与加速侵蚀

1934 年，苏联土壤学家潘科夫在土壤侵蚀的定义中明确了人类活动的作用，认为土壤侵蚀不是一般的自然地质作用，而是"在人类的促进下造成的全部或部分土壤的清除"（科兹缅科，1958）。1935 年，Lowdermilk 进一步明确了人类活动对土壤侵蚀的影响，系统地阐明了地质侵蚀（geological erosion）与加速侵蚀（accelerated erosion）的概念。

地质侵蚀，亦称自然侵蚀（natural erosion）或正常侵蚀（normal erosion），是指不受人类活动干扰时，自然状态下外营力对土壤的分离和搬运。在自然情况下，由于植被的保护，侵蚀速率低于土壤的成土速率，土壤剖面不断形成和发育，不会造成土壤的损失或土层厚度的减少。当人类活动打破自然生态平衡，如森林砍伐、坡地开垦、过度放牧等，土壤侵蚀速率远高于成土速率，导致土壤的损失与破坏，是为加速侵蚀，亦称人为侵蚀（anthropogenic erosion）或异常侵蚀（abnormal erosion）。Montgomery（2007）总结了全球各地 201 组试验数据得出：传统犁耕农地的土壤侵蚀速率比地质侵蚀速率高 1～2 个数量级。

Bennett（1939）在 *Soil Conservation* 一书中重申了地质侵蚀与加速侵蚀的区别，并提出：除非特别说明，一般情况下的土壤侵蚀就是指加速侵蚀。因此，土壤侵蚀研究和水土保持的对象是加速侵蚀，以期通过合理规划和调整，减缓甚至遏制日益加剧的土壤侵蚀。相比之下，地质侵蚀是一个缓慢的渐变过程，一般仅在研究较长时间尺度的环境演变或是评价人类活动影响时，才对地质侵蚀和加速侵蚀予以区分。

2. 古代侵蚀与现代侵蚀

古代侵蚀（ancient erosion）和现代侵蚀（modern erosion）的概念最早由苏联学者科兹缅科（1958）提出，但由于各种原因，对其内涵一直存在误解，误认为古代侵蚀和现代侵蚀按时间划分（陈永宗等，1988），古代侵蚀发生于人类出现之前（或唐朝以前），现代侵蚀发生在人类出现之后（或唐朝以后）。然而，科兹缅科（1958）并非按时间划分。他认为，古代侵蚀是第三纪以后冰雪融化的结果，大量的冰雪融化形成巨流，通过三次侵蚀旋回，奠定了现在的地貌骨架，形成包括浅凹地、深凹地、干沟和河沟在内的地表水系的基础。现代侵蚀则是在古代侵蚀地形的基础上，人类破坏植被的条件下，由春洪和夏洪造成的，其规模远小于古代侵蚀。因此，只要植被保存完好，无人为破坏，就没有侵蚀。综上所述，古代侵蚀与现代侵蚀的划分与时间无关。即便是今天，只要植被保持完好，既无现代侵蚀发生，也不是古代侵蚀，就不需要采取水土保持措施。

科兹缅科定义的现代侵蚀本质上与 Lowdermilk（1935）定义的加速侵蚀相同，都是由于人类破坏植被造成的。但在科兹缅科的分类体系中，并未考虑地质侵蚀。他认为只要有植被覆盖，就不存在侵蚀（科兹缅科，1958）。相比之下，Lowdermilk（1948）并未讨论第三纪以后的侵蚀旋回，仅关注目前情况下植被是否遭到破坏，加速侵蚀是否发生，发生则需加以控制，未发生则不需要。因此，水土保持的对象是加速侵蚀或现代侵蚀，而不是地质侵蚀或古代侵蚀。现代侵蚀如细沟、浅沟和切沟需要治理；古代侵蚀如干沟和河沟等，则不是水土保持研究和治理的对象。

3. 片蚀、溅蚀、面蚀和细沟间侵蚀

早期的土壤侵蚀学者如 Bennett（1939）根据水力侵蚀形态将加速侵蚀划分为片蚀（sheet erosion）、细沟侵蚀（rill erosion）和切沟侵蚀（gully erosion）。其中，片蚀是相对于线状侵蚀（沟蚀）而言的，指地表的薄层水流（sheet flow）对土壤的均匀冲刷（Chesworth，2008）。Hudson（1995）认为这一分类方法存在两个明显的缺陷：忽略了雨滴溅蚀（raindrop splash erosion），并错误地将初期径流当作层流。受雨滴打击和地表微地形的影响，自然条件下的地表径流往往以紊流形式存在。因此，Toy 等（2002）认为用片蚀描述细沟发育前或细沟之间的地表侵蚀并不恰当。

雨滴溅蚀才是水力侵蚀的起始阶段，雨滴打击使土壤颗粒从土体分离，并溅往各个方向，意味着水蚀过程的开始（Kinnell，2005）。除直接导致侵蚀外，雨滴打击溅起的土粒会填充土壤缝隙，夯实土壤，影响下渗和径流，进而影响径流的分离和搬运（Meyer et al.，1975）。早在 1944 年，Ellison 就用相机拍下了溅蚀现象的照片，并对溅蚀机制和影响因素开展了系统的测定和分析（Ellison，1944a，1944b）。Stallings 极大地肯定了这一研究，认为其"解释了 7000 年人类文明以来人们保护土壤免受侵蚀的努力失败的原因；也解释了在茂密植被覆盖下土壤侵蚀很少或几乎没有的原因"（Hudson，1995）。

面蚀（surface erosion）是一个较为含混模糊的概念。朱显谟（1981）认为面蚀等同于片蚀，是相对于线状侵蚀（沟蚀）而言的。后者属于坡面径流，汇入细沟，地表出现细沟槽，槽内径流呈线状的细沟侵蚀。甘枝茂等（1987）、陈永宗等（1988）、张宗祜（1993）和唐克丽（1999）认为面蚀不仅包括片蚀，还包括细沟侵蚀。因为细沟侵蚀虽然是线状细沟流冲刷的结果，但其沟槽存在的时间较短，且易被后期水流或人为作用改造、消除。戴英生（1980）和常茂德（1986）则认为面蚀即为发生于坡面的侵蚀，除了溅蚀、片蚀和细沟侵蚀外，还应包括浅沟和切沟侵蚀。

细沟间侵蚀（interrill erosion）最早由 Meyer 提出，从空间位置的角度出发，用以描述发生在细沟之间的侵蚀。这是因为美国农地以沟垄种植为主，Meyer 等（1975）详细研究了垄沟和垄台的侵蚀过程之后，把垄沟侵蚀作为细沟侵蚀，垄台侵蚀则为细沟间侵蚀。然而，关于细沟间侵蚀是否包括雨滴溅蚀，细沟间侵蚀与片蚀的关系，目前仍存在不同看法。Toy 等（2002）认为片蚀与细沟间侵蚀本质上并无区别，二者的核心差异在于分类依

据不同：与细沟侵蚀相比，片蚀强调侵蚀阶段早、程度弱，细沟间侵蚀强调发生部位不同。Lal（2006）、Broadman 和 Poesen（2007）和 Das（2009）也持相同的观点。而 Hudson（1995）和 Morgan（2005）则认为细沟间侵蚀不同于片蚀，它是雨滴和地表薄层水流共同作用的结果。大多数自然条件下，地表薄层水流的速度不足以分离土壤颗粒，土粒主要因雨滴打击从土体分离（Ellison，1944a，1944b），再由地表水流携带搬运。换句话说，细沟间侵蚀的离散土粒主要来自于雨滴溅蚀。

由此可见，溅蚀强调雨滴的作用，片蚀侧重形态，细沟间侵蚀则着重发生位置。片蚀和细沟间侵蚀必然包括溅蚀但不限于溅蚀。笔者倾向于 Hudson 和 Morgan 的观点，将坡面土壤水蚀的基本过程划分为细沟间侵蚀、细沟侵蚀、浅沟侵蚀和切沟侵蚀。在土壤侵蚀的早期阶段，细沟尚未发育时，会有人提出疑问：既然没有细沟，为何会有细沟间侵蚀？但为了保证侵蚀分类的连续性和完整性，仍将其定义为细沟间侵蚀。特别强调的是，在同一个分类体系中，溅蚀、片蚀、细沟间侵蚀的本质基本一致，只能用其中之一，不能并列。

4. 细沟、浅沟、切沟侵蚀和瓦背状地形

细沟（rill）是指坡面上能被普通耕作过程消除的小侵蚀沟，细沟侵蚀（rill erosion）是指在细沟形成和发育过程中所造成的侵蚀。由于地表本身凹凸不平，薄层水流在向下坡运动的过程中汇聚形成小股水流，即为细沟流（rill flow），细沟便是在细沟流对地表土壤的冲刷过程中发育而成的。据野外量测，细沟横断面多呈槽形，一般宽和深都为 2 ~ 20cm，主要发生在耕地或松散堆积面上，最深不超过犁底层，可通过常规耕作消除（刘元保等，1988）。在同一坡面上往往可发育多条细沟，呈平行状或树枝状（图1-1），间距一般在 1m 左右。

图1-1　细沟（陕西省子洲县）

在较长的坡面上，随着降雨的进行，细沟互相联通、交汇形成主细沟（张科利等，1991）。由于不断地再耕作和再侵蚀，槽形的横断面呈弧形扩展，形成瓦背状地形（tile back landform)[①]。这种地形是在侵蚀和耕作共同作用下形成的，无明显沟缘，以黄土高原最为普遍和典型（图1-2）。若以瓦背顶部分水岭为分界，则其宽度（即分水岭之间间隔）一般可达十几米到几十米。罗来兴（1956）从地貌的角度出发，将其称为浅沟。朱显谟（1956）从土壤侵蚀的角度出发，认为其属于一种地形。刘元保（1985）为统计其密度，称之为顺坡侵蚀槽，在陕西志丹和陕西绥德的调查显示，其分布密度为 $13.9 \sim 20.0 \mathrm{km \cdot km^{-2}}$。细沟、浅沟、切沟是一个系列，细沟宽度多小于20cm，切沟宽度多为几米量级。若将上述瓦背状地形反映的十几米至几十米宽的凹槽定义为浅沟，则与细沟和切沟无法连贯，不符合常理。因此，不建议将瓦背状地形称为土壤侵蚀类型的浅沟。在土壤侵蚀研究中，浅沟（ephemeral gully）是指坡面上能被普通耕作工具横跨但不能被其完全消除的侵蚀沟（图1-3），浅沟侵蚀（ephemeral gully erosion）是指浅沟发生发展过程中所造成的侵蚀。浅沟规模较细沟大，往往能形成冲刷力较强的股流，可以在细沟交汇过程中发育。但大多数情况下发生于地形相对低洼的地方，如瓦背状地形的槽底部。浅沟一般深入犁底层（20cm），宽 $30 \sim 50 \mathrm{cm}$，耕作可以横穿通过，但不可被消除。耕作过后，浅沟地势看似与周围齐平，但下一次侵蚀事件中，浅沟还会在原地再次发育（Foster，1986）。

图1-2　瓦背状地形（陕西省绥德县）

图1-3　浅沟（黑龙江省嫩江县）

切沟（gully）是指普通耕作工具无法横跨的侵蚀沟，切沟侵蚀（gully erosion）是指在切沟发生发展过程中造成的侵蚀。大多数坡面切沟最初以槽形断面出现，通过沟头溯源侵蚀，沟底下切侵蚀和沟壁侧向侵蚀，逐渐发展形成"U"形或"V"形的切沟（伍永秋和刘宝元，2000）。切沟的纵剖面与所在坡面的坡度总体一致，多呈跌水状，一般切破犁底层，深入成土母质甚至疏松基岩，宽度和深度都超过50cm（图1-4）。细沟、浅沟和切沟的主要区别如表1-1所示。

---

① "瓦背状地形"最早由承继成于1962年提出，但无公开发表资料。目前可见于中国科学院水土保持研究所内部资料《地表侵蚀的基本原理及其所造成的地貌现象》。

(a)黑龙江省嫩江县 　　　　　　　　　　　　　(b)陕西省神木县

图 1-4　切沟

表 1-1　细沟、浅沟和切沟的主要区别

特征	区别		
	细沟	浅沟	切沟
与耕作的关系	能被普通耕作消除	可以横跨耕作，但不能被普通耕作消除	不可横跨耕作
切割宽度	2～20cm	30～50cm	>50cm
切割深度	耕作层中	犁底层出露，个别甚至切入犁底层	切破犁底层，深入母质

　　根据沟蚀的不同特征，细沟侵蚀可以通过横坡耕作等方法加以控制，但垄沟的比降一般不能超过2%。浅沟侵蚀多采用草水路措施，一旦治理不当，极易发展成切沟。因此，当出现浅沟时，就应及时采取措施加以控制，同时也可对切沟侵蚀起到预防作用。切沟是水力侵蚀的最严重阶段，对土地资源的破坏极为严重，其治理一般需采用谷坊等工程措施。

1.1.2　土壤侵蚀危害

　　土壤是地球陆地表面具有肥力、能生长植物的松软表层，是有机物与无机物的复合体，由固、液、气三相物质组成，能协调水、肥、气、热，从而提供植物生长所需的养分和水分等。古人云："土者，吐也，吐生万物。"土壤是有生命的，它是大自然赠与人类最重要的礼物，提供人类生存必需的食品、纤维、木材和居住场所。

　　自然形成的土壤是气候、成土母质、植物和地形在长期相互作用过程中缓慢形成的。Morgan（1986）对世界不同地区的成土速率进行了总结：世界范围内的成土速率为0.01～

7.7mm・a^{-1}（Buol et al.，1973），平均为 0.1mm・a^{-1}（Zachar，1982）。不同地区的成土速率有所差异：美国东北部为 0.1mm・a^{-1}，大平原区的黄土为 0.2mm・a^{-1}，西南干旱区仅为 0.02mm・a^{-1}（Kirkby and Morgan，1980）；英国为 0.1mm・a^{-1}（Kirkby and Morgan，1980；Evans，1981）；肯尼亚湿润地区为 0.01~0.02mm・a^{-1}，半干旱地区小于 0.01mm・a^{-1}。人类活动会影响成土速率：无扰动情况下的成土速率为 0.025~0.083mm・a^{-1}，耕作扰动加强土壤通气和淋溶，成土速率达到 0.25mm・a^{-1}（Hudson，1995）。在长期而缓慢的土壤形成过程中，土壤和植物构成了相互影响和相互依存的整体：土壤滋养着植物，植物保护着土壤。植物对土壤的保护作用如同毛发对动物的保护作用同等重要。一旦失去植物的保护，土壤将十分脆弱。

当人类第一斧砍向森林，第一犁插入土地时，土壤侵蚀就开始了，于是不被植物保护的土壤开始遭受风吹雨打的破坏，形成土壤侵蚀。千年甚至万年尺度形成的土壤，可以在几年、几十年的尺度上被侵蚀掉，甚至一次极端的大暴雨事件就会冲掉富含营养成分的表土层。土壤一旦损失，将永远失去。Lowdermilk（1938）指出，土壤侵蚀是人类的敌人，土壤一旦损失将永远损失；Bennett 和 Chapline（1928）上书美国国会，称土壤侵蚀是国家的威胁；联合国粮食及农业组织（FAO，1971）指出，土壤侵蚀过去是、现在仍然是土地退化的主要原因；Pimentel（1993）认为，土壤侵蚀是最严重的环境问题之一；Toy 等（2002）指出，土壤侵蚀过去、现在和将来都是全人类共同的问题；原国家环境保护局首任局长曲格平指出，水土流失是我国头号环境问题；孙鸿烈院士在对我国水土流失及其带来的生态安全问题的科学考察中提到，土壤侵蚀是我国土地退化的主要原因，是我国最严重的环境问题，是我国生态与环境问题的集中反映，抓住水土保持就抓住了生态建设的牛鼻子。全球约有 1643 万 km^2 的土地遭受不同程度的侵蚀危害，侵蚀面积约占地表总面积的 11%（Lal，2009）。我国是世界上土壤侵蚀最为严重的国家之一，根据 2011 年第一次全国水利普查土壤侵蚀普查结果，全国土壤侵蚀总面积 294.91 万 km^2，约占我国陆地面积的 30.7%（水利部和国家统计局，2013），其中水力侵蚀面积 129.32 万 km^2，风力侵蚀面积 165.59 万 km^2。

土壤侵蚀的直接危害有目共睹，对农业、生态、环境和经济等造成当地（on-site）和异地（off-site）影响（Lal，2003）。土壤侵蚀的间接危害在短时期内不易察觉，累积效应会造成生活贫困、资源枯竭甚至文明消亡。土壤侵蚀的当地危害主要表现为：肥沃的表土层不断减少甚至丧失，土壤中的有机质、N、P、K 等营养元素随径流和侵蚀泥沙流失而减少，土壤中的细颗粒更容易被分离和运移，使土壤发生粗化，持水能力降低。营养元素的流失与持水能力的降低导致土壤肥力下降，进而影响农作物生长，降低土地生产力，这是土地退化的重要原因之一。持水能力的降低破坏了土壤蓄水功能，增加了洪涝灾害发生的风险。土壤在被侵蚀的过程中，土壤中的有机碳氧化过程加快，从而加速了向大气释放的

CO_2 和 CH_4，通过碳循环过程影响到气候变化（Lal，2003）。侵蚀进一步发展，出现浅沟和切沟时，表明土壤侵蚀已经到了极其严重的程度，已对土地资源造成直接破坏。土壤侵蚀的异地危害表现为：侵蚀泥沙在河、湖、渠、库堆积，减弱排水能力，增加了洪水隐患，降低了渠库寿命，另外，为保证航道、渠、库等的正常运转，还需要进行清淤，增加了投入。施入农地的 N、P 等营养物会溶解在径流中，吸附在侵蚀的泥沙颗粒上，随径流和泥沙进入水体后，造成水体污染。无论是泥沙淤积，还是径流泥沙对水体的污染，都会严重影响野生动植物栖息地，减少生物多样性。

1.2 中国土壤流失方程及其应用

1.2.1 中国土壤流失方程基本形式

中国土壤流失方程（Chinese soil loss equation，CSLE）的基本形式如下：

$$A = R \cdot K \cdot L \cdot S \cdot B \cdot E \cdot T \tag{1-1}$$

式中，A 是坡面多年平均年土壤流失量，单位为 $t \cdot hm^{-2} \cdot a^{-1}$。

R 是降雨径流侵蚀力因子（rainfall erosivity factor），简称 R 因子，单位为 $MJ \cdot mm \cdot hm^{-2} \cdot h^{-1} \cdot a^{-1}$，反映降雨及其形成的径流导致土壤侵蚀的潜在能力。

K 是土壤可蚀性因子（soil erodibility factor），简称 K 因子，单位为 $t \cdot h \cdot MJ^{-1} \cdot mm^{-1}$，反映土壤是否容易遭受侵蚀，定义为标准径流小区（unit plot）单位降雨径流侵蚀力引起的土壤流失量。标准径流小区的规定如下：径流小区坡面水平投影坡长 22.13m，坡度 9%（5.14°），保持连续裸露休闲状态，耕作清除植物至少 2 年，或待作物残茬腐烂以后，春秋按传统方法耕作，翻耕深度 15~20cm，保持苗床状态，要中耕锄草，确保全年植被盖度不大于 5%，没有明显土壤结皮。

L 是坡长因子（slope length factor），简称 L 因子，无量纲，反映坡长对土壤侵蚀的影响程度，定义为某水平投影坡长径流小区产生的土壤流失量与水平投影坡长 22.13m 且其他条件与其一致的径流小区产生的土壤流失量之比。其值越大表示坡长影响导致的土壤流失量越大。

S 是坡度因子（slope steepness factor），简称 S 因子，无量纲，反映坡度对土壤侵蚀的影响程度，定义为某坡度径流小区产生的土壤流失量与坡度 9%（5.14°）且其他条件与其一致的径流小区产生的土壤流失量之比。其值越大表示坡度影响导致的土壤流失量越大。

B 是覆盖与生物措施因子（cover and biological practice factor），简称 B 因子，无量纲，反映生物措施对土壤侵蚀的影响程度，定义为某盖度下的径流小区产生的土壤流失量与休闲、翻耕、裸露且其他条件与其一致的径流小区产生的土壤流失量之比。取值 0 ~ 0.5，值越大表示覆盖条件越差，土壤流失量越大。

E 是工程措施因子（engineering practice factor），简称 E 因子，无量纲，反映水土保持工程措施对土壤侵蚀的影响程度，定义为某工程措施下的径流小区产生的土壤流失量与无工程措施且其他条件与其一致的径流小区产生的土壤流失量之比。取值 0 ~ 1，值越大表示该工程措施效果越差，土壤流失量越大。如果实施某种工程措施后无土壤流失量，则 E 因子值为 0，无工程措施时的 E 因子值为 1。

T 是耕作措施因子（tillage practice factor），简称 T 因子，无量纲，反映耕地水土保持耕作措施对土壤侵蚀的影响程度，定义为某耕作措施下的径流小区产生的土壤流失量与无耕作措施且其他条件与其一致的径流小区产生的土壤流失量之比。取值 0 ~ 1，值越大表示该耕作措施效果越差，土壤流失量越大。如果实施某种耕作措施后无土壤流失量，则 T 因子值为 0，无耕作措施时的 T 因子值为 1。

B、E、T 因子统称水土保持措施因子。

综上所述，中国土壤流失方程由 7 个因子的乘积形式构成，分别反映了侵蚀动力降雨、被侵蚀对象土壤，以及地形和水土保持措施对土壤侵蚀的影响。其中只有 R 因子和 K 因子有量纲，其他 5 个因子反映的是对土壤侵蚀的影响程度。所有 7 个因子的公式或取值都是根据我国各地降雨和径流小区土壤流失量观测数据获得。具体各因子如何计算和取值将在后面各章节介绍。

1.2.2 CSLE 与 ULSE 的区别

通用土壤流失方程（universal soil loss equation，USLE）由美国农业部研发，目前在世界范围内应用最广。首次于 1965 年以农业手册 282 号发布，旨在指导水土保持措施布设（Wischmeier and Simth，1965），应用范围为美国落基山以东地区。1978 年以农业手册 537 号再次发布，将应用范围扩展至全国（Wischmeier and Simth，1978）。1997 年进行了修订，名称改为修订版通用土壤流失方程（revised universal soil loss equation，RUSLE），以农业手册 703 号发布，并提供了计算机模型（Renard et al.，1997）。USLE 是在总结美国以往土壤侵蚀经验模型基础上，通过对全美 35 个水土保持站观测资料的分析建立起来的。其基本形式为（Wischmeier and Simth，1965，1978）

$$A = R \cdot K \cdot L \cdot S \cdot C \cdot P \tag{1-2}$$

式中，A、R、K、L、S 均与 CSLE 中的含义相同。C 是覆盖与管理因子（crop and management factor），简称 C 因子，无量纲。反映植被覆盖和田间管理方式对土壤侵蚀的影响程度，定义为某种植被覆盖或田间管理方式下的径流小区产生的土壤流失量与清耕裸露且其他条件与其一致的径流小区产生的土壤流失量之比。取值 0 ~ 1，值越大表示植被覆盖条件越差或田间管理对土壤的扰动越大，土壤流失量越大。土壤裸露情况下的 C 因子值为 1，植被盖度很高或有保护性耕作措施情况下无土壤流失量时，C 因子值为 0。P 是水土保持措施因子（support practice factor），简称 P 因子，无量纲，反映水土保持措施对土壤侵蚀的影响程度，定义为某水土保持措施下的径流小区产生的土壤流失量与无水土保持措施且其他条件与其一致的径流小区产生的土壤流失量之比。取值 0 ~ 1，值越大表示该水土保持措施效果越差，土壤流失量越大。无水土保持措施时的 P 因子值为 1，如果实施某种水土保持措施后无土壤流失量，则 P 因子值为 0。

CSLE 是在 USLE 建模思想的基础上构建的，与 MUSLE（modified universal soil loss equation）（Williams，1975）等同属于 USLE 家族模型。CSLE 与 USLE 的差别主要在以下方面：①USLE 模型含有 6 个因子，CSLE 则为 7 个因子。USLE 中的覆盖与管理因子 C 和水土保持措施因子 P，在 CSLE 中改为覆盖与生物措施因子 B、工程措施因子 E 和耕作措施因子 T，更方便地应用于区域土壤侵蚀调查，便于与土地利用相结合，方便采用水土保持项目的相关信息。②CSLE 中的坡度因子 S 增加了适合陡坡（10°以上）的坡度因子公式。③CSLE 对 7 个因子均采用中国降雨、径流和土壤流失量观测资料进行了率定与验证，对每个因子都建立了相应的计算方案或给出具体赋值表，不仅符合中国自然环境特点，而且便于应用。

水土保持措施分类是指为了指导水土保持规划、管理和实践，对各种水土保持措施类型按某种逻辑关系进行人为的归并和划分，一般分为不同级别，每个级别包括若干类型。按照一级分类数量的多少有两分法、三分法和多分法。国外以两分法为主，分为工程措施（engineering practice）和生物措施（biological practice）。工程措施也称为机械（mechanical）措施或建筑（structural）措施，生物措施又称为植物（vegetation）措施或非建筑（nonstructural）措施（Brooks et al.，1991；Hudson，1995；Georgia Soil and Water Conservation Commission，2002）。我国水土保持措施多采用三分法，如辛树帜和蒋德麒（1982）将其分为耕作措施、林草措施和工程措施，唐克丽（2004）将其分为工程措施、农业技术措施和林草措施。英国 Morgan（2006）分为作物和植被管理、土壤管理和机械方法 3 类一级措施。多分法比较有代表的如美国 Bennett（1939）、中国郭廷辅和高博文（1982）、王礼先（1995）、王礼先和朱金兆（2005）、国家技术监督局（1997）发布的《水土保持综合治理技术规范》等的划分方法。刘宝元等（2013）在总结各种分类方法的基础上，主要参考郭廷辅和高博文（1982）、辛树帜和蒋德麒（1982）、唐克丽（2004）的一级分类，采用了三分法将水土保持措施分为植被覆盖与生物措施、工程措施和耕作措施，以符合我国的分类习惯，并便于与土地利用相结合。具体如下：凡是用种植和培育生物增加地表覆盖的措施都称为植被覆盖与生物措施，如植树、种草、封育、生物结皮、植物护路、草水路、防护林带、植物篱等。须用推土机、挖掘机或人工修筑建造，无法用一般耕作工具在耕作过程中完成的措施称为工程措施，如梯田、谷坊等。凡是用犁地、中耕等耕作工具在耕作过程中完成的措施称为耕作措施，如等高耕作、免耕等。为了便于查找应用，将一级类分为3级（表1-2）。

表 1-2　水土保持措施分类系统各级代码与名称

一级	二级	三级	含义
01 覆盖与生物措施	0101 造林	010101 人工乔木林	人工种植乔木林
		010102 人工灌木林	人工种植灌木林
		010103 人工混交林	人工种植两种或两种以上乔或灌组成的林木
		010104 飞播乔木林	飞机播种方式种植乔木林
		010105 飞播灌木林	飞机播种方式种植灌木林
		010106 飞播混交林	飞机播种方式种植两种或两种以上乔木或灌木
		010107 经果林	人工种植经济果树林
		010108 植物篱	在农田内，每隔一定距离种植以灌木为主的多年生植物，以截断径流，防治水土流失。其中农耕地较宽，多年生植物带较窄
		010109 农田防护林	以防风为目的在农田种植以乔木为主的树木，主带一般宽 8～12m，副带宽 4～6m
		010110 四旁林	在非林地的村旁、宅旁、路旁、水旁等栽植树木
	0102 种草	010201 人工种草	人工种植草本植物
		010202 飞播种草	飞机播种草本植物
		010203 草水路	在坡面浅沟底、谷底或道路两侧等容易形成切沟的地方种植草本植物，安全排水防止冲刷
	0103 封育	010301 封山育乔木林	原始植被遭到破坏后，通过围栏封禁，经长期恢复为乔木林
		010302 封山育灌木林	原始植被遭到破坏后，通过围栏封禁，经长期恢复为灌木林
		010303 封坡育草	由于过度放牧等导致草场退化，通过围栏封禁，恢复植被
	0104 生态修复	010401 生态恢复乔木林	原始植被遭到破坏后，通过政策、法规、和其他管理办法等，限制人畜进入，经长期恢复为乔木林
		010402 生态恢复灌木林	原始植被遭到破坏后，通过政策、法规、和其他管理办法等，限制人畜进入，经长期恢复为灌木林
		010403 生态恢复草地	由于过度放牧等导致草场退化，通过政策、法规、和其他管理办法等，限制牲畜进入，恢复植被
	0105 植物护路	010501 植物护路	在道路开挖面和堆砌面种植植物，保护道路，防止水土流失

一级	二级	三级	含义
02 工 程 措 施	0201 梯田	020101 土坎水平梯田	坡地修成台阶状，田坎由土组成，田面水平，陡坡地田宽一般 5～15m，缓坡地一般宽 20～40m
		020102 石坎水平梯田	坡地修成台阶状，田坎由石材砌成，田面水平，陡坡地田宽一般 5～15m，缓坡地一般宽 20～40m
		020103 坡式梯田	与水平梯田类似，田面一般比水平梯田宽，田坎比水平梯田低，田面比原来坡度小，但没有达到水平，仍有坡度
		020104 隔坡梯田	坡面上修建的每一台水平梯田，其上方都留出一定面积的原坡面不修，是平、坡相间的复式梯田
		020105 窄梯田	和水平梯田一样，但田面宽度小于 5m，大于 1.5m
		020106 软埝	在小于 8°的缓坡上，横坡每隔一定距离，做一条埝子，埝的两侧坡度很缓。时间久了，通过耕作，坡地逐渐变成梯田
	0202 水平阶	020201 水平阶	坡面修成台阶状，阶面宽 1.0～1.5m，具有 3°～5°反坡，也称反坡梯田。主要是造林整地方式
	0203 水平沟	020301 水平沟	沿等高线开挖沟槽，沟口上宽 0.6～1.0m，沟底宽 0.3～0.5m，沟深 0.4～0.6m，主要是造林整地方式
	0204 竹节沟	020401 竹节沟	坡面或道路旁，修筑深宽各 0.5～1m 的沟，每隔 2～5m 留一土档，分段开挖似"竹节"，具有留蓄雨水，减缓径流，积留表土的作用
	0205 鱼鳞坑	020501 鱼鳞坑	半圆形坑，长径 0.8～1.5m，短径 0.5～0.8m；坑深 0.3～0.5m。各坑沿等高线布设，上下两行呈"品"字形错开排列。坑的两端，开挖宽深各 0.2～0.3m、倒"八"字形的截水沟
	0206 大型果树坑	020601 大型果树坑	在土层极薄的土石山区或丘陵区种植果树时，坡面开挖大坑，深 0.8～1.0m，圆形直径 0.8～1.0m，方形各边长 0.8～1.0m，取出坑内石砾或生土，附近表土填入坑内
	0207 坡面小型蓄排工程	020701 坡面小型蓄排工程	坡面上开挖沟槽，拦截上方来水，如四川等地的边沟背沟。主要包括截水沟、排水沟、蓄水池和沉沙池等设施
	0208 地下管-道	020801 地下管-道	在东北地区称为鼠道。沿坡面在地下布设渗水排水管，同时采用专用鼠道犁犁出孔道进行排涝，减少水土流失
	0209 路旁、沟底小型蓄引工程	020901 水窖	地下埋藏式蓄水设施兼有水土保持作用。主要设在村旁、路旁、有足够地表径流来源的地方，阻止径流侵蚀，集水可利用

一级	二级	三级	含义
02 工 程 措 施	0209 路旁、沟底小型蓄引工程	020902 涝池	主要修于村旁路旁，用于拦蓄径流，防止道路冲刷与沟头前进；同时可供饮牲口和洗涤之用
	0210 沟头防护	021001 蓄水型沟头防护	沟头上方修筑蓄水池，防止暴雨径流进入沟头，造成侵蚀
		021002 排水型沟头防护	修筑跌水或其他排水设施，防止暴雨径流进入沟头时发生侵蚀
	0211 谷坊（沟底小坝，主要用于切沟治理，修建在沟底比降较大（5%～10%或更大）、沟底下切剧烈发展的沟段）	021101 土谷坊	由填土夯实筑成，适宜于土质丘陵区。土谷坊一般高 3～5m
		021102 石谷坊	由浆砌或干砌石块建成，适于石质山区或土石山区。干砌石谷坊一般高 1.5m 左右，浆砌石谷坊一般高 3.5m 左右
		021103 植物谷坊	或称柳谷坊，多由柳桩打入沟底，织梢编篱，内填石块而成，一般高 1.0m 左右
	0212 淤地坝（在沟壑中筑坝拦泥淤地，减轻沟蚀，减少入河泥沙）	021201 小型淤地坝	一般坝高 5～15m，库容 1 万～10 万 m^3，淤地面积 0.2～2hm^2，修在小支沟或较大支沟的中上游，单坝集水面积 1km^2 以下，建筑物一般为土坝与溢洪道或土坝与泄水洞"两大件"
		021202 中型淤地坝	一般坝高 15～25m，库容 10 万～50 万 m^3，淤地面积 2～7hm^2，修在较大支沟下游或主沟的中上游，单坝集水面积 1～3km^2，建筑物少数为土坝、溢洪道、泄水洞"三大件"，多数为土坝与溢洪道或土坝与泄水洞"两大件"
		021203 大型淤地坝	一般坝高 25m 以上，库容 50 万～500 万 m^3，淤地面积 7hm^2 以上，修在主沟的中、下游或较大支沟下游，单坝集水面积 3～5km^2 或更多，建筑物一般是土坝、溢洪道、泄水洞"三大件"齐全
	0213 引洪漫地	021301 引洪漫地	暴雨期间引用坡面、道路、沟壑与河流的洪水，淤漫耕地或荒滩的工程
	0214 引水拉沙造地	021401 引水拉沙造地	在有水源条件的风沙区，通过引水渠、蓄水池、冲水壕、围梗、排水口等设施，采用引水或抽水的办法冲刷沙丘，淤出耕地，同时起到水土保持作用

一级	二级	三级	含义
02 工程措施	0215 沙障固沙（沙障是用柴草、活性沙生植物的枝茎或其他材料平铺或直立于风蚀沙丘地面，以增加地面糙度，削弱近地层风速，固定地面沙粒，减缓和制止沙丘流动）	021501 带状沙障	沙障在地面呈带状分布，带的走向垂直于主风向
		021502 沙障	沙障在地面呈方格状（或网状）分布，主要用于风向不稳定，除主风向外，还有较强侧向风的地方
	0216 工程护路	021601 工程护路	在道路开挖面和堆砌面建设工程，保护道路，防止水土流失
03 耕作措施	0301 等高沟垄种植	030101 等高沟垄种植	在坡耕地上顺等高线进行耕作，形成沟垄相间的地面，以容蓄雨水，减轻水土流失。主耕作线坡度小于2%，所有耕作线坡度小于4%
	0302 垄作区田	030201 垄作区田	在传统沟垄耕作基础上，按一定距离在垄沟内修筑小土挡，成为区田
	0303 掏钵（穴状）种植	030301 掏钵（穴状）种植	在坡耕地上沿等高线用锄挖穴（掏钵），穴距30～50cm，以作物行距为上下两行穴间行距（一般为60～80cm），穴的直径20～50cm，深20～40cm，上下两穴的位置呈"品"字形错开
	0304 抗旱丰产沟	030401 抗旱丰产沟	适用于土层深厚的干旱、半干旱地区。顺等高线方向开挖宽、深、间距均为30cm，沟内保留熟土，地埂由生土培成
	0305 休闲地水平犁沟	030501 休闲地水平犁沟	从上到下每隔2～3m，沿等高线犁出一条沟。使犁沟下方形成一道土垄，以拦蓄雨水。可在同一位置翻犁两次，加大沟深和垄高。犁沟坡度小于2%
	0306 中耕培垄	030601 中耕培垄	中耕时，在每棵作物根部培土堆，高10cm左右，并把这些土堆子串连起来，形成一个一个的小土堆，以拦蓄雨水
	0307 草田轮作	030701 草田轮作	适用于人多地少的农区或半农半牧区。特别是对原来有轮歇、撂荒习惯的地区。主要指作物与牧草的轮作
	0308 横坡带状间作	030801 横坡带状间作	基本上沿等高线呈条带状隔带种植不同植物。每带宽度相等，带宽一般5～10m。主要是农作物与牧草或密植作物隔带
	0309 休闲地绿肥	030901 休闲地绿肥	指作物收获前，在作物行间顺等高线地面播种绿肥植物，作物收获后，绿肥植物加快生长，迅速覆盖地面

一级	二级	三级	含义
03 耕作措施	0310 留茬少耕	031001 留茬少耕	指在传统耕作基础上，尽量减少整地次数和减少土层翻动，和将作物秸秆残茬覆盖在地表的措施，作物种植之后残茬盖度至少达到30%
	0311 免耕	031101 免耕	指作物播种前不单独进行耕作，直接在前茬地上播种，在作物生育期间不使用农机具进行中耕松土的耕作方法。一般留茬在 50%～100% 就认定为免耕

CSLE 采用了三分法的水土保持措施分类，分别用 B、E、T 因子反映。USLE 则采用了两分法的水土保持措施分类，分别用 C 和 P 因子反映。C 因子考虑覆盖与管理影响，主要包括：耕地中的作物不同生长阶段冠层覆盖、不同作物轮作、秸秆覆盖、免耕等，林地（分为天然和人工林）、草地（分为天然和人工牧草地）、建设用地的植被覆盖等。P 因子考虑的水土保持措施主要包括等高耕作、等高带状耕作和梯田。因此 USLE 中的 C 因子同时包括了 CSLE 中的 B 因子和部分 T 因子（轮作和免耕），P 因子同时包括了 CSLE 中的 E 因子（梯田）和部分 T 因子（等高耕作和等高带状耕作）。需要说明的是，USLE 第一版仅预报农地土壤流失量（Wischmeier and Simth，1965），后来不断丰富 C 因子取值，可应用于林地和草地（Wischmeier and Simth，1978）。由于水土保持措施与土地利用有密切联系，如农地、园地以耕作措施和工程措施为主，林地和草地以植被覆盖和生物措施为主，兼有一些工程措施，因此 CSLE 的三分法能够直接与土地利用对应，方便应用。此外，我国水土保持措施类型多样，尤其是工程措施和耕作措施，因此 CSLE 中 B、E、T 因子涉及的水土保持措施类型要多于 USLE 中 C 和 P 因子涉及的类型。

1.2.3　模型应用

刘宝元等首先于 1994 年提出陡坡地形因子公式（Liu et al.，1994；Liu et al.，2000），后在 1998 年的国家自然科学基金委员会杰出青年基金项目资助下，历时 4 年完成 CSLE 构建，并在国际水土保持大会（Liu et al.，2002）首次发表，随后 CSLE 不断完善（Liu et al.，2020）。

CSLE 预报的是单位面积坡面细沟间和细沟侵蚀导致的土壤流失量，又称土壤侵蚀模数。主要应用在三个方面：一是评价坡面细沟间和细沟侵蚀强度；二是选择水土保持措施类型，评价水土保持措施效益；三是进行区域土壤侵蚀评价。

2008 年 1 月 4 日中华人民共和国水利部发布的中华人民共和国行业标准《土壤侵蚀分类分级标准》（SL190—2007 替代 SL190—96）中，用土壤水力侵蚀模数作为水力侵蚀强度分级指标，水力侵蚀模数的计算方法建议采用 CSLE。2010 年国务院发出关于开展第一次全国水利普查的通知（国发〔2010〕4 号），决定于 2010～2012 年开展第一次全国水利普查，共有六项内容，其中第五项内容是水土保持情况普查，包括水蚀调查，旨在全面查清全国土壤侵蚀现状，掌握土壤侵蚀分布、面积和强度，2013 年水利部和国家统计局联合发布普查公告。水力侵蚀普查采用抽样调查与 CSLE 计算相结合的方法获得最终结果（刘宝元等，2013a）。

模型应用中常出现的问题是因子值选择不当。本书提供的因子计算公式或取值均是基于中国降雨和径流小区观测资料获得。如果遇到本书没有包括的土壤类型、土地利用/覆盖类型和水土保持措施类型，其因子值应通过布设相应的径流小区按各因子测量方法进行观测，并根据定义确定因子值。观测资料的年限越长，得到的因子值越稳定。

1.2.4　容许土壤流失量

1. 容许土壤流失量定义与用途

容许土壤流失量（soil loss tolerance，简称 T 值）的提出是为了衡量当前状况下的土壤流失速率能否被接受，或拟采取的水土保持措施能否保护土壤不造成土地退化（Smith，1941）。因此最早的定义关注土地生产力，是指为了维持长期高水平农作物经济生产力所容许的最大土壤侵蚀速率，用年土壤流失量表示（Wischmeier and Smith，1965）。从理论上说，成土速率是容许土壤流失量的最好定量指标，能够实现土壤资源的动态平衡。但实施难度大，于是退而求其次，将目标定为能维护土地可持续生产力的最大土壤侵蚀速率。随着 20 世纪 70 年代以后环境污染受到重视，尤其是对土壤侵蚀异地危害的认识深入，确定 T 值还应考虑土壤侵蚀不会带来异地大气、水体等面源污染，应在维持土地可持续生产力和避免造成异地面源污染之间取最小值（Schertz，1983；Johnson，1987）。

2. 容许土壤流失量确定方法

自从容许土壤流失量的概念提出以后，围绕 T 值的确定进行很多研究，主要方法包括：

1）基于土壤侵蚀对土壤肥力、厚度及性质影响分析的专家经验法（简称经验法）

Smith（1941）最早提出 T 值的概念时，认为维持土壤肥力的 T 值为 900t·km^{-2}·a^{-1}。Hays 和 Clark（1941）认为，侵蚀 2.5cm 厚的土层需要 50a，表层土壤 20cm 在 400a 内侵蚀殆尽时，农民们可以接受，便以此确定 T 值为 670t·km^{-2}·a^{-1}。Browning 等（1947）发现不同土壤的剖面性质差异显著，使得土地生产力对土壤侵蚀的响应不一，首次提出 T

值因土壤类型或性质而不同，给出了美国中西部 12 个土壤类型的 T 值，变化于 450 ~ 1350t · km^{-2} · a^{-1}。1956 年美国土壤保持局（Soil Conservation Service，SCS）召开了第一次 T 值专题讨论会（Paschall et al.，1956；Johnson，1987），提出了确定 T 值应考虑的 7 个因素：①维持作物产量所需的土壤厚度；②防止土壤养分损失；③水利设施的保护和泥沙控制；④切沟防治；⑤表层土壤流失造成的产量损失；⑥地表径流损失；⑦种子和秧苗的损失。但未对这些指标进行更为详细或定量阐述，而是综合这些因素，集专家经验确定全美的 T 值标准为 1120t · km^{-2} · a^{-1}。Klingebiel（1961）认为当侵蚀量超过 1120t · km^{-2} · a^{-1} 时，农地会出现切沟，T 值不宜超过该值。1961 ~ 1962 年 SCS 召开的第六次区域土壤流失预报讨论会上（Johnson，1987），将 1956 年会议提出的 T 值影响因素概括为 3 类：①长期保持足够作物生长的土层深度；②防止切沟形成和各种沟渠严重淤积；③防止养分过多损失。据此确定了各州主要土纲的 T 值，变化于 220 ~ 1120t · km^{-2} · a^{-1}。尽管之后做过一些调整和修订（McCormark et al.，1982），但这次会议制定的主要土纲 T 值一直使用至今（Schertz and Nearing，2006）。我国水利部 2008 年发布的中华人民共和国行业标准《土壤侵蚀分类分级标准（SL190—2007）》（中华人民共和国水利部，2008），首次以"指令性标准"形式给出 T 值，采用的也是专家调查和经验确定的结果，不同水蚀类型区变化于 200 ~ 1000t · km^{-2} · a^{-1}。

2）土层厚度法（简称厚度法）

土壤侵蚀造成的最明显结果是减少土层厚度，用土层厚度为变量确定 T 值更为直接，其基本思想是：植物生长有适宜和最小土层厚度，当土壤侵蚀影响因素如母质、地貌部位相同或相似时，厚度大的土壤 T 值相对较大，反之则小。Stamey 和 Smith（1964）根据 T 值的定义给出计算 T 值的概念性方程，变量包括时间、空间、土壤性质和成土速率等。Skidmore（1982）以这个概念模型为基础，引入土层厚度代替土壤性质，提出最大、最小和最适土层厚度，建立了 T 值与土层厚度的关系：

$$T = (T_1 + T_2)/2 - (T_2 - T_1)/2\cos[\pi(Z - Z_1)/(Z_2 - Z_1)] \tag{1-3}$$

式中，T 是容许土壤流失量，t · km^{-2} · a^{-1}；T_1 为 T 值下限，t · km^{-2} · a^{-1}，是最小土层厚度 Z_1（cm）对应的容许土壤流失量；T_2 为 T 值上限，t · km^{-2} · a^{-1}，是适宜土层厚度 Z_2（cm）对应的容许土壤流失量；Z 是当前土层厚度，cm。Skidmore 建议确定 T_1 时应考虑成土速率，确定 T_2 时主要凭经验。他建议的最小土层厚度为 50cm，最适土层厚度因土壤而异，变化于 80 ~ 200cm。Igwe（1999）利用该方法计算了尼日利亚中东部土壤的 T 值，变化于 116 ~ 1300t · km^{-2} · a^{-1}。

3）基于土壤生产力模型的定量计算方法（简称生产力模型法）

生产力模型法计算 T 值的理论依据是：土壤侵蚀必然导致土地生产力下降，但通过采取水土保持可减少下降幅度。假设一定时期某个土地生产力下降速度可以接受，造成该下降速度的土壤流失量即为容许土壤流失量。计算公式如下：

$$T = \frac{\text{PI}_0 \times W}{V} \cdot \frac{\Delta \text{PI}\%}{t} \qquad (1\text{-}4\text{a})$$

$$V = \frac{\text{PI}_d - \text{PI}_0}{d} \qquad (1\text{-}4\text{b})$$

$$\text{PI} = \sum_{i=1}^{n} (A_i \times C_i \times D_i \times \text{WF}_i) \qquad (1\text{-}4\text{c})$$

式中，T 是容许土壤流失量，$\text{t} \cdot \text{km}^{-2} \cdot \text{a}^{-1}$；$\text{PI}_0$ 是当前土壤剖面的生产力指数。PI_d 是侵蚀 d cm 土层以后的生产力指数，它们取值 $0 \sim 1$，值越大表示生产力水平越高；W 是以 $\text{t} \cdot \text{km}^{-2} \cdot \text{cm}^{-1}$ 表示的土壤容重，可根据实际土壤测定，一般取土壤容重 $1.25\text{g} \cdot \text{cm}^{-3}$，则 $W = 1.25 \times 10^4 \text{t} \cdot \text{km}^{-2} \cdot \text{cm}^{-1}$；$V$ 称为土壤侵蚀脆弱性指数，cm^{-1}，表示侵蚀单位厚度土壤引起的生产力指数变化，它实质是土壤剖面生产力指数随厚度变化的斜率，一般小于 0；$\Delta \text{PI}\%/t$ 表示规划期 t 内，土壤侵蚀导致的生产力指数下降速度，用下降幅度相对于当前生产力指数的百分比表示；当前土壤剖面的生产力指数（productivity index，PI）模型是利用土壤剖面理化性质评价（Pierce et al.，1984），反映了整个土壤剖面构成的生产力水平，值越大表明土壤生产力水平越高；$i = 1, 2, \ldots, n$，表示不同深度的土层；A_i 为第 i 层土壤有效含水量对根系生长的适宜性指数；C_i 为第 i 层土壤容重对根系生长的适宜性指数；D_i 为第 i 层土壤 pH 对根系生长的适宜性指数；WF_i 为第 i 层土壤的根系分布权重，反映了不同土层厚度理化性质对土壤生产力的影响是不同的。段兴武等（2009）根据东北黑土理化性质和试验数据，对 PI 模型进行了修订，将土壤容重适宜性指数分别用有机质含量 O_i 和土壤黏粒含量 CL_i 的适应性指数替代，得到修订的 MPI 模型：

$$\text{MPI} = \sum_{i=1}^{n} (A_i \times D_i \times O_i \times \text{CL}_i \times \text{WF}_i) \qquad (1\text{-}4\text{d})$$

生产力方法同时考虑了不同土壤剖面土壤生产力的差异，以及规划期生产力指数下降速度，可以客观反映土壤性质，规划期生产力指数下降速度是人为确定。Pierce 等（1984）认为美国密西西比州 100 年内土壤生产力降低 5% 可以接受，即 $\text{PI}\%/100 = 5\%$，计算了该州部分土壤 T 值变化于 $300 \sim 9300\text{t} \cdot \text{km}^{-2} \cdot \text{a}^{-1}$。Runge 等（1986）认为要保持长期高水平土壤生产力，100 年内降低的生产力幅度应为 1%。Benson 等（1989）认为 100 ~ 500 年内土壤生产力降低幅度不超过 5%，才能符合土壤生产力可持续的目标。段兴武等（2009）对比分析了东北黑土区取 100 年规划期生产力指数降低幅度（$\Delta \text{MPI}/t$，下同）分别为 1%、2%、3%、4%、5% 时不同的 T 值。徐春达（2003）计算了我国北方农牧交错带主要土壤如暗棕壤、棕壤、黑垆土、黑钙土、栗褐土、褐土、栗钙土等土类的平均 T 值为 $1000\text{t} \cdot \text{km}^{-2} \cdot \text{a}^{-1}$ 左右，黄绵土 T 值约为 $500\text{t} \cdot \text{km}^{-2} \cdot \text{a}^{-1}$。谢云等（2011）计算了我国东北黑土区黑土土类中 21 个土种的 T 值变化于 $68 \sim 358\text{t} \cdot \text{km}^{-2} \cdot \text{a}^{-1}$，平均为 $141\text{t} \cdot \text{km}^{-2} \cdot$

a^{-1}。按亚类平均，白浆化黑土（漂白滞水湿润均腐土）T 值为 106t · km^{-2} · a^{-1}，黑土（简育湿润均腐土）T 值为 129t · km^{-2} · a^{-1}，草甸黑土（斑纹简育湿润均腐土）T 值为 184t · km^{-2} · a^{-1}。白浆化黑土土层厚度较黑土大 22.1%，但 T 值却比黑土小 21.7%，是因为白浆化黑土有明显的障碍层存在。

4）成土速率法

当土壤流失速率与成土速率相等时，便维持了土壤资源的平衡，自然也就维持了可持续生产力，因此理论上的 T 值就是成土速率。由于成土速率小，难以测量，影响成土速率的因素很多，有学者依据地球化学元素循环过程进行计算。Barth（1961）根据地球化学循环原理建立了元素平衡方程，Alexander（1988）利用基岩风化壳某一稳定元素含量的变化，估算成土转化率，进而计算出成土速率。目前的成土速率多为宏观估计值。被许多文献经常引用的有两个值（Johnson，1987）：一是美国地质学家 Chamberlin（1908）提出的 10 000 年约形成 1 英尺（约 30.48cm）厚的土壤，成土速率约为 0.003cm · a^{-1}。二是 Bennett（1939）提出的植被覆盖好的条件下，300～1000a 可形成约 1 英寸（约 2.54cm）厚的表土，成土速率为 0.0025～0.0083cm · a^{-1}。已有研究表明，不同气候带、不同母质的成土速率差异很大，变化范围为 0.0009～0.1cm · a^{-1}（Hadley et al.，1985）。柴宗新（1989）依据岩溶区碳酸盐岩经风化溶蚀，酸不溶物残留成土的理论，利用周世英等（1988）的溶蚀速率研究成果，考虑不溶物含量及其他成土物质，提出了广西岩溶区的土壤容许流失量为 68t · km^{-2} · a^{-1}。随后，陆续有学者根据碳酸盐类型、组成成分差异等，提出了不同地区的 T 值，如陈晓平（1997）以滇东南西畴县峰丛山地区为代表，采用相同方法推算出成土速率 46t · km^{-2} · a^{-1}，作为本区 T 值。李阳兵等（2006）也采用这种方法，计算了贵州省碳酸盐岩地区不同区域的 T 值分别为：连续性石灰岩组合分布区域为 6.75t · km^{-2} · a^{-1}；连续性白云岩组合分布区域为 7.08t · km^{-2} · a^{-1}；白云岩、石灰岩混合组合分布区域为 6.92t · km^{-2} · a^{-1}；碳酸盐岩夹碎屑岩组合中灰岩夹碎屑岩分布区域为 45.40t · km^{-2} · a^{-1}，白云岩夹碎屑岩分布区域为 45.66 t · km^{-2} · a^{-1}；碳酸盐岩与碎屑岩互层组合中灰岩与碎屑岩互层分布区域为 103.38t · km^{-2} · a^{-1}，白云岩与碎屑岩互层分布区域为 103.54t · km^{-2} · a^{-1}。曹建华等（2008）在考虑溶蚀速率和酸不溶产物基础上，进一步考虑成土的气候和生物因素，估算了约占西南岩溶区 30% 面积成土条件较好的最高的成土速率为 40～120t · km^{-2} · a^{-1}，70% 其他区域成土速率为 4～20t · km^{-2} · a^{-1}，取平均值为 30～40t · km^{-2} · a^{-1}，作为西南岩溶区 T 值。白晓永和王世杰（2011）综合上述成果，考虑了非岩溶区成土速率，提出岩溶区 T 值分为三大类：极纯碳酸盐岩地区为 20t · km^{-2} · a^{-1}，较纯碳酸盐岩地区为 100t · km^{-2} · a^{-1}，不纯碳酸盐岩地区为 250t · km^{-2} · a^{-1}。阮伏水和吴雄海（1995）计算的福建花岗岩地区的 T 值小于 200t · km^{-2} · a^{-1}。缪驰远（2006）利用 ^{14}C 法对东北黑土区不同地貌部位农地（坡上、坡中、坡下）的土壤年龄测定结果表明，平均成土速率为 0.0085cm·a^{-1}。杨永兴和王世岩（2003）研究认为，东北黑土大约形成于 7500a BP，根据熊毅和李庆逵（1987）对该区黑土的统计，如果以中厚层土壤厚度 60cm 计，黑土成土速率约为 0.008cm·a^{-1}，与缪驰远（2006）的结果一致。杨金玲等（2013）通过野外监测亚热带花岗岩地区森林覆盖流域的主要矿质元素输入输出量，依据流域元素地球化学质量平衡原理，估算了目前降雨和酸沉降条件下的土壤平均形成速率为 59.8t·km^{-2}·a^{-1}。

3. 容许土壤流失量值

美国至今采用 1961～1962 年会议上确定的不同土壤 T 值（表 1-5，Schertz and Nearing，2006）。

表 1-5　美国 5 个 T 值在各土纲中的面积百分比

土纲	土纲号	T 值/（t·km^{-2}·a^{-1}）					土纲面积/万 km^2
		220	450	670	900	1120	
淋溶土（Alfisol）	A	1%	6%	26%	16%	51%	103.83
火山灰土（Andisol）	C	2%	18%	33%	15%	31%	9.31
干旱土（Aridisol）	D	21%	19%	12%	3%	44%	53.04
新成土（Entisol）	E	10%	15%	5%	2%	68%	7.87
冻土（Gelisol）	G	23%	61%	9%	1%	7%	0.14
有机土（Histisol）	H	16%	32%	30%	4%	19%	7.71
始成土（Inceptisol）	I	8%	19%	37%	5%	32%	54.91
软土（Mollisol）	M	10%	9%	11%	6%	64%	166.85
氧化土（Oxsiol）	O	0	2%	2%	8%	89%	0.14
灰化土（Spodosol）	S	12%	15%	17%	9%	48%	20.03
老成土（Ultisol）	U	1%	5%	24%	24%	46%	71.31
变性土（Vertisol）	V	0	3%	19%	8%	70%	12.55

注：原文数据由于四舍五入，加和与 100% 有出入。

资料来源：Schertz 和 Nearing，2006

巴西（Lombardi Neto and Bertoni，1975）、英国（Verheijen et al.，2009）、印度（Lakaria et al.，2008）、澳大利亚（Bui et al.，2010）等国家也相继确定了各国的 T 值（表 1-6）。

表 1-6　部分国家的 T 值

国家或地区	T 值/（t·km^{-2}·a^{-1}）	资料来源
中国	340～1000	中华人民共和国水利部，2007

续表

国家或地区	T 值/$(t \cdot km^{-2} \cdot a^{-1})$	资料来源
苏联	340～1090	扎斯拉夫斯基，1985
巴西	420～1500	Lombardi Neto and Bertoni，1975
印度	450～1120	Kirkby and Morgan，1980
英国	100	Kirkby and Morgan，1980
波多黎各	50～300	Smith and Stamey，1965
摩洛哥	200～1100	Arnoldus，1977
冰岛	50～150	Johannesson，1960

我国学者从 20 世纪 80 年代开始进行 T 值研究。唐克丽和周佩华（1988）指出，"我国对黄土高原容许土壤流失量未进行专门的研究，这是重大缺陷"。21 世纪以来，陆续有学者在西南岩溶区（柴宗新，1989；陈晓平，1997；李阳兵等，2006；曹建华等，2008；白晓永和王世杰，2011）、南方红壤区（谢明，1993；阮伏水和吴雄海，1995；水建国等，2003；张燕等，2005）、东北黑土区（杨传强等，2004；范昊明等，2006；谢云等，2011）、紫色土区（杨子生，1999；谢庭生和何英豪，2005；刘刚才等，2009；Liu et al.，2009；Du et al.，2013）、黄土高原区（徐春达，2003；张世杰和焦菊英，2011）、北方土石山区（朱国平，2006）、台湾地区（吴嘉俊等，1997）等开展了 T 值的研究和探讨（表1-7）。由于针对目的、研究方法等的不同，难以进行系统比较。随着水土保持科学的发展和生态与环境建设的需要，全面系统开展 T 值研究势在必行（刘刚才等，2009）。

表 1-7　我国学者研究的不同地区的 T 值

地区	T 值/$(t \cdot km^{-2} \cdot a^{-1})$	方法	资料来源
广西岩溶区	68	成土速率	柴宗新，1989
滇东南峰丛山地区	46	成土速率	陈晓平，1997
贵州省碳酸盐岩地区	7～104	成土速率	李阳兵，2006
西南岩溶区	30～120	成土速率	曹建华等，2008
岩溶区	20～250	成土速率	白晓永和王世杰，2011
粤东山区	350	经验法	谢明，1993
福建省花岗岩地区	200	成土速率	阮伏水和吴雄海，1995
滇东北山区坡耕地	250～500	经验法	杨子生，1999
Q2 红色黏土母质发育的红壤	300	生产力法	水建国等，2003
太湖流域	260	经验法，水质要求	张燕等，2005
北方农牧交错带	267～1113	生产力法	徐春达，2003
石灰性紫色土丘岗区	170	生产力法	谢庭生和何英豪，2005
四川紫色土	800～1200	成土速率	Liu et al.，2009

地区	T 值/ ($t \cdot km^{-2} \cdot a^{-1}$)	方法	资料来源
四川紫色土	1100	生产力法	Du et al., 2013
密云水库北京集水区	100~500	经验法	朱国平，2006
东北黑土区	500~600	经验法	范昊明等，2006
东北典型黑土区	114.66	成土速率	缪驰远，2008
东部黑土区	68~358	生产力指数法	谢云等，2011
台湾地区	100~2500	经验法	吴嘉俊等，1996

谢云等（2011）利用生产力指数模型方法计算了东北黑土区 21 个黑土土种的 T 值，（表 1-8）变化于 68~358 $t \cdot km^{-2} \cdot a^{-1}$，平均为 141 $t \cdot km^{-2} \cdot a^{-1}$。按土壤亚类，白浆化黑土平均为 106 $t \cdot km^{-2} \cdot a^{-1}$，黑土平均为 129 $t \cdot km^{-2} \cdot a^{-1}$，草甸黑土平均为 184 $t \cdot km^{-2} \cdot a^{-1}$。

表 1-8　东北黑土区黑土类 21 个土种 T 值

剖面号	亚类	土属	土种	PI_0	$V/$ (cm^{-1})	$T/$ ($t \cdot km^{-2} \cdot a^{-1}$)
20276	黑土	黄黑土	黄黑土	0.37	−0.0062	74
20278	黑土	黄黑土	暗黄黑土	0.39	−0.0056	88
20282	黑土	黄黑土	肥黑土	0.71	−0.0051	174
20284	黑土	黄黑土	油黑土	0.48	−0.0029	206
20286	黑土	黄黑土	破皮黄土	0.49	−0.0090	68
20288	黑土	黄黑土	大黑土	0.68	−0.0047	180
20294	黑土	砾黑土	棕砾黑土	0.21	−0.0025	103
20296	黑土	泥砂黑土	泥砂土	0.50	−0.0067	93
20300	黑土	黄黑土	油黄黑土	0.47	−0.0035	168
20302	黑土	黄黑土	水岗黑土	0.30	−0.0034	111
20304	黑土	黄黑土	油黄土	0.58	−0.0044	166
20306	黑土	黄黑土	讷河破皮黄土	0.47	−0.0053	110
亚类平均	黑土			0.47	−0.0049	129
20312	草甸黑土	锈黄黑土	平西二洼土	0.43	−0.0068	79
20314	草甸黑土	锈黄黑土	二洼油黑土	0.46	−0.0029	197
20316	草甸黑土	锈泥砂黑土	黑油砂土	0.46	−0.0034	168
20318	草甸黑土	锈黄黑土	锈黄黑土	0.85	−0.0071	149
20320	草甸黑土	锈黄黑土	黏锈黄黑土	0.36	−0.0030	150
20322	草甸黑土	锈黄黑土	双城黑油土	0.75	−0.0026	358
亚类平均	草甸黑土			0.55	−0.0043	184
20324	白浆化黑土	白浆黄黑土	白馅黄黑土	0.58	−0.0056	130

续表

剖面号	亚类	土属	土种	PI_0	$V/(cm^{-1})$	$T/(t \cdot km^{-2} \cdot a^{-1})$
20326	白浆化黑土	白浆黄黑土	油白馅黄黑土	0.53	-0.0093	72
20328	白浆化黑土	白浆黄黑土	粘白馅黄黑土	0.85	-0.0092	116
亚类平均	白浆化黑土			0.66	-0.0080	106
21 个土种 合计	最大值			0.85	-0.0025	358
	最小值			0.21	-0.0093	68
	平均值			0.52	-0.0052	141
	标准差			0.17	0.0022	66

中华人民共和国水利部以《土壤侵蚀分类分级标准》（SL190—2007）给出了不同水蚀类型区的 T 值：东北黑土区和北方土石山区为 $200t \cdot km^{-2} \cdot a^{-1}$，南方红壤丘陵区和西南土石山区为 $500t \cdot km^{-2} \cdot a^{-1}$，西北黄土高原区为 $1000t \cdot km^{-2} \cdot a^{-1}$，风力侵蚀区为 $200t \cdot km^{-2} \cdot a^{-1}$。2010~2012 年第一次全国水利普查以及 2018~2022 年全国水土流失动态监测均采用该值。

| 第 2 章 | 降雨径流侵蚀力因子

2.1 降水对土壤侵蚀的影响

降水分为液态降雨和固态降雪、冰雹等。对土壤侵蚀影响最大的是降雨和积雪融化后形成的融雪径流。Ellison（1944b，1947）对降雨侵蚀进行了系列研究，发现了雨滴溅蚀作用及降雨产流的分离和输移作用，成为土壤侵蚀理论的核心内容，也是土壤侵蚀模型建立的理论基础。雨滴降落具有动能，造成土壤颗粒分离与运移。动能大小与雨滴大小和降落速度有关，取决于降雨类型和强度。降雨形成的径流继续分离土壤和搬运被分离的土壤颗粒。径流大小与降雨强度、降雨量及地表性质有关。综上，与土壤侵蚀关系密切的降雨特性指标包括降雨动能、降雨量和降雨强度。这些特性又与降雨类型关系密切。降雨按成因主要分为三种类型：对流雨、地形雨、锋面雨或气旋雨。热带地区全年多对流性降雨、气旋雨或台风雨，山区多地形雨，温带地区多锋面或气旋雨，但在夏季也时常伴有对流性降雨，且大陆性越强，对流雨越多。对流雨和地形雨的阵性强，具有历时短和强度大的特点；锋面或气旋雨往往持续性较强，具有历时长和强度小的特点。

降雨量是指降雨的多寡，根据统计时段不同，包括次雨量、时段降雨量（如 1h、6h、12h 等）、日（24h）雨量、旬雨量、月雨量、年雨量等，用 mm 表示。降雨强度是指单位时间的降雨量，用 $mm \cdot h^{-1}$ 或 $mm \cdot min^{-1}$ 表示。常用的有：①平均雨强。是一次降雨的总雨量与总历时之比。由于一次降雨过程中的雨强会有明显变化，因此无法全面刻画一次降雨过程的强度变化。②断点雨强。将一次降雨过程按雨强是否相同划分不同时段，每一段内的雨强称为断点雨强，能反映一次降雨过程的雨强变化，需要利用自记雨量计记录的降雨过程曲线或数字雨量计获得。③最大时段雨强。按不同的时段，如 1min、5min、10min、20min、30min、60min 等，选择一次降雨过程中对应时段的最大雨强，又称峰值雨强。同样一次降雨，如次雨量为 36mm，由于雨强不同，如分别以 $6mm \cdot h^{-1}$ 降 6h 和以 $18mm \cdot h^{-1}$ 降 2h，会造成完全不同的侵蚀结果，因此降雨强度与土壤侵蚀的关系较降雨量更为密切。降雨动能是指雨滴降落至地表所具有的动能，有两种表达方式：一是单位面积单位雨量具有的降雨动能 e_{mm}（$J \cdot m^{-2} \cdot mm^{-1}$），二是单位面积单位时间降雨具有的降雨动能 e_{time}（$J \cdot m^{-2} \cdot s^{-1}$）。二者之间可进行线性转换：$e_{time} = c \cdot I \cdot e_{mm}$，$I$ 是雨强（$mm \cdot h^{-1}$），c 是单位转换系数（如果 e_{time} 的单位时间用 s，则 $c=1/3600$；如果用 h，则 $c=1$）。动能由物体的质量和速度决定，因此降雨动能与雨滴大小（质量）和雨滴的终点速度有关。雨滴终点速度是指雨滴降落至地面时的速度。雨滴大小又与雨强有关：小雨强雨滴较小，大雨强雨滴较大（Hudson，1995）。一次降雨过程的断点雨强不同，雨滴大小也会变化，多用中值雨滴直径反映雨滴大小。中值雨滴直径是将雨滴直径由小到大排序进行雨量累积，雨量为总雨量一半时对应的雨滴直径。许多研究表明，中值雨滴直径 D_{50} 与平均雨强呈幂函数增大关系，但对大雨强不适合，如雨强超过 80mm·h^{-1} 或 100mm·h^{-1}，D_{50} 不再增大（Hudson，1995）。雨滴降落至地面的终点速度与雨滴大小有关：雨滴越大，其终点速度越大，反之则小。直径 5mm 的雨滴终点速度约为 9m·s^{-1}（Hudson，1995）。综上所述：大雨滴具有较大动能，小雨滴具有较小动能。由于降雨动能难以观测，雨滴大小及其终点速度与雨强有关，于是许多研究者建立了降雨动能与雨强的经验关系（表 2-1）。Van Dijk 等（2002）认为单位雨量降雨动能与雨强的关系和气候或降雨类型有关，随地区有一定差异。Salles 等（2002）认为单位时间降雨动能与雨强的关系更好，且稳定，幂函数形式更为适用。总体来说各公式之间的差异不大，目前常用的是 Wischmeier 等（1958）及 Brown 和 Foster（1987）的公式。

表 2-1 单位雨量降雨动能（e，J·m^{-2}·h^{-1}）与雨强（I，mm·h^{-1}）的关系

降雨动能（e）公式	研究地点	雨强范围/(mm·h^{-1})	参考文献
$e=11.87+8.73 \cdot \lg I$	华盛顿特区，美国	≤76	Wischmeier et al.，1958
$e=28.3$		>76	Wischmeier and Smith（1978）
$e=9.81+11.25 \cdot \lg I$	意大利		Zanchi and Torri，1980
$e=27.83+11.55 \cdot \lg I$	中国黄土高原地区		江忠善等，1983
$e=9.81+10.6 \cdot \lg I$	Okinawa，日本		Onaga et al.，1988
$e=8.95+8.44 \cdot \lg I$	美国		Brandt，1989
$e=29.863（1-4.287/I）$ 或 $e=30-125/I$	津巴布韦		Hudson，1965
$e=30.13（1-5.48/I）$	迈阿密，美国	1.89~309	Kinnell，1973
$e=29.22[1-0.894\exp（-0.04771 \cdot I）]$	罗德西亚	18.5~228.6	Kinnell，1981
$e=29.0[1-0.596\exp（-0.0404 \cdot I）]$	Gunnedah，澳大利亚	1~145.9	Rosewell，1986
$e=26.35[1-0.669\exp（-0.0349 \cdot I）]$	布里斯班，澳大利亚	1~161.2	
$e=29.0[1-0.72\exp（-0.05 \cdot I）]$	美国	0~250	Brown and Foster，1987
$e=38.4[1-0.538\exp（-0.029 \cdot I）]$	巴塞罗那，西班牙	不详	Cerro et al.，1998
$e=35.9[1-0.5559\exp（-0.034 \cdot I）]$	葡萄牙	0~120	Coutinho and Tomas，1995
$e=36.8[1-0.691\exp（-0.038 \cdot I）]$	香港，中国	0~150	Jayawardena and Rezaur，2000

降雨动能（e）公式	研究地点	雨强范围/$(\mathrm{mm \cdot h^{-1}})$	参考文献
$e=11.32+0.5546 \cdot I-0.5009 \times 10^{-2} \cdot I^2$ $+0.126 \times 10^{-4} \cdot I^3$	美国中南部	$1 \sim 250$	Carter et al., 1974
$e=A \cdot I^b$，$A=10 \sim 18$；$b=0.14 \sim 0.25$	美国	不详	Smith and De veaux, 1992；Steiner and Smith, 2000
$e=29.64 \cdot I^{0.29}$	中国黄土高原地区	不详	江忠善等, 1983
$e=40.9I^{0.31}$，梅雨型	中国，福建	不详	黄炎和等, 1992
$e=35.92I^{0.28}$，台风雷暴雨型	中国，福建	不详	黄炎和等, 1992

注：根据 Salles 等（2002）整理。

概括起来，降水对土壤侵蚀发生发展过程的影响主要表现在以下几个方面：一是雨滴对土壤的溅蚀能力；二是降雨形成径流的能力；三是积雪融化形成的融雪径流的能力。土壤侵蚀模型对降雨与土壤侵蚀关系的模拟核心是建立这三种能力与土壤侵蚀的关系。

2.2　降雨径流侵蚀力指标 EI_{30}

2.2.1　降雨径流侵蚀力定义与指标 EI_{30}

降雨径流侵蚀力是定量描述降雨及其径流导致土壤侵蚀潜在能力的指标。Cook（1936）提出与土壤水蚀密切相关的环境因子包括土壤、水和植被，分别定义为土壤可蚀性、潜在侵蚀力和植被保护性三个变量。他提出的潜在侵蚀力与现在降雨径流侵蚀力的定义和用法有很大差别，但这一研究对后来降雨径流侵蚀力概念的提出和发展有重要意义。最早在土壤侵蚀模型中引入降雨指标的是 Musgrave（1947），采用 2 年一遇 30min 雨量的 1.75 次方幂函数形式。后来 Wischmeier 等（1958）利用美国 3 个试验站径流小区 6 ~ 10 年近 500 次降雨径流资料，分析了 19 个变量及其线性组合与土壤流失量的关系后，发现一次降雨总动能（E，$\mathrm{MJ \cdot hm^{-2}}$）与该次降雨最大 30min 雨强（$I_{30}$，$\mathrm{mm \cdot h^{-1}}$）的乘积（$\mathrm{EI}_{30}$，$\mathrm{MJ \cdot mm \cdot hm^{-2} \cdot h^{-1}}$）所构成的复合变量，是相对简单且与土壤流失量相关关系最好的变量（表2-2），于是将 EI_{30} 定义为降雨径流侵蚀力指标。降雨动能 E 主要反映了雨滴对土壤颗粒的分离作用，最大 30min 雨强 I_{30} 主要反映了降雨产生径流对土壤颗粒的分离和输移作用（Renard et al., 1997）。Wischmeier（1959）通过对美国东部地区 21 个州约 8000 个小区年的降雨径流资料的分析，证明了降雨径流侵蚀力 EI_{30} 指标在美国东部地区的广泛适用性，同时指出 EI_{30} 指标不仅适用于休耕小区，也适用于连续耕作的农地小区；不仅能反映次降雨产生的土壤流失量，也能较好地反映降雨季节或年际变化影响的土壤流失量。

降雨径流侵蚀力因子（R 因子）定义为年内所有侵蚀性次降雨 EI_{30} 指标之和的多年平均值，它是 USLE 中 6 个侵蚀因子之一（Wischmeier and Smith，1965）。Wischmeier 和 Smith（1965）特别指出降雨径流侵蚀力因子在 USLE 中的重要性：USLE 与之前其他土壤侵蚀模型的一个主要区别在于引入 EI_{30} 作为降雨径流侵蚀力指标，从而能精确量化不同区域之间降雨差异对估算土壤流失量的影响。

表 2-2　不同变量与土壤流失量回归方程的决定系数　　（单位:%）

回归方程中的变量	土壤类型和分析时使用的降雨次数				
	Shelby（138）	Shelby（207）	Shelby（207）	Marshall（131）	Fayette（144）
降雨量	73.0	68.3	64.6	38.7	42.2
降雨动能	81.7	78.2	73.9	54.9	61.6
最大 15min 雨强	43.4	40.9	25.7	50.4	65.5
最大 30min 雨强	56.2	59.8	35.1	56.0	79.9
三个变量[1]	78.6	73.8	67.6	66.2	82.6
EI_{30}	89.2	81.7	75.6	70.7	88.0
EI_{30} 与三个变量[2]	92.1	85.8	80.2	78.6	88.3

注：Shelby、Marshall、Fayette 代表不同土壤类型，括号中的数字代表降雨次数。1 三个变量包括降雨量、最大 15min 雨强、最大 30min 雨强；2 三个变量包括降雨动能、前期降雨指数、最后一次耕作以来的降雨总动能。

资料来源：Wischmeier 和 Smith，1958

美国落基山以西尤其是西北地区降雪量很大，春季融雪径流造成的土壤侵蚀不容忽视。但 1965 年发布的 USLE 没有考虑这一作用，EI_{30} 指标只考虑了降雨的影响。1978 年进行 USLE 第一次修订时（Wischmeier and Smith，1978），在 EI_{30} 指标中增加了融雪径流的作用。

许多学者在世界不同地区对 EI_{30} 指标进行了大量的验证和比较研究，也有根据降雨与土壤侵蚀关系的分析，提出了不同的指标。如 Hudson（1965）在研究热带非洲的土壤侵蚀时发现，由于热带地区多暴雨，雨强大，EI_{30} 在该地区明显不适用。他通过对小区观测资料的分析，认为采用雨强大于等于 $25mm \cdot h^{-1}$ 的降雨总动能（KE>25）作为降雨径流侵蚀力指标明显比 EI_{30} 指标好。Lal（Hudson，1995）也提出了新的指标 AI_m，是一次降雨量 A 与最大 7.5min 雨强 I_m 的乘积。他利用非洲尼日利亚小区观测资料分别检验了 EI_{30}、KE>25 和 AI_m 3 个指标，发现 AI_m 比其他两个指标都好。考虑到降雨造成的土壤侵蚀包括两个过程：雨滴击溅对土壤颗粒的分离作用以及降雨形成径流造成的冲刷作用，Foster 等（1982b）利用美国 11 个站点 2459 次降雨径流资料，分析了 21 个指标，其中增加了径流指标。结果表明，考虑径流指标虽然与土壤流失量的相关关系变好，但与 EI_{30} 相比改善效果不明显，由此进一步验证了 EI_{30} 是描述降雨引起土壤侵蚀潜在能力很好的定量指标。

我国学者从 20 世纪 80 年代开始对降雨径流侵蚀力指标进行了大量研究。针对我国降雨量和降雨强度地域差异大的特点，研究了一次降雨总动能 E 和多个最大时段雨强组合指标与土壤流失量的关系，结果表明：我国南方地区由于降雨历时较长，采用较长时段的最大雨强要比 30min 最大雨强好。如黄炎和等（1993）、周伏建等（1995）、吴素业（1994a）发现福建、安徽大别山区等用 EI_{60} 指标更好，I_{60} 是最大 60min 雨强。而我国西北地区由于降雨历时较短，采用较短时段的最大雨强比最大 30min 雨强好。如赵富海和赵宏夫（1994）、王万忠（1983，1987）的研究发现，张家口地区、西北黄土高原地区用 EI_{10} 指标最好，贾志军等（1987）、江忠善和李秀英（1988）也指出黄土高原地区宜采用 EI_{10} 作为降雨径流侵蚀力指标。张宪奎等（1992）、杨子生（1999b）对黑龙江省和云南省的研究发现，采用 $E_{60}I_{30}$ 指标比 EI_{30} 指标好，E_{60} 是最大 60min 雨强对应的降雨动能。王万忠和焦菊英（1996）对全国不同地区各种降雨径流侵蚀力指标与土壤流失量的关系进行系统研究后指出，各种指标与 EI_{30} 相比，与土壤流失量的相关程度差别不显著，对降雨径流侵蚀力计算精度的提高程度不大，因此认为兼顾全国不同地区降雨特性，宜采用 EI_{30} 作为计算中国降雨径流侵蚀力的指标。

基于上述分析，考虑到 EI_{30} 指标的适用性广，在世界范围内应用多，本模型采用 EI_{30} 指标。如果在实际应用过程中，根据当地降雨与土壤流失量对比分析结果发现了其他更好的指标，建议应将新指标换算为 EI_{30} 指标的回归关系，以便进行对比分析。

2.2.2　EI_{30} 指标计算

降雨径流侵蚀力因子 EI_{30} 的计算包括三个内容：①次降雨径流侵蚀力，反映一次降雨的潜在能力。②季节降雨径流侵蚀力，反映降雨径流侵蚀力的季节变化，为计算生物措施因子（B）和耕作措施因子（T）提供降雨径流侵蚀力季节分配的权重系数。本模型采用的时段为半月。③多年平均年降雨径流侵蚀力，反映年降雨径流侵蚀力的多年平均状况。

1. 次降雨动能

通常来说，降雨动能反映了雨滴将土壤颗粒从土体中分离的能力。由于直接测量雨滴动能的设备昂贵、操作复杂，遂发展出了几种基于雨强对动能进行估算的模型：对数法、指数法和幂函数法等。Wischmeier 等（1958）根据 Laws（1941）发表的雨滴终点速度资料，以及 Laws 和 Parsons（1943）雨滴和雨强资料分析得出式（2-1a），随后 Wischmeier 和 Smith（1978）考虑到降雨强度大于 76mm·h^{-1} 时，中值雨滴大小一般不会继续增大（Carter et al.，1974），降雨动能趋于常数，对式（2-1a）的取值上限作了规定 [式（2-1b）]：

$$e_r = 0.119 + 0.0873 \lg i_r \quad i_r \leqslant 76 \text{mm} \cdot \text{h}^{-1} \tag{2-1a}$$

$$e_r = 0.283 \qquad i_r > 76 \text{mm} \cdot \text{h}^{-1} \tag{2-1b}$$

式中，e_r 是单位降雨动能，$\text{MJ} \cdot \text{hm}^{-2} \cdot \text{mm}^{-1}$；$i_r$ 是断点雨强或数字化雨量计的等间隔雨强，$\text{mm} \cdot \text{h}^{-1}$。由于该公式在雨强 76mm·h^{-1} 时不连续，且当雨强小于 0.05mm·h^{-1} 时，计算的降雨动能为负值，RUSLE（Renard et al.，1997）采用了 Brown 和 Foster（1987）提出的单位降雨动能指数形式［式（2-2）］：

$$e_r = 0.29\left[1 - 0.72\exp(-0.05i_r)\right] \tag{2-2}$$

与原来公式相比，该式有两点明显改进：①改变了原公式函数不连续和雨强大于某一临界值后，单位降雨动能恒为常数的不足；②计算结果恒为正值。McGregor 等（1995）发现，当雨强在 1～35mm·h^{-1} 时，公式（2-2）计算结果较公式（2-1）计算结果小约 12%，因此建议将公式（2-2）中的 0.05 改为 0.082，随后 RUSLE2 使用了该式（USDA，2013）：

$$e_r = 0.29\left[1 - 0.72\exp(-0.082i_r)\right] \tag{2-3}$$

Van Dijk 等（2002）综述了 20 多个指数模型，并结合不同气候类型区的天然降雨数据得到公式如下：

$$e_r = 0.283\left[1 - 0.52\exp(-0.042i_r)\right] \tag{2-4}$$

Salles（2002）认为幂函数形式更适合单位时间降雨动能与雨量的关系，函数参数与降雨类型有关。为便于比较，将其建议的单位时间降雨动能公式转化为如下单位雨量降雨动能公式：

$$e_r = 13.5092i_r^{0.2} \qquad \text{对流性降雨} \tag{2-5a}$$

$$e_r = 9.1878i_r^{0.3} \qquad \text{层状云降雨} \tag{2-5b}$$

江忠善等（1983）在黄河水利委员会绥德水土保持试验站用滤纸法测量了 148 次天然降雨雨滴，然后计算单位降雨动能，拟合出对数函数形式如下，决定系数达到 0.9025。

$$e_r = 0.078 + 0.1186\lg i_r \tag{2-6}$$

为了选择用于本模型的降雨动能公式，收集了陕西省绥德气象站 1961～2000 年降雨过程资料，按公式（2-6）计算单位降雨动能作为观测值，与式（2-1）～式（2-5）的计算结果比较。采用的评价指标为

$$\text{MES} = \frac{100}{m}\sum_{k=1}^{m}\left|\frac{E_{sim}(k) - E_{obs}(k)}{E_{obs}(k)}\right| \tag{2-7}$$

$$\text{EY} = \frac{\text{AE}_{sim} - \text{AE}_{obs}}{\text{AE}_{obs}} \tag{2-8}$$

式中，MES 是次降雨动能的相对误差，%；E_{sim} 是用式（2-1）～式（2-5）计算的次降雨总动能；E_{obs} 是用式（2-6）计算的次降雨总动能。EY 是年均降雨径流侵蚀力的相对误差，%；AE_{sim} 是用式（2-1）～式（2-5）计算单位降雨动能后求得的年均降雨径流侵蚀力；

AE_{obs}是用式（2-6）计算单位降雨动能后求得的年均降雨径流侵蚀力。1961～2000年绥德年均雨季降雨量为353.8mm，侵蚀性降雨（次雨量大于等于12mm）为293次，年均雨季侵蚀性降雨量为268mm，占雨季降水量的75.7%。结果表明（表2-3），无论是次降雨动能还是年降雨径流侵蚀力均是RUSLE2公式计算的相对误差最小，本模型采用RUSLE2中的单位降雨动能公式（2-3）。

表2-3　不同公式计算次降雨动能的相对误差（MES）和年降雨径流侵蚀力相对误差（EY）

	USLE〔式（2-1）〕	RUSLE〔式（2-2）〕	RUSLE2〔式（2-3）〕	Van Dijk等（2002）〔式（2-4）〕	Salles（2002）〔式（2-5a）〕	Salles（2002）〔式（2-5b）〕
MES/%	12.2	9.2	3.4	12.2	19.3	3.6
EY/%	7.8	-9.8	1.7	5.0	16.2	0.8

2. 次降雨 EI_{30}

计算次降雨EI_{30}需要降雨过程资料，有两种形式：一是降雨自记纸摘录的断点雨强资料，二是数字化雨量计自动记录的短时间等间隔雨量资料。按雨量器精度有不同的记录时间间隔，如1min、2min、5min、10min。间隔越小精度越高，间隔小于等于5min均可视为降雨过程资料。一次降雨过程中，会出现短时间的降雨间歇。间歇到多长时间就算作是二次降雨，这就需要定义一个最小降雨间歇（minimum inter-event time，MIT）指标。本模型与USLE一致，选用6h作为划分两场降雨事件的最小降雨间隔，即当降雨停歇时间大于等于6h，就划分为两场次降雨事件；如果降雨停歇时间小于6h，则将其间的无雨时段归为一次降雨事件内部的停歇，停歇时间计入总降雨历时。次降雨量为一次降雨开始至结束的总降雨量，次降雨历时为一次降雨开始至结束的总时间，次雨强为次降雨量除以次降雨历时，表示该次降雨的平均雨强。

次降雨侵蚀力EI_{30}计算公式为

$$R_{次} = E \cdot I_{30} \tag{2-9}$$

式中，$R_{次}$是次降雨侵蚀力EI_{30}，$MJ \cdot mm \cdot hm^{-2} \cdot h^{-1}$；$I_{30}$是一次降雨的最大30min雨强，$mm \cdot h^{-1}$；$E$是一次降雨总动能$MJ \cdot hm^{-2}$，计算公式为

$$E = \sum_{r=1}^{q} (e_r \cdot P_r) \tag{2-10}$$

式中，E是一次降雨总动能，$MJ \cdot hm^{-2}$；$r = 1, 2, \cdots, q$，表示一次降雨过程按雨强分为q段，每一段内的雨强相同，段间雨强不同；P_r是每一段的雨量，mm；e_r是每一段的单位降雨动能，$MJ \cdot hm^{-2} \cdot mm^{-1}$，可以采用式（2-1）～式（2-6）中的一个公式计算，根据前面精度分析，建议采用公式（2-3）。目前，数字式雨量器越来越普及，如果记录的时间间隔小于5min，可视为降雨过程资料，将式（2-3）变为以下形式计算单位降雨动能：

$$e_r = 0.29[1-0.72\exp(-0.082 \cdot P_r/\Delta t \cdot 60)] \tag{2-11}$$

式中，P_r 是某种记录时间间隔 Δt（min）对应的雨量，mm；60 表示一小时 60min，将雨量转换为雨强。如果记录的时间间隔大于等于 5min，可视为比较粗略的降雨过程资料，需要进行资料转换。Yin 等（2007）利用全国 5 个水土保持试验站断点雨强资料整理成记录间隔为 5min、10min、15min、30min 和 60min 等间隔资料后，建立了利用不同时间间隔资料计算 E、I_{30} 和 EI_{30} 的转换公式［式（2-12）~式（2-14）］，式中的转换系数见表 2-4。利用这一转换公式，可将记录时间间隔粗略资料计算的 E、I_{30} 和 EI_{30} 转换为断点雨强资料精度：

$$E_{bp} = a\, E_{\Delta t} \tag{2-12}$$

$$(I_{30})_{bp} = b\, (I_{30})_{\Delta t} \tag{2-13}$$

$$(EI_{30})_{bp} = c\, (EI_{30})_{\Delta t} \tag{2-14}$$

式中，E_{bp}、$(I_{30})_{bp}$ 和 $(EI_{30})_{bp}$ 分别是利用断点雨强资料或分钟资料计算的次降雨动能、最大 30min 雨强和降雨径流侵蚀力指标 EI_{30}；$E_{\Delta t}$、$(I_{30})_{\Delta t}$ 和 $(EI_{30})_{\Delta t}$ 分别是利用等间隔资料（间隔为 Δt）计算的次降雨动能、最大 30min 雨强和降雨径流侵蚀力指标 EI_{30}。以 10min 等间隔资料为例，最大 30min 雨量为 3 个连续 10min 雨量之和的最大值；对于小时资料，式（2-13）中的 $(I_{30})_{\Delta t}$ 假定为最大小时雨强。通过回归分析得到式（2-12）~式（2-14）中的回归系数 a、b、c（表 2-4）。从系数变化可以看出，利用小时资料计算降雨径流侵蚀力指标时，由于时间分辨率的降低，导致对最大 30min 雨强的计算偏差明显大于对降雨动能的计算偏差，因此雨强的转换系数较大，其乘积则体现了二者的共同作用。

表 2-4　式（2-12）~式（2-14）中的转换系数

试验站	E					I_{30}					EI_{30}				
	60min	30min	15min	10min	5min	60min	30min	15min	10min	5min	60min	30min	15min	10min	5min
宾县	1.107	1.054	1.031	1.022	1.010	1.658	1.101	1.024	1.011	1.005	1.789	1.198	1.039	1.023	1.011
密云	1.124	1.071	1.038	1.026	1.008	1.653	1.079	1.030	1.022	1.007	1.668	1.094	1.051	1.040	1.015
子洲	1.091	1.057	1.030	1.018	1.009	1.731	1.078	1.051	1.023	1.009	1.811	1.117	1.088	1.041	1.016
岳西	1.123	1.070	1.043	1.022	1.010	1.627	1.152	1.046	1.026	1.009	1.814	1.257	1.099	1.048	1.020
安溪	1.080	1.049	1.030	1.020	1.009	1.673	1.072	1.054	1.030	1.005	1.568	1.139	1.114	1.069	1.010
平均值	1.105	1.060	1.034	1.022	1.009	1.668	1.096	1.041	1.022	1.007	1.730	1.161	1.078	1.044	1.014

举例说明如何进行资料转换计算。假设收集到气象站小时整点雨量资料，首先用该资料计算 E_{60} 和 $(I_{30})_{60}$，E_{60} 采用式（2-15）：

$$E_{60} = \sum_{r=1}^{m} \{0.29[1-0.72\exp(-0.082 \cdot P_{60r})] \cdot P_{60r}\} \tag{2-15}$$

式中，E_{60} 是用整点逐时资料计算的次降雨动能，MJ·hm^{-2}；$r=1$，2，$\cdots$，m，m 是持续的小时数；P_{60r} 是逐时雨量，mm。查表 2-4 中的整点 60min 间隔 EI_{30} 对应的转换系数为

1.730，于是转换后 EI_{30} 计算公式为

$$(EI_{30})_{bp} = 1.730 (EI_{30})_{60} \tag{2-16}$$

式中，$(EI_{30})_{bp}$ 相当于用断点雨强资料计算的次降雨径流侵蚀力，$MJ \cdot mm \cdot hm^{-2} \cdot h^{-1}$；$(EI_{30})_{60}$ 是用整点逐时雨量资料计算的次降雨径流侵蚀力，$MJ \cdot mm \cdot hm^{-2} \cdot h^{-1}$。

3. 日降雨 EI_{30}

日降雨与次降雨并非一一对应。根据中国气象局规定，日降雨量的日分界时间是北京时间 20：00，即 24 小时日雨量是从前一天北京时间 20：00 到当日北京时间 20：00 的降雨量总和。因此日降雨与次降雨的对应关系有四类，对应日降雨径流侵蚀力计算方法如下：

（1）类型 I 是一日发生一次降雨，即降雨事件开始和结束在同日：

$$R_{day} = EI_{30} \tag{2-17a}$$

式中，R_{day} 是日降雨径流侵蚀力。

（2）类型 II 是一日发生两次或以上降雨事件：

$$R_{day} = \sum_{i=1}^{n} E_i \cdot (I_{30})_i \tag{2-17b}$$

式中，n 是一日降雨事件的次数；E_i 是第 i 次降雨事件的降雨动能，$MJ \cdot hm^{-2}$，采用式（2-3）和式（2-10）计算；$(I_{30})_i$ 是第 i 次降雨事件的最大 30min 雨强，$mm \cdot h^{-1}$。

（3）类型 III 是一日发生一次降雨事件的一部分：

$$R_{day} = E_{day\_d} \cdot I_{30} \tag{2-17c}$$

式中，E_{day_d} 是一次降雨事件在该日的降雨动能，$MJ \cdot hm^{-2}$，采用式（2-3）和式（2-10）计算。I_{30} 是一次降雨事件的最大 30min 雨强，$mm \cdot h^{-1}$。例如，一次降雨事件持续了 3 天（d_1、d_2 和 d_3）。发生在第一天 d_1 的降雨动能为 E_{day_1}，发生在第二天 d_2 的降雨动能为 E_{day_2}，发生在第三天 d_3 的降雨动能为 E_{day_3}，该次降雨事件的总动能为这三日动能之和，但该次降雨事件的 I_{30} 对每一日均相同。

（4）类型 IV 是其他所有情况，包括三种情形：一是一日包括至少一次降雨事件，再加上另一次降雨事件的一部分；二是一日包括一次降雨事件的一部分和另一次降雨事件的一部分；三是一日包括一次或多次完整的降雨事件，并且包括两次降雨事件的一部分，即前一天未结束的降雨事件和延续至后一天的降雨事件。这些情形的日降雨径流侵蚀力均可由类型 II 和类型 III 的公式联合求得。

本模型收集了 16 个气象站分钟降雨数据，分别来自黑龙江省、陕西省、山西省、四川省、湖北省、福建省、云南省（图 2-1），覆盖了我国水蚀类型区。数据分辨率为 1min，使用虹吸式自记雨量计观测得到。其中北方地区 6 个气象站（位于黑龙江省、陕西省、山西省），由于冬季气温较低，虹吸式雨量计停止工作，数据的观测月份仅为 5~9 月，该时

期雨量占全年降水量的比例为 75.6%～89.2%。其余气象站全年 1～12 月皆有数据。14 个气象站的起止年份为 1961～2000 年，2 个站点（山西省的五寨和阳城）数据起止年份为 1971～2000 年（表 2-5）。所有数据与同站雨量筒观测的日雨量资料对比进行数据质量控制：当分钟数据（简称数据 M）与同日雨量筒所测日雨量（简称数据 D）的误差大于某一个标准，该日的分钟资料则被认为可疑（中国气象局，2017）。具体方法如下：当日雨量小于 5mm，数据 M 与数据 D 之差小于 0.5mm 时，则认为数据质量良好；当日雨量大于等于 5mm，数据 M 与数据 D 之间的差值不超过 10% 时，则认为数据质量良好。随后再对比数据 M 与数据 D 的年雨量，当二者的相对误差不超过 15% 时，则认为该年份数据可靠，定义为有效年份。16 个气象站均有超过 29 年的数据质量可靠，其中 6 个气象站有效年份达 38 年以上。

图 2-1 收集到的 16 个气象站分布图

表 2-5 收集到的 16 个分钟资料气象站基本信息

站名	纬度 /(°N)	经度 /(°E)	海拔 /m	有效年份[c]	年雨量[d]/mm	侵蚀性降雨 (≥12mm) 次数	年降雨径流侵蚀力 /(MJ·mm·hm⁻²·h⁻¹·a⁻¹)
嫩江[a]	49.17	125.23	243	30	485.8	343	1368.7
通河[a,b]	45.97	128.73	110	38	596.2	471	1632.5

站名	纬度/(°N)	经度/(°E)	海拔/m	有效年份[c]	年雨量[d]/mm	侵蚀性降雨（≥12mm）次数	年降雨径流侵蚀力/(MJ·mm·hm⁻²·h⁻¹·a⁻¹)
五寨[a]	38.92	111.82	1402	30	464.0	289	781.9
阳城[a,b]	35.48	112.4	658.8	30	605.9	340	1503.3
绥德[a]	37.5	110.22	928.5	29	449.7	256	992.8
延安[a]	36.6	109.5	958.8	39	534.6	411	1233.7
成都	30.67	104.02	506.1	39	891.8	717	3977.0
西昌[b]	27.9	102.27	1590.9	40	1007.5	998	3021.0
遂宁	30.5	105.58	279.5	33	932.7	654	4091.3
内江	29.58	105.05	352.4	39	1034.1	826	5097.9
房县	32.03	110.77	427.1	31	829.5	563	2298.4
黄石[b]	30.25	115.05	20.6	32	1438.5	898	6049.4
腾冲[b]	25.02	98.5	1648.7	36	1495.7	1205	3648.9
昆明	25.02	102.68	1896.8	33	1018.8	747	3479.0
福州	26.08	119.28	84	39	1365.4	1136	5871.1
长汀[b]	25.85	116.37	311.2	31	1728.1	1037	8258.5

a 位于北方地区的6个站点，年均侵蚀性降雨次数和年均侵蚀力均基于5~9月逐分钟资料，剩下的10个南方站点，资料基于全年资料；b 用于模型验证的站点，剩余的站点用于模型建立；c 有效年份定义为分钟降雨资料得到的年雨量与雨量桶观测资料得到的年雨量偏差不超过15%；d 年雨量基于1961~2000年雨量筒日降水资料统计。

16个气象站年均降雨量变化于449.7~1728.1mm，年降雨径流侵蚀力变化于781.9~8258.5MJ·mm·hm⁻²·h⁻¹·a⁻¹（表2-5）。日降雨与次降雨的关系大部分属于类型Ⅰ和类型Ⅲ（图2-2）。16个气象站平均来看，43.2%属于类型Ⅲ，40.2%属于类型Ⅰ，类型Ⅳ占12.2%，类型Ⅱ占4.4%。位于西南地区的成都、西昌、遂宁、内江、腾冲和昆明等地，以类型Ⅰ（49.9%）为主，其次是类型Ⅲ（34.4%）。位于东南地区的房县、黄石、福州和长汀等地，则以类型Ⅲ为主（57.3%），其次是类型Ⅰ（25.0%）。

4. 半月和年降雨径流侵蚀力

为了计算覆盖与生物措施因子和轮作因子，需要计算多年平均半月降雨径流侵蚀力占年降雨径流侵蚀力的比例作为权重因子。半月和年降雨径流侵蚀力用次降雨径流侵蚀力累加，或用日降雨径流侵蚀力累加。

半月降雨径流侵蚀力计算公式为

$$R_{半月k} = \sum_{i=1}^{dk} (E \cdot I_{30})_i \tag{2-18}$$

式中，$R_{半月k}$ 是半月 EI_{30}，MJ·mm·hm⁻²·h⁻¹；$i=1, 2, \cdots, dk$，表示第 k 个半月内发生

侵蚀的降雨次数，每月的第 1 ~ 15 天为第一个半月，剩余的天数为第二个半月，一年共分为 24 个半月。

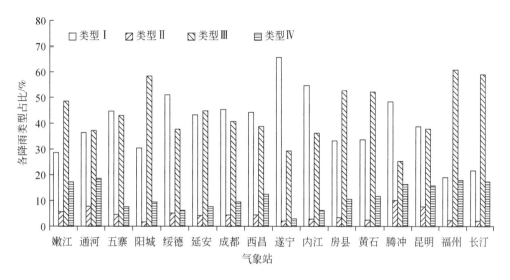

图 2-2　日降雨与次降雨的四种对应关系

类型 I 为一日发生一次降雨；类型 II 为一日发生多次降雨；类型 III 为一日发生一次降雨事件的一部分；类型 IV 包括剩下的所有情况

多年平均半月侵蚀力为

$$\bar{R}_{半月k} = \frac{1}{N} \sum_{n=1}^{N} (R_{半月k})_n \qquad (2\text{-}19)$$

式中，$n = 1$，2，…，N 表示降雨序列年数。为了覆盖降雨的干湿周期，Wischmeier（1976）建议降雨序列年数应足够长，不少于 22 年。

多年平均年降雨径流侵蚀力 $\bar{R}$ 计算公式为

$$\bar{R} = \frac{1}{N} \sum_{n=1}^{N} \sum_{j=1}^{m} (E \cdot I_{30})_{j,n} \qquad (2\text{-}20)$$

式中，$\bar{R}$ 是多年平均年降雨径流侵蚀力，MJ · mm · hm^{-2} · h^{-1} · a^{-1}；$j = 1$，2，…，m 表示某年发生侵蚀的降雨次数。

多年平均半月降雨径流侵蚀力比例计算公式为

$$\overline{\mathrm{WR}}_{半月k} = \frac{\overline{R_{半月k}}}{\bar{R}} \qquad (2\text{-}21)$$

式中，$\overline{\mathrm{WR}}_{半月k}$ 为第 k 个半月平均降雨径流侵蚀力（$\overline{R_{半月k}}$）占多年平均年降雨径流侵蚀力（$\bar{R}$）的比例。

2.2.3 侵蚀性降雨标准

并非所有的降雨都导致土壤侵蚀。如黄土高原绥德韭园沟 1954～1979 年 22 年中（不包括 1970～1973 年）共降雨 1713 次，降雨总量为 11 242mm，其中产生径流的降雨为 191 次，占总降雨次数的 11%，未产生径流的降雨占总降雨次数的 89%。产流降雨量为 5104mm，占总降雨量的 45%，未产流降雨量占总降雨量的 55%（加生荣和徐雪良，1991）。因此，计算降雨径流侵蚀力时，应剔除非侵蚀性降雨，只计算能产生径流导致土壤侵蚀降雨事件的侵蚀力，为此需要确定侵蚀性降雨标准。USLE（Wischmeier and Smith，1965，1978）的标准采用次雨量大于等于 12.7mm，如果次雨量小于 12.7mm，但 15min 内雨量超过 6.4mm，仍视为侵蚀性降雨。RULSE（Renard et al.，1997）在美国东部地区继续沿用了该标准，西部地区使用了所有降雨。Hudson（1995）研究非洲地区降雨与土壤侵蚀的关系时发现，降雨强度大于等于 25mm·h^{-1} 才发生土壤侵蚀。Elwell 和 Stocking（1976）则采用了日降雨量 25mm 和次降雨强度 25mm·h^{-1} 的标准。Morgan（1977）研究温带地区降雨与土壤侵蚀的关系时，将 Hudson 提出的雨强标准由 25mm·h^{-1} 降低为 10mm·h^{-1}。我国学者对黄土高原的侵蚀性降雨标准也进行了比较深入的研究（表 2-6）。如方正三（1958）、刘尔铭（1982）根据气象日雨量大于等于 50mm 的降雨为暴雨的规定，拟定了暴雨标准，但该标准是单纯的降雨特征参数，没有和土壤侵蚀联系起来。张汉雄（1983）在确定黄土高原侵蚀性暴雨标准时，首先根据西峰水土保持试验站径流小区观测资料，以产生径流并引起土壤侵蚀为标准，确定发生侵蚀的暴雨时段雨强：5min 降雨强度为 0.78mm·min^{-1}，或 5min 雨量 3.9mm。然后参考气象部门标准，确定 1440min（日）雨量等于 55mm，二者之间的雨强标准用椭圆和抛物线配线方法推求。王万忠（1984）根据所有发生侵蚀的降雨样本，给出了侵蚀性降雨的四个标准：①基本雨量标准。将侵蚀性降雨按雨量从大到小排序，顺序数与总次数之比为 80% 时对应的雨量叫作基本雨量标准。黄土高原侵蚀性降雨的基本雨量标准是：农地 8.1mm，人工草地 10.9mm，林地 14.6mm。同时也给出了弱度、轻度、中度、强度四个不同侵蚀强度的基本雨量标准。②一般雨量标准。将侵蚀性降雨按雨量从大到小排序，并求出对应土壤流失量的累积百分比，称为累积侵蚀量。累积侵蚀量达到 95% 时对应的雨量叫作一般雨量标准。黄土高原的一般雨量标准为 9.9mm，其土壤流失量一般大于 200t·km^{-2}。③瞬时雨率标准。将侵蚀性降雨按 5min、10min、15min、20min、30min 等不同时段最大雨强从大到小排序，顺序数达到总次数 80% 时对应的时段雨强叫作对应时段的瞬时雨率标准。并给出了计算任一时段（60min 以内）最大降雨量标准计算公式。④暴雨标准。与一般雨量标准的计算方法相同，只是将累积侵蚀量的标准降低到 90% 时对应的雨量，即认为暴雨引起的土壤流失量占地区总流失量的 90% 以上。它比一般雨量标准的数值偏高，故称为暴雨标准。黄土高原侵蚀性暴雨标准为 12.4mm，所引起的土壤流失量一般大于 500t·km^{-2}。周佩华和王占礼（1987）将能发生径流的降雨称为土壤侵蚀暴雨，并用人工降雨法将不同雨强降雨事件的起流历时和相应的雨强配线，求得土壤侵蚀暴雨标准。江忠善和李秀英（1987）根据黄土高原地区降雨径流资料，拟定了该地区侵蚀性降雨标准为次降雨量大于 10mm。

表 2-6　黄土高原暴雨和侵蚀性降雨标准研究结果比较　（单位：mm）

项目	时间/min													研究者
	5	10	15	20	30	40	50	60	90	120	240	720	1440	
暴雨	2.5	3.8	5.0	6.0	8.1	9.6	11	12	15	17	26	45	61	方正三，1958
	3.0	4.0			6.5		8			13			25	徐在庸，1958
	2.3	3.4	4.4	5.4	7.5	8.8	9.8	11	14	15	23	38	50	刘尔铭，1982
侵蚀性降雨	3.9	5.5	6.7	7.7	9.5		13	16	19	26	43	55		张汉雄，1983
	5.8	7.1	8.0		9.7		12		15	21	35	50		王万忠，1984
	4.4	5.6	6.5	7.2	8.3	9.1	9.9	11						周佩华和王占礼，1987
	3.4	4.0	4.3	4.7	5.2	5.5	5.9	6						绥德观测资料

1. 次侵蚀性降雨标准确定方法与精度评价

确定侵蚀性降雨标准的目的是剔除不发生侵蚀的降雨，保留发生侵蚀的降雨，提高降雨径流侵蚀力计算精度。根据降雨特性指标与土壤流失量的回归分析不难看出，采用不同指标确定的标准会有所不同，而且都会将未发生侵蚀的降雨错选为侵蚀性降雨，或将发生侵蚀的降雨漏选为非侵蚀性降雨的现象，因为会有小雨产生侵蚀和大雨未产生侵蚀的情况发生。如果两者互相替代，即错选和漏选相抵，也可以保证降雨径流侵蚀力的计算精度。根据这一思路，确定侵蚀性降雨标准的方法如下：选择某种降雨特性指标如雨量、平均雨强或最大时段雨强，首先按该指标从小到大排序，将对应的发生侵蚀的降雨径流侵蚀力逐一累加；然后再按该指标从大到小排序，将对应的未发生侵蚀的降雨径流侵蚀力逐一累加，当两种排序的累加和相等或相差最小时，对应的指标值即为该指标的侵蚀性降雨标准。它代表的意思是：漏选的侵蚀性降雨被误选的非侵蚀降雨替代，从而保证了降雨径流侵蚀力的计算精度。采用不同的指标计算三种侵蚀性降雨标准：①雨量标准。按次降雨量排序确定的标准。具体计算方法为，将所有降雨事件的雨量、降雨径流侵蚀力和土壤流失量按次雨量由小到大排序，然后对发生侵蚀降雨对应的降雨径流侵蚀力由小到大累加，对未发生侵蚀降雨对应的降雨径流侵蚀力由大到小累加，两列数据的对应值相减，差值绝对值的最小值对应的降雨量即为侵蚀性降雨的雨量标准。②平均雨强标准。按次降雨的平均雨强排序确定的标准。具体计算方法同①，只是将所有降雨事件按次降雨的平均雨强由小到大排序。③时段雨强标准。按次降雨的不同时段最大雨强排序确定的标准。选择的时段包括5min、10min、15min、20min、25min、30min、40min、50min、60min等。具体计算方法同①，分别按不同时段的最大雨强由小到大排序。为了评价所确定的降雨标准筛选侵蚀性降雨的效果，提出了以下三个评价指标。

（1）降雨径流侵蚀力偏差系数。是因错选降雨事件造成的降雨径流侵蚀力计算精度的误差。错选事件包括误选的未发生侵蚀的非侵蚀性降雨事件和漏选的发生侵蚀的侵蚀性降雨事件。理想的侵蚀性降雨标准应剔除所有非侵蚀性降雨，而保留所有侵蚀性降雨，但总会存在发生侵蚀的小雨和不发生侵蚀的大雨，导致错选不可避免。如根据 Wischmeier（1962）的资料，小于25.4mm 降雨产生的侵蚀量占总侵蚀量的比例在美国各地差异很大：中北部为22%，纽约州 Ithaca 为43%，佐治亚州 Watkinsville 为13%，俄克拉何马州 Guthrie 为7%。如果使漏选的侵蚀性降雨的侵蚀力被误选的非侵蚀性降雨径流侵蚀力所替代，依然能够保证降雨径流侵蚀力的精度，但无法保证二者的值完全相等，因此将降雨径流侵蚀力偏差系数 RCv 定义为：漏选的侵蚀性降雨径流侵蚀力之和（$R_漏$）与误选的非侵蚀性降雨径流侵蚀力之和（$R_误$）的差值绝对值与所有侵蚀性降雨径流侵蚀力之和（R）的比值：

$$RCv(\%) = |R_漏 - R_误| / R \times 100 \tag{2-22}$$

RCv 值越小表示筛选效果越好，值越大，筛选效果越差。

（2）错选度。是漏选的非侵蚀性降雨事件（$N_漏$）与误选的侵蚀性降雨事件（$N_误$）之和与所有侵蚀性降雨事件（$N_侵$）之比：

$$错选度(\%) = (N_漏 + N_误) / N_侵 \times 100 \tag{2-23}$$

（3）剔除率。是所有被剔除的侵蚀性和非侵蚀性降雨事件之和（$N_剔$）占总降雨事件（N）的比例：

$$剔除率(\%) = N_剔 / N \times 100 \tag{2-24}$$

以位于黄土高原的子洲水土保持试验站团山沟小流域降雨及径流泥沙观测资料为例，说明次侵蚀性降雨标准的确定与精度。采用的资料为团山沟3号径流小区、7号径流场、9号径流场和团山沟水文站1961~1969年共300余次降雨过程及径流泥沙资料（表2-7），计算各次降雨事件的次雨量，平均雨强，最大5min、10min、15min、20min、25min、30min、40min、50min、60min 的时段雨强。由于雨量站搬迁或观测间断等原因，无法保证同一雨量站降雨资料的连续性，为此对间断年份选择距离尽可能接近的雨量站替补。选取的雨量站与团山沟3号、7号和9号径流小区或径流场，以及团山沟水文站距离都很小，相距最远的2号雨量站与团山沟水文站距离也只有210m 左右，因此可以认为是同一站点的降雨资料。摘录降雨过程资料时，如果降雨间歇在6h 以内，则算作一次降雨过程，否则认为是二次降雨事件。

表 2-7 团山沟径流小区和小流域基本情况

指标	团山 3	团山 7	团山 9	团山沟流域
面积/m²	900	5 740	17 200	180 000
集水区长度/m	60	136	161	630
集水区平均宽度/m	15	42	107	290
集水区平均坡度/%	40.4	44.5/173/34.4*	与团山 3 类似	与团山 7 类似

注：团山 3 指团山沟 3 号径流小区，团山 7 和团山 9 分别指团山沟 7 号和 9 号径流场，后同。

* 坡面分为三段，故为三个坡度值。

首先确定次降雨雨量标准，结果及区分效果见表 2-8。3 个径流小区的雨量标准比较接近，为 11.9mm 或 12.8mm，剔除了约 80% 的降雨事件，错选度为 17.7% ~ 18.7%，降雨径流侵蚀力偏差系数平均只有 0.14%，因此建议将黄土高原坡面土壤侵蚀的次雨量标准取为 12mm。这比刘元保（1990）拟定的黄土高原基本雨量标准 12.3mm 稍微偏小，比江忠善和李秀英（1988）拟定的黄土高原雨量标准 10mm 偏大，比王万忠（1984）拟定的黄土高原农耕地一般雨量标准 9.9mm 偏大。与坡面次雨量标准相比，团山沟小流域的雨量标准明显偏低，为 7.5mm。这是由于小雨小侵蚀偏多，其侵蚀事件多发生在沟床、道路等流域局部地区，对年土壤侵蚀量的贡献相对较小。如团山沟小流域小于 $100t \cdot km^{-2}$ 的侵蚀量之和仅占总侵蚀量的 0.4%。随着忽略的小侵蚀量降雨事件的增多，雨量标准相应增大，由 7.5mm 增大到 11.1mm，因此在利用小流域观测资料确定侵蚀性降雨的雨量标准时，建议忽略侵蚀量小于 $10t \cdot km^{-2}$ 的小降雨事件。如果针对小流域设定侵蚀降雨标准，确定为 10mm。

表 2-8 团山沟径流小区和小流域的雨量标准及其区分效果

指标	团山 3	团山 7	团山 9	团山沟
标准/mm	12.8	12.8	11.9	7.5
偏差系数/%	0.06	0.11	0.37	0.03
错选度/%	17.7	18.7	17.7	15.5
剔除率/%	80.9	79.8	80.1	65.0

其次确定次降雨平均雨强标准，结果及区分效果见表 2-9。确定团山沟小流域平均雨强标准时，忽略了小于 $10t \cdot km^{-2}$ 的侵蚀量。坡面的平均雨强标准为 $0.04mm \cdot min^{-1}$，小流域的平均雨强标准为 $0.03mm \cdot min^{-1}$，比小区标准略低。与雨量标准相比，平均雨强标准的区分效果明显要好。错选度由 17.7% ~ 20.4% 降低到 9.6% ~ 13.3%，但二者的剔除率相差不大。平均雨强标准区分效果好于雨量标准的结论，与 Wischmeier 等（1958）的研究结果一致。因此建议在有平均雨强资料的地区，使用平均雨强标准替代雨量标准。

表 2-9　团山沟径流小区和小流域的平均雨强标准及其区分效果

指标	团山 3	团山 7	团山 9	团山沟 *
标准/(mm·min^{-1})	0.046	0.045	0.041	0.029
偏差系数/%	0.11	0.20	0.03	0.003
损失率/%	3.0	1.8	2.5	0.6
错选度/%	9.6	10.8	12.0	16.7
剔除率/%	81.2	79.8	78.9	69.0

* 拟定小流域平均雨强标准时忽略了小于 10t·km^{-2} 的侵蚀量。

最后确定次降雨时段雨强标准，结果见表 2-10。确定标准之前，忽略掉占土壤流失总量 1% 的小降雨事件，在此基础上确定最大 5min、10min、15min、20min、25min、30min、40min、50min 和 60min 等时段雨强标准。径流小区或径流场的时段雨强标准分别为 0.50mm·min^{-1}（I_5）、0.40mm·min^{-1}（I_{10}）、0.34mm·min^{-1}（I_{15}）、0.32mm·min^{-1}（I_{20}）、0.29mm·min^{-1}（I_{25}）、0.25mm·min^{-1}（I_{30}）、0.20mm·min^{-1}（I_{40}）、0.17mm·min^{-1}（I_{50}）和 0.15mm·min^{-1}（I_{60}）（表 2-10）。小流域时段雨强标准明显较坡面雨强标准偏低，其原因可能与道路、村庄等易侵蚀地面的存在有关，有待进一步研究。从评价指标看，时段雨强标准的区分效果明显较雨量和平均雨强标准的效果好，平均可剔除 88% 以上的降雨事件，错选度只有 5.3%。随着雨强时段间隔的增大，标准的错选度略有增加，但相差不大。如最大 5min、10min、30min 和 60min 雨强标准的错选度分别为 4.7%、5.4%、5.5% 和 5.7%。考虑到降雨径流侵蚀力指标为 EI_{30}，建议采用最大 30min 雨强标准 0.25mm·min^{-1}。

表 2-10　团山沟径流小区和小流域各时段雨强标准　　　（单位：mm·min^{-1}）

径流小区和小流域	I_5	I_{10}	I_{15}	I_{20}	I_{25}	I_{30}	I_{40}	I_{50}	I_{60}
团山 3 号	0.500	0.400	0.353	0.328	0.304	0.255	0.208	0.169	0.146
团山 7 号	0.480	0.369	0.289	0.280	0.243	0.214	0.174	0.166	0.142
团山 9 号	0.524	0.430	0.362	0.356	0.307	0.273	0.212	0.181	0.151
团山沟	0.268	0.218	0.179	0.159	0.143	0.134	0.118	0.108	0.101

2. 日侵蚀性降雨标准确定方法与精度评价

我国气象站日雨量资料采用的日分界点是北京时间 20:00。如果一次侵蚀性降雨跨过一日或多日日界点，就会被划分为两日或者多日降雨量。这种情况下如果采用次侵蚀性雨量标准（12mm）划分日侵蚀性降雨，就会使本该是侵蚀性的降雨被错误判断为非侵蚀性降雨，低估降雨对侵蚀的影响。研究表明，在温带或热带大陆性气候中，对流雨通常发生在下午，因为下午的地表热量达到最高值（Yin et al.，2009）。例如：在中国大部分内陆地区，降雨量在北京时间 16：00 达到最大值。如果一次降雨事件开始于北京时间 16：00 并且持续时间超过 4 个小时，在计算日降雨量的时候会被划分为 2 个日雨量。如果一次降雨事件被划分到两日或两日以上，可能会因为一日或者几日的日降雨量达不到侵蚀性次降雨阈值 12mm，导致这些降雨量在计算侵蚀力时被忽略。因此，侵蚀性日降雨的阈值预期会小于 12mm。为了率定一个合理的侵蚀性日降雨标准，本模型采用全国 16 个气象站 30～40 年分钟雨量资料，不断优化侵蚀性日降雨的标准，使得通过这一标准筛选的日降雨计算得到的年均降雨径流侵蚀力 R 最接近于用分钟或过程资料得到的 R 真值。具体方法如下：

（1）以 12mm 为标准选择侵蚀性次降雨事件，用降雨过程资料计算每次降雨的 EI_{30}，按下式累加为年值后，对整个序列求年平均值。

$$R_{\text{annual\_event}}(s) = \frac{1}{N} \sum_{n=1}^{N} \sum_{m=1}^{M} (EI_{30})_{\text{event\_m}} \tag{2-25}$$

式中，$R_{\text{annual\_event}}(s)$ 是站点 s 年均侵蚀力，$MJ \cdot mm \cdot hm^{-2} \cdot h^{-1} \cdot a^{-1}$；$(EI_{30})_{\text{event\_m}}$ 是用式（2-3）、式（2-9）和式（2-10）计算的次降雨径流侵蚀力，$MJ \cdot mm \cdot hm^{-2} \cdot h^{-1}$；$M$ 是第 n 年的侵蚀性降雨事件的总数；N 是第 s 个站点的总年数。

（2）以 12mm 为标准选择侵蚀性日降雨事件，用降雨过程资料计算每日降雨的 EI_{30}，按下式累加为年值后，对整个序列求年平均值。依次在 12mm 基础上以 0.1mm 的步长逐步减少雨量标准，重复上述计算过程。

$$R_{\text{annual\_day}}(s) = \frac{1}{N} \sum_{n=1}^{N} \sum_{d=1}^{D} (EI_{30})_{\text{day\_d}} \tag{2-26}$$

式中，$R_{\text{annual\_day}}(s)$ 是站点 s 的年均侵蚀力，$MJ \cdot mm \cdot hm^{-2} \cdot h^{-1} \cdot a^{-1}$；$(EI_{30})_{\text{day\_d}}$ 是式（2-3）、式（2-17）计算的日降雨径流侵蚀力，$MJ \cdot mm \cdot hm^{-2} \cdot h^{-1}$；$D$ 是同一年中侵蚀性日降雨的天数。需要注意的是，应用式（2-17c）时，如果一次降雨事件跨过多日，这几日的最大 30min 雨强 I_{30} 均为该次降雨的 I_{30}，只是各日对应的降雨动能不同。

（3）对每次减少的雨量标准得到平均年降雨径流侵蚀力与步骤（1）结果按下式求相对误差，直到相对误差达到最小，此时的对应雨量即为日侵蚀性雨量标准。

$$RD(s) = \frac{R_{\text{annual\_day}}(s) - R_{\text{annual\_event}}(s)}{R_{\text{annual\_event}}(s)} \tag{2-27}$$

$$MRD = \frac{1}{S} \sum_{s=1}^{S} RD(s) \tag{2-28}$$

式中，$RD(s)$ 是第 s 个站点 $R_{\text{annual\_day}}(s)$ 和 $R_{\text{annual\_event}}(s)$ 的相对误差（%）；S 代表站点数；MRD 是所有站点 RD 的算术平均值。

当侵蚀性日降雨的阈值定为 12mm 时，年均降雨径流侵蚀力比基于侵蚀性次降雨资料

计算次 EI_{30} 累加得到的 R 标准值低 1.1% ~6.2%（表2-11）。当侵蚀性日降雨量标准降为 9.7mm 时，有 2 个站点无偏，6 个站点偏高 1.1%，剩下的 8 个站点偏低 0.9%。16 个站点的平均相对误差达到最小值-0.1%，因此确定侵蚀性日降雨标准为 9.7mm。当日降雨阈值设定为 10mm 的时候，平均相对误差为 -0.5%。10mm 对应中国气象站地面观测规范日降雨的中雨和小雨划分阈值（中国气象局，2017），即日降雨量小于 10mm 属于小雨，［10，25）mm 属于中雨，［25，50）mm 属于大雨，大于等于50mm 属于暴雨。为了方便使用，以 10mm 为侵蚀性日降雨量标准，与9.7mm 标准相比，R 值估算结果差异不明显。

表 2-11　不同日雨量标准计算的降雨径流侵蚀力及其相对误差

站名	R_{event}	R_{daily}				RD			
	12mm	12mm	11mm	10mm	9.7mm	12mm	11mm	10mm	9.7mm
嫩江	1368.7	1284.3	1332.1	1356.6	1362.3	-6.2	-2.7	-0.9	-0.5
通河	1632.5	1559.2	1594.0	1628.5	1640.5	-4.5	-2.4	-0.2	0.5
五寨	781.9	739.8	757.5	786.6	791.1	-5.4	-3.1	0.6	1.2
绥德	992.8	953.3	986.7	1010.5	1013.6	-4.0	-0.6	1.8	2.1
延安	1233.7	1184.1	1208.6	1226.7	1234.2	-4.0	-2.0	-0.6	0.0
阳城	1503.3	1451.0	1469.3	1490.9	1500.5	-3.5	-2.3	-0.8	-0.2
成都	3977.0	3896.9	3924.0	3952.3	3960.1	-2.0	-1.3	-0.6	-0.4
西昌	3021.0	2936.5	2972.2	3010.3	3021.8	-2.8	-1.6	-0.4	0.0
腾冲	3648.9	3569.8	3632.5	3703.9	3728.7	-2.2	-0.4	1.5	2.2
昆明	3479.0	3311.3	3365.6	3403.1	3429.1	-4.8	-3.3	-2.2	-1.4
房县	2298.4	2211.1	2242.2	2268.4	2272.2	-3.8	-2.4	-1.3	-1.1
遂宁	4091.3	4046.1	4071.6	4101.0	4105.0	-1.1	-0.5	0.2	0.3
内江	5097.9	5009.3	5047.3	5096.1	5107.0	-1.7	-1.0	0.0	0.2
黄石	6049.4	5907.2	5951.3	5990.2	6004.5	-2.4	-1.6	-1.0	-0.7
福州	5871.1	5617.0	5668.8	5735.7	5756.4	-4.3	-3.4	-2.3	-2.0
长汀	8258.5	7944.0	8034.5	8117.9	8141.7	-3.8	-2.7	-1.7	-1.4
MRD						-3.5	-2.0	-0.5	-0.1

注：R_{event} 是 12mm 次侵蚀性降雨标准计算的年均降雨径流侵蚀力，$MJ \cdot mm \cdot hm^{-2} \cdot h^{-1} \cdot a^{-1}$。$R_{daily}$ 是分别以 12mm、11mm、10mm 和 9.7mm 为日侵蚀性降雨标准得到的年均侵蚀力，$MJ \cdot mm \cdot hm^{-2} \cdot h^{-1} \cdot a^{-1}$。RD 是 R_{daily} 与 R_{event} 的相对误差，%。

2.3　用常规降水资料估算降雨径流侵蚀力

EI_{30} 是降雨径流侵蚀力最精确的经典指标，但由于计算所需的降雨过程资料难以获取，多用其他代用资料估算。代用资料是指常规气象站或水文站整编发布的降水资料，主要包括：①日降水量、月降水量、年降水量，以及月和年降水量的多年平均值；②日最大10min、60min 雨量；③月最大 10min、60min 雨量和月最大日雨量；④年最大 10min、60min 雨量以及年最大日雨量。

用常规降雨资料估算降雨径流侵蚀力的基本步骤是：利用有限的降雨过程资料计算 EI_{30}，然后以此为标准，建立 EI_{30} 与常规降雨资料的估算公式，然后将该公式推广延伸至只有常规降雨资料的地区和年份。估算的内容包括次降雨径流侵蚀力、日降雨径流侵蚀力、半月或月降雨径流侵蚀力、年降雨径流侵蚀力。

为了使用户能根据可获得的降雨资料，选择精度尽可能高的降雨径流侵蚀力模型，本节用分钟资料计算的 EI_{30} 为标准值，将本模型及以往研究得到的基于不同常规降水资料计算的降雨径流侵蚀力模型，进行了总体精度评价。

2.3.1 估算模型的资料与精度评价方法

采用的资料在 2.2 节所述的 16 个气象台站分钟降雨数据的基础上，增加了北京观象台和密云两个站，起止年份为 1961~2000 年，有效年份分别为 40 年和 37 年，有效月份为 5~9 月（表2-12）。18 个站的资料中，用 11 个站的数据建立估算模型，分别是黑龙江省嫩江，山西省五寨，陕西省绥德和延安，北京市观象台，四川省成都、遂宁和内江，湖北省房县，云南省昆明和福建省福州。用其余 7 个站的数据验证模型，分别是黑龙江省通河、山西省阳城、北京市密云、四川省西昌、湖北省黄石、云南省腾冲和福建省长汀。18 个站年均降雨径流侵蚀力变化于 781.9~8258.5MJ·mm·hm⁻²·h⁻¹·a⁻¹，40 年间共发生侵蚀性降雨事件 11 801 次，其中，11 个建模站点侵蚀性降雨事件 6376 次，7 个验证站点侵蚀性降雨事件 5425 次。

表 2-12 新增加的 2 个分钟资料气象站基本信息

站名	纬度 /(°N)	经度 /(°E)	高度 /m	有效年份[b]	年雨量[c] /mm	侵蚀性降雨次数（≥12mm）[d]	年降雨径流侵蚀力 /(MJ·mm·hm⁻²·h⁻¹·a⁻¹)[d]
观象台	39.93	116.28	54.7	40	575.0	434	3188.1
密云[a]	40.38	116.87	73.1	37	648.1	476	3575.0

a 用于模型验证的站点，剩余的站点用于模型建立；b 有效年份定义为自动记录的分钟降雨资料年雨量与雨量计得到的年雨量偏差不超过 15%；c 年雨量基于 1961~2000 年雨量筒日降水资料统计；d 年均侵蚀性降雨次数和年均侵蚀力均基于 5~9 月逐分钟资料。

所有分钟雨量资料进一步整合成其他分辨率的降雨资料，包括对应的次雨量、日雨量、逐月雨量、逐年雨量、多年月均值、多年年均值。并计算相应的雨强或最大时段雨量，包括：一次降雨的最大峰值雨强［最大 10min 雨强（I_{10}）、最大 30min 雨强（I_{30}）和最大 60min 雨强（I_{60}）］；一日降雨的最大峰值雨强［一日最大 10min 和 60min 雨强 $(I_{10})_{day}$ 和 $(I_{60})_{day}$］；某年某月最大 60min 雨量 $(P_{60})_{month}$ 和最大日雨量 $(P_{1440})_{month}$；某年最大 60min 雨量 $(P_{60})_{year}$ 和最大日雨量 $(P_{1440})_{year}$；长时间序列中月最大 60min 雨量均值 $\overline{(P_{60})_{month}}$ 和最大日雨量均值 $\overline{(P_{1440})_{month}}$ 及其极大值 $(P_{60})_{month\_max}$ 和 $(P_{1440})_{month\_max}$；长时间序列中年最大 60 分 min 雨量均值 $\overline{(P_{60})_{annual}}$ 和最大日雨量均值 $\overline{(P_{1440})_{annual}}$ 及其极大值 $(P_{60})_{year\_max}$ 和 $(P_{1440})_{year\_max}$。

模型精度评价采用对称平均绝对百分比误差（symmetric mean absolute percentage error，$MAPE_{sym}$）与 Nash 模型有效系数（Nash-Sutcliffe model efficiency coefficient，NSE）。这两个指标可以反映出观测值和预报值之间的偏差。$MAPE_{sym}$ 优于平均绝对百分比误差 MAPE 方法，是因为它解决了 MAPE 不对称的问题以及降低了异常值的影响（Makridakis and Hibon，1995）。$MAPE_{sym}$ 的计算公式如下（Armstrong，1985）：

$$MAPE_{sym} = \frac{100}{m} \sum_{k=1}^{m} \left| \frac{R_{sim}(k) - R_{obs}(k)}{(R_{sim}(k) + R_{obs}(k))/2} \right| \tag{2-29}$$

式中，$R_{obs}(k)$ 是基于分钟降雨数据得到的降雨径流侵蚀力；$R_{sim}(k)$ 是用估算模型计算的降雨径流侵蚀力；$k = 1，2，\cdots，m$ 是对应的次、日、月、年等，依据模型模拟对象而定。

NSE 使用下列公式计算（Nash and Sutcliffe，1970）：

$$NSE = 1 - \frac{\sum_{k}^{m} \left[R_{sim}(k) - R_{obs}(k) \right]^2}{\sum_{k}^{m} \left[R_{obs}(k) - \overline{R_{obs}(k)} \right]^2} \tag{2-30}$$

式中，NSE 的最大可能值是 1。NSE 值越大，表明模型拟合越好。NSE<0 表示使用观测值的均值优于模型的模拟效果。

2.3.2 用次降雨资料估算降雨径流侵蚀力

次降雨资料包括三种：①传统虹吸或遥测自记雨量计记录的降雨过程资料；②翻斗式数字雨量计记录的时间分辨率不超过 5min 的降雨过程资料；③基于上述资料整理的次雨量和最大时段雨强资料，最大时段一般采用最大 10min、30min、60min 等。前两种资料可直接利用 EI_{30} 公式［式（2-3）、式（2-9）、式（2-10）］计算次降雨径流侵蚀力，进而累加为半月、月或年降雨径流侵蚀力。在只有第三种资料的情况下，需要公式对次降雨径流侵蚀力进行估算。一般是将次降雨总动能用次降雨总量替代，保留或不保留最大时段雨强。如果保留最大时段雨强，也不限于采用最大 30min 雨强，可用最大 10min（I_{10}）和

60min（I_{60}）雨强替代。相比之下，只使用次雨量 P 的估算公式精度比加入峰值雨强的公式精度低（Wischmeier，1958）。

王万忠等（1995）利用黄土高原子州团山沟 3 号径流小区和 9 号径流场的降雨过程资料给出以下次降雨径流侵蚀力的估算公式：

$$R_{event}=9.8 \cdot (0.0247P_{event}I_{30}-0.17) \tag{2-31a}$$

$$R_{event}=9.8 \cdot (0.025P_{event}I_{30}-0.32) \tag{2-31b}$$

式中，R_{event} 是次降雨径流侵蚀力，$MJ \cdot mm \cdot hm^{-2} \cdot h^{-1}$；$P_{event}$ 是次雨量，mm；I_{30} 是次降雨最大 30min 雨强，$mm \cdot h^{-1}$。王万忠等（1987）原文中 R_{event} 的单位为 $m \cdot t \cdot m \cdot hm^{-2} \cdot h^{-1} \cdot a^{-1}$，为进行对比，将原模型乘以单位转换系数 9.8，将单位转换为 $MJ \cdot mm \cdot hm^{-2} \cdot h^{-1}$。

随后，王万忠等（1995）进一步用分布在全国不同地区的径流小区降雨资料给出以下次降雨径流侵蚀力估算公式：

$$R_{event}=9.8 \cdot \left(1.70\frac{P_{event}I_{30}}{100}-0.136\right) \quad I_{30}<10mm \cdot h^{-1}$$

$$R_{event}=9.8 \cdot \left(2.35\frac{P_{event}I_{30}}{100}-0.523\right) \quad I_{30}\geqslant10mm \cdot h^{-1} \tag{2-32}$$

章文波等（2002）考虑到气象站资料有最大 10min 雨强（I_{10}）的观测和整编，没有最大 30min 雨强（I_{30}）的观测和整编，遂用王万忠等（1995）所用的径流小区降雨资料，发展了 I_{10} 替代 I_{30} 估算次降雨径流侵蚀力的公式：

$$R_{event}=0.1773P_{event}I_{10} \tag{2-33}$$

本模型建立的估算次降雨径流侵蚀力的系列公式如下，模型决定系数变化于 0.92~0.98。

$$R_{event}=0.1547P_{event}I_{10} \qquad R^2=0.92 \tag{2-34a}$$

$$R_{event}=0.2372P_{event}I_{30} \qquad R^2=0.98 \tag{2-34b}$$

$$R_{event}=0.3320P_{event}I_{60} \qquad R^2=0.94 \tag{2-34c}$$

$$R_{event}=0.1592P_{event}I_{30} \qquad I_{30}<15mm \cdot h^{-1}$$
$$R_{event}=0.2394P_{event}I_{30} \qquad I_{30}\geqslant15mm \cdot h^{-1} \qquad R^2=0.97 \tag{2-34d}$$

本模型及其他次降雨径流侵蚀力公式估算次降雨径流侵蚀力的精度分析表明（表 2-13），Nash 模型有效系数 NSE 除章文波等（2002）的公式为 0.85 外，其余均大于 0.90。与 I_{30} 组合的模型有效系数均达到 0.96，其次是与 I_{60} 组合，达到 0.93，与 I_{10} 组合的模型有效系数为 0.90。从平均相对误差 $MAPE_{sym}$ 看，将 I_{30} 分段的效果最好，相对误差仅为 13.8%；如果不分段，与 I_{30} 组合的相对误差小于 29.0%，与 I_{10} 和 I_{60} 组合的相对误差为 34.4%~44.3%。通过上述精度分析不难看出，将 I_{30} 分段的估算公式最好，考虑到无降雨

表 2-13 用次降雨资料估算逐次、多年平均半月、逐年和多年平均年降雨径流侵蚀力的精度分析

次降雨径流侵蚀力估算模型	逐次降雨径流侵蚀力[a]		多年平均半月降雨径流侵蚀力[a]		逐年降雨径流侵蚀力[a]		多年平均年降雨径流侵蚀力[b]	研究者
	MAPE$_{sym}$/%	NSE	MAPE$_{sym}$/%	NSE	MAPE$_{sym}$/%	NSE	MAPE$_{sym}$/%	
$R_{event}=9.8 \cdot (0.0247 P_{event} I_{30} - 0.17)$	27.5	0.97	16.6	0.97	11.9	0.89	9.9	王万忠,1987
$R_{event}=9.8 \cdot (0.025 P_{event} I_{30} - 0.32)$	25.7	0.96	16.3	0.97	12.1	0.88	10.2	王万忠,1987
$R_{event}=9.8 \cdot \left(1.70 \dfrac{P_{event} I_{30}}{100} - 0.136\right)$ $\quad I_{30}<10mm \cdot h^{-1}$ $R_{event}=9.8 \cdot \left(2.35 \dfrac{P_{event} I_{30}}{100} - 0.523\right)$ $\quad I_{30}\geq10mm \cdot h^{-1}$	13.8	0.97	7.3	0.99	6.0	0.97	3.3	王万忠等,1995
$R_{event}=0.1773 P_{event} I_{10}$	44.3	0.85	33.2	0.79	28.1	0.32	25.5	章文波等,2002a
$R_{event}=0.1547 P_{event} I_{10}$	34.4	0.90	20.5	0.95	16.4	0.78	12.0	本模型(次模型I)
$R_{event}=0.2372 P_{event} I_{30}$	29.0	0.97	16.5	0.97	11.3	0.90	9.1	本模型(次模型II)
$R_{event}=0.3320 P_{event} I_{60}$	36.0	0.93	16.2	0.98	10.6	0.91	6.2	本模型(次模型III)
$R_{event}=0.1592 P_{event} I_{30}$ $\quad I_{30}<15mm \cdot h^{-1}$ $R_{event}=0.2394 P_{event} I_{30}$ $\quad I_{30}\geq15mm \cdot h^{-1}$	13.8	0.97	7.0	0.99	6.3	0.99	4.7	本模型(次模型IV)

a 表中所列 MAPE$_{sym}$ 和 NSE 结果为 7 个验证站的平均值;b 对于多年平均年降雨径流侵蚀力,每一个站只有一个值,故无法计算单站的 NSE。

时的 R 值应为 0，建议采用本模型的公式（2-34d），如果没有 I_{30} 观测资料，建议采用与 I_{60} 的组合公式（2-34c）。

将次模型估算值累加至半月和年降雨径流侵蚀力，并与对应尺度的 EI_{30} 累加值对比，结果表明（表 2-13）：当模型用来估算长时间尺度时，比用它们估算短时间尺度的侵蚀力效果好。如公式（2-34d）估算次降雨径流侵蚀力的 $MAPE_{sym}$ 为 13.8%，估算年降雨径流侵蚀力的 $MAPE_{sym}$ 为 6.3%。

2.3.3 用日降雨资料估算降雨径流侵蚀力

日降雨资料包括两种：①日雨量；②日最大时段雨强，如日最大 10min、30min、60min 雨强等。气象站一般只有日最大 10min 和 60min 雨强资料。本模型分别采用单独的日雨量，及与日最大时段雨强组合的方式，首先提出日降雨径流侵蚀力估算公式，在此基础上进一步累加为半月和年降雨径流侵蚀力，并与其他采用日雨量资料的模型进行精度比较。

1. 用日降雨资料估算降雨径流侵蚀力方法综述

日降雨径流侵蚀力对极端次土壤流失量重现期分析和非点源污染评估都非常重要（Knisel，1980；Kinnell，2000），但目前尚无采用常规降雨资料直接估算日降雨径流侵蚀力的公式。因为在土壤侵蚀模型中，虽然需要估算年内的降雨径流侵蚀力季节变化，作为估算覆盖与生物措施因子值的权重系数，但一般选择半月或月步长便足以表征降雨径流侵蚀力季节变化与植被季节变化的匹配特征。由于长序列日降雨数据比次降雨数据更容易获得，多采用日雨量计算某个时段的降雨径流侵蚀力。因为日降雨可能包括一次降雨事件、多次降雨事件、一次或多次降雨事件的部分（Richardson et al.，1983）。为减少由日降雨与次降雨不对应产生的差异，第一种方法是假定一日只发生一次降雨（Richardson et al.，1983），第二种方法是将某段时间内的降雨径流侵蚀力指标 EI_{30} 求和，再与相应时段内的日雨量之和建立回归关系（Yu and Rosewell，1996a；Yu，1998；Yu et al.，2001；谢云等，2001；章文波等，2002）。

Richardson 等（1983）假定一日只发生一次降雨，最早提出用日雨量估算降雨径流侵蚀力的幂函数模型：

$$R_{day} = \alpha P_d^{\beta} \qquad (2-35)$$

式中，P_d 是日降雨量，mm。他认为 β 随地区变异不大，取 11 个站点的均值 1.81。α 随季节变异较大，暖季（4～9 月）的均值为 0.41，标准差为 0.24；冷季（10 月至次年 3 月）的均值为 0.18，标准差为 0.11。即由于夏季雨强大于冬季雨强，导致相同降雨量产生的侵蚀力在暖季高出冷季 127.8%。随后有研究者在美国东部和中部地区验证了该估算模型的可行性（Haith and Merrill，1987；Selker et al.，1990）。还有以 Richardson 模型为基础，用正弦或者余弦曲线来描述幂函数系数 α 的年内变化（Yu and Rosewell，1996a；Yu，1998；Yu et al.，2001；Capolongo et al.，2008；Zhu and Yu，2015）。Angulo-Martínez 和 Begueria（2009）对比了几种类似形式的模型，发现上述提到的模型在所有参与对比模型中的模拟精度最高。其中较有代表性的是用余弦曲线反映 α 随季节的变化（Yu and Rosewell，1996a；Yu，1998；Yu et al.，2001）：

$$R_{\mathrm{day}} = \alpha \left[\, 1 + \eta \cos(2\pi f j - \omega)\,\right] P_{\mathrm{d}}^{\beta} \tag{2-36}$$

式中，P_{d} 是日降雨量，mm；j 是月份，从 1 到 12；f 是 1/12，ω 取 $7\pi/6$（因为中国大部分站点在 7 月份时相同雨量产生的侵蚀力最大）。参数 α、η 和 β 通过最小二乘法求解，使得估计的月降雨径流侵蚀力和观测月侵蚀力之间的误差平方和最小。进行回归拟合时，先将 EI_{30} 指标和日雨量分别在月内求和，再进行回归；当一场降雨跨越前后两个月时，将该场降雨产生的 EI_{30} 值依据次雨量在各月的比例分配至两个月。

谢云等（2001）通过分析全国 8 个气象站次降雨和日降雨的关系，提出同时用日雨量和日最大 10min 雨强估算半月降雨径流侵蚀力 $R_{\text{半月}k}$：

$$R_{\text{半月}k} = 0.184 \sum_{d=1}^{dk} P_{\mathrm{d}} \cdot (I_{10})_{\mathrm{d}} \tag{2-37}$$

式中，P_{d} 是侵蚀性日降雨量，mm，采用与次侵蚀性雨量相同的标准，即大于等于 12mm 的日雨量；$(I_{10})_{\mathrm{d}}$ 是日最大 10min 雨强，$\mathrm{mm \cdot h^{-1}}$。$d = 1, 2, \cdots, dk$，表示第 k 个半月内侵蚀性降雨日数。采用 $(I_{10})_{\mathrm{d}}$ 是因为它不仅是气象站整编的常规资料之一，可以获得，而且能大大提高估算精度。选取半月时段是参考了 RUSLE 时间步长。同上，回归时先将 EI_{30} 指标和日雨量与日最大 10min 雨强的乘积分别在半月内求和，再进行回归；当一场降雨跨越前后两个半月时，那么该场降雨产生的 EI_{30} 指标根据次雨量在各个半月的比例分别被划分到两个半月。由于该公式的半月值是将半月内的日值累加，因此可将其看作是日降雨径流侵蚀力 R_{day} 的估算模型：

$$R_{\mathrm{day}} = 0.184 P_{\mathrm{d}}(I_{10})_{\mathrm{d}} \tag{2-38}$$

为了进一步简化该公式，章文波等（2002）利用全国 71 个气象站日雨量数据，采用 Richardson 等（1983）的幂函数形式，给出了只用日雨量估算半月降雨径流侵蚀力 $R_{\text{半月}k}$ 的公式：

$$R_{\text{半月}k} = \alpha \sum_{d=1}^{dk} P_{\mathrm{d}}^{\beta} \tag{2-39a}$$

$$\beta = 0.8363 + \frac{18.144}{P_{\mathrm{d}12}} + \frac{24.455}{P_{\mathrm{y}12}}, \; \alpha = 21.586\beta^{-7.1891} \tag{2-39b}$$

式中，回归系数和指数 α 和 β 随地区而异，可通过日雨量数据计算；$P_{\mathrm{d}12}$ 是多年平均侵蚀性日雨量，mm；$P_{\mathrm{y}12}$ 是多年平均侵蚀性年雨量，mm。同样，该公式的半月值是将半月内的日值累加，因此也可将其看作是日降雨径流侵蚀力 R_{day} 的估算模型［式 (2-35)］，α 和 β 用公式 (2-39b) 获得。

以往研究主要集中于使用广泛存在的日降雨量资料，估算侵蚀力的多年平均值和它的季节变化。Richardson 等 (1983) 的模型假定一日仅发生一次降雨，没有考虑日降雨和次降雨的差异，本质上是用次降雨量估算次降雨径流侵蚀力；Yu 的一系列模型（Yu and Rosewell，1996a；Yu，1998；Yu et al.，2001）建模时以计算月降雨径流侵蚀力为目标，谢云等 (2001) 和章文波等 (2002) 建立模型时以计算半月侵蚀力为目标。综合上述研究不难看出，目前尚无直接计算日降雨径流侵蚀力的估算模型，本模型在分析日降雨与次降雨对应关系的基础上，建立日降雨与日降雨径流侵蚀力的关系。

2. 日降雨径流侵蚀力估算模型的建立

综合各种用日雨量计算时段降雨径流侵蚀力的估算模型，本模型用三种形式估算日降雨径流侵蚀力：日雨量幂函数形式（日公式 I）、正弦曲线反映系数季节变化的日雨量幂函数形式（日公式 II）、日雨量与日最大时段雨强的组合形式（日公式 III 和 IV）。

采用日雨量幂函数形式的日降雨径流侵蚀力估算模型（日公式 I）为

$$R_{day} = \alpha P_d^{1.7265} \tag{2-40}$$

式中，P_d 是侵蚀性日降雨量，mm，日侵蚀性雨量标准为大于等于 10mm。指数 β 地区差异不大，故取所有站点的平均值 1.7265。双样本 t 检验显示，α 在冷暖季存在显著差异。因此将 α 暖季取值为 0.3937，冷季取值为 0.3101。指数 β 和系数 α 有很好的关系：

$$\lg\alpha = 2.19 - (1.58 \times \beta) \quad r^2 = 0.95 \tag{2-41}$$

Yu 等 (1998) 对澳大利亚的研究也有类似的关系：

$$\lg\alpha = 2.32 - (1.64 \times \beta) \quad r^2 = 0.90 \tag{2-42}$$

章文波等 (2002) 利用全国 71 个站的降雨资料，给出了 α 和 β 之间的幂函数关系（式 2-39b），将其转换为对数函数形式为

$$\lg\alpha = 2.32 - (1.52 \times \beta) \quad r^2 = 0.95 \tag{2-43}$$

总体来看，三个模型中的 α 和 β 之间的关系差异不明显（图 2-3）。

考虑到幂函数形式下指数对计算结果影响较大，下面重点分析不同研究成果中指数 β 的差异。章文波等 (2002) 建立了指数 β 与侵蚀性日雨量和侵蚀性年雨量的关系（式 2-39b）。Bullock 等 (1990) 发现在加拿大 Saskatchewan 省指数 β 与年平均降雨量之间的线性相关关系显著，但在加拿大 Alberta 和 Manitoba 省不显著。Yu (1998) 指出在澳大利亚指数 β 与年雨量或者季节降雨量的相关关系微弱。本模型的分析也发现 β 与年均降雨量的关系不显著。Richardson 等 (1983) 指出，指数 β 的空间差异不明显，因此建议使用均值 1.81。本模型 β 均值为 1.7265，较 1.81 低 0.0835。如果保持系数 α 不变，β 值取 1.7265，

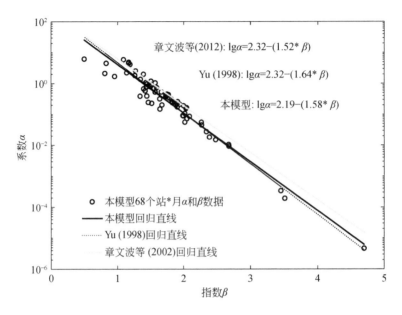

图 2-3　不同模型的回归系数与指数关系

日降雨径流侵蚀力模型（式 2-35）中幂函数指数 β 和系数 α 的关系。空心点为本模型所用的 68 个站×月数据，黑色实线为拟合的直线［式（2-41）］，黑色虚线为 Yu（1998）得到的拟合直线［式（2-42）］，灰色实线为章文波等（2002）得到的拟合直线［式（2-43）］

与取 1.81 相比，10mm 的日降雨量产生的降雨径流侵蚀力偏低 17%，100mm 的日降雨量产生的侵蚀力偏低 32%。本模型 α 在暖季（5～9 月）取值 0.3937，冷季（11～次年 4 月）取值 0.3101，分别较 Richardson 等（1983）暖季取值 0.41 偏低 0.0163（4.0%），冷季取值 0.18 偏高 0.1301（72.3%）。t 检验表明，本模型的公式和 Richardson 等（1983）的暖季 α 值无显著差异，而冷季 α 值在 95% 的置信水平上存在显著差别（Snedecor and Cochran，1989）。相同的降雨量情况下，本模型计算的降雨径流侵蚀力值比 Richardson 公式在暖季偏低，冷季偏高。

采用正弦曲线反映系数季节变化的日降雨径流侵蚀力估算公式（日公式 II）为

$$R_{\text{day}} = 0.2686\left[1 + 0.5412\cos\left(\frac{\pi}{6}j - \frac{7\pi}{6}\right)\right]P_{\text{d}}^{1.7265} \tag{2-44}$$

式中，P_{d} 是侵蚀性日降雨量，mm，日侵蚀性雨量标准为 10mm。

采用日雨量与日最大时段雨强组合形式的日降雨径流侵蚀力估算公式（日公式 III 和 IV）为

$$R_{\text{day}} = 0.1661 P_{\text{d}} (I_{10})_{\text{d}} \quad r^2 = 0.92 \tag{2-45a}$$

$$R_{\text{day}} = 0.3522 P_{\text{d}} (I_{60})_{\text{d}} \quad r^2 = 0.94 \tag{2-45b}$$

式中，P_{d} 是侵蚀性日降雨量，mm，采用日侵蚀性雨量标准为 10mm；$(I_{10})_{\text{d}}$ 是日最大

10min 雨强，mm·h^{-1}；$(I_{60})_d$ 是日最大 60min 雨强，mm·h^{-1}。如果没有日最大 60min 雨强，可用气象站的逐时雨量资料替代，即在 24 小时整点逐时雨量资料中，找到其中最大的值 $(P_{max\_1h})_d$，此时公式（2-45a）的回归系数变为 0.3998。

3. 日降雨径流侵蚀力估算公式精度分析

模型精度分析具体步骤如下：①利用独立的 6 个验证站分钟降雨数据计算得到日、半月、年三种时段的降雨径流侵蚀力指标，作为观测值；②用本模型三种形式的日降雨径流侵蚀力估算公式计算日、半月、年三种时段的降雨径流侵蚀力作为模拟值；③将谢云等（2001）和章文波等（2002）的半月降雨径流侵蚀力估算公式视为日降雨径流侵蚀力公式，计算日、半月、年三种时段的降雨径流侵蚀力作为模拟值；④将步骤②和③结果与步骤①结果比较，计算 MAPE$_{sym}$ 和 NSE（表 2-14）。

总体来看，本模型发展的四个公式中，日雨量与日最大时段雨强组合的估算公式效果最好，与其他公式相比，无论在哪种时间尺度上都是误差最小，模型有效系数最高。与实测值相比，日雨量与日最大 60min 雨强组合的公式（2-45a）对日降雨径流侵蚀力的估算误差 MAPE$_{sym}$ 为 38.4%，NSE 为 0.93（表 2-14）；对多年平均半月降雨径流侵蚀力的估算误差 MAPE$_{sym}$ 为 15.5%，NSE 为 0.98；对年均侵蚀力估算误差 MAPE$_{sym}$ 为 5.9%。采用日最大 10min 雨强（日公式 III）与采用日最大 60min 雨强（日公式 IV）差别不大。模拟精度排第二位的是使用正弦曲线拟合幂函数系数的日雨量公式（日公式 II）。与实测值相比，对日降雨径流侵蚀力的估算误差 MAPE$_{sym}$ 均值为 65.8%，NSE 为 0.58；对多年平均半月降雨径流侵蚀力的估算误差 MAPE$_{sym}$ 均值为 25.0%，NSE 为 0.90；对年均侵蚀力的估算误差 MAPE$_{sym}$ 为 12.7%（表 2-14）。模拟精度最低的是日雨量幂函数公式（日公式 I）。与实测值相比，日公式 I 对日降雨径流侵蚀力的估算误差 MAPE$_{sym}$ 为 67.8%，NSE 为 0.57；对多年平均半月降雨径流侵蚀力的估算误差 MAPE$_{sym}$ 为 31.2%，NSE 为 0.88；对年均侵蚀力的估算误差 MAPE$_{sym}$ 为 13.0%（表 2-14）。

以上结果表明，四个日公式对多年平均半月和年均侵蚀力有较好的模拟精度。但只用日降雨量指标（日公式 I 和 II）估算日降雨径流侵蚀力的能力非常有限。Selker 和 Haith（1990）指出，在极端降雨情况下，仅用日降雨量来估算日降雨径流侵蚀力是有局限性的，包括降雨动能和降雨强度都很难仅用日降雨量来反映。最好的方法是获取高时间分辨率的降雨数据来反映时段雨强信息。比如日公式 III 和 IV 通过引入最大 10min 雨强和最大 60min 雨强指标，可以显著地改善不同时间尺度上的降雨径流侵蚀力指标的估算精度（图 2-4），因为这些峰值雨强与最大 30min 雨强紧密相关。然而，应当指出的是，尽管日公式 III 和 IV 能够显著改善日降雨径流侵蚀力的估算精度，但日公式 I 和 II 目前仍具有实用价值，因为它们要求的降雨资料仅为日降雨量一个指标，比最大小时雨强指标易于获取。

表2-14 用日降雨资料估算逐日、多年平均半月、逐年和多年平均年降雨径流侵蚀力的精度分析

日降雨径流侵蚀力估算模型	逐日降雨径流侵蚀力		多年平均半月降雨径流侵蚀力		逐年降雨径流侵蚀力		多年平均年降雨径流侵蚀力	研究者
	MAPE$_{sym}$/%	NSE	MAPE$_{sym}$/%	NSE	MAPE$_{sym}$/%	NSE	MAPE$_{sym}$/%	
$R_{day}=0.184P_d(I_{10})_d$	44.6	0.88	30.0	0.86	24.7	0.54	21.9	谢云等,2001
$R_{day}=\alpha P_d^{\beta}$ $\beta=0.8363+\dfrac{18.144}{P_{d12}}+\dfrac{24.455}{P_{y12}},\alpha=21.586\beta^{-7.1891}$	73.8	0.52	44.0	0.77	29.6	0.14	20.4	章文波等,2002
$R_{day}=\alpha P_d^{1.7265}$ 暖季 $\alpha=0.3937$,冷季 $\alpha=0.3101$	67.8	0.57	31.2	0.88	22.9	0.54	13.0	本模型(日公式Ⅰ)
$R_{day}=0.2686\left[1+0.5412\cos\left(\dfrac{\pi}{6}j-\dfrac{7\pi}{6}\right)\right]P_d^{1.7265}$	65.8	0.58	25.0	0.90	22.8	0.56	12.7	本模型(日公式Ⅱ)
$R_{day}=0.1661P_d(I_{10})_d$	38.1	0.90	20.4	0.96	16.1	0.81	11.7	本模型(日公式Ⅲ)
$R_{day}=0.3522P_d(I_{60})_d$	38.4	0.93	15.5	0.98	10.5	0.91	5.9	本模型(日公式Ⅳ)

谢云等（2001）和章文波等（2002）的模型误差均比使用同种类型资料的本模型要偏大，故建议选用本模型新发展的日雨量公式。

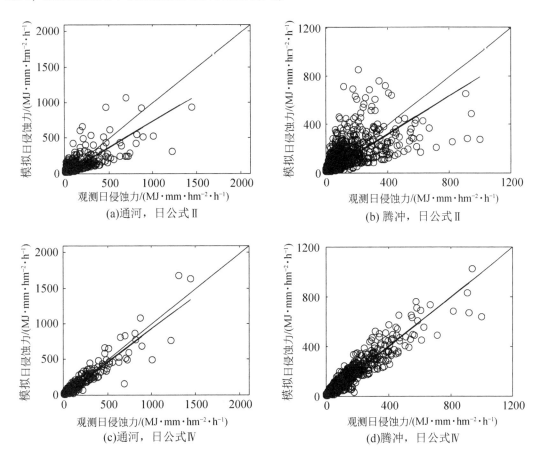

图 2-4　通河、腾冲两站日公式 II 和日公式 IV 对日降雨径流侵蚀力模拟能力对比

进一步用 Richardson（1983）、Yu（1998）、Yu 等（2001）、章文波等（2002）、Zhu 和 Yu（2015）等的公式计算 6 个独立验证站的 R 值，并与分钟资料计算的 EI_{30} 真值进行对比（图 2-5）。其中，从 6 个站的平均情况来评估，Yu（1998）、Zhu 和 Yu（2015）的结果与本研究的精度相当，三个研究的平均 $MAPE_{sym}$ 分别为 14.3%、7.4% 和 10.8%。但是逐站的评估结果显示，福州站的 R 值真值为 5871.1MJ · mm · hm^{-2} · h^{-1} · a^{-1}，Zhu 和 Yu（2015）的公式高估了该站点的 R 值，$MAPE_{sym}$ 为 18.2%（图 2-5），可能是由于该公式以 R 是大于还是小于 6000MJ · mm · hm^{-2} · h^{-1} · a^{-1} 为界，推荐使用两组不同的参数，福州站的 R 值恰好位于分界值附近。参与对比的另外三项研究，包括 Richardson（1983）、Yu 等（2001）、章文波等（2002）都显著高估了 R 值（图 2-5）。章文波等（2002）高估的原因是在回归过程中，使用了 0.184$P_d I_{10d}$（日雨量 P_d 和日最大 10min 雨强 I_{10d} 的乘积再

乘以 0.184）代替 EI_{30}。尽管研究表明 $P_d I_{10d}$ 和 EI_{30} 高度相关（谢云等，2001），但是用 $P_d I_{10d}$ 代替 EI_{30}，有可能会导致系统偏差。对比研究的结果表明，模型在其他地方使用之前，都需要基于降雨过程资料对参数先进行校正。

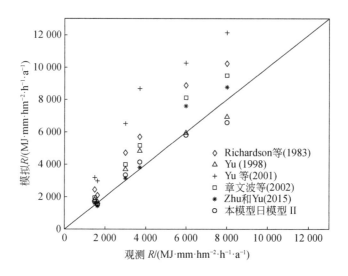

图 2-5　本模型日模型 II 与已有研究计算年均侵蚀力的对比

参与对比的模型包括：①Richardson 等（1983）的模型。$\beta=1.81$，$\alpha_{暖季}=0.41$ 和 $\alpha_{冷季}=0.18$。②Yu（1998）的模型，$\alpha_1=0.79$，$\beta=1.49$，$\eta=0.29$。③Yu 等（2001）的模型，$\alpha_1=2.03$，$\beta=1.40$，$\eta=0.19$。④章文波等（2002）的模型，公式（2-39）。⑤Zhu and Yu（2015）的模型，当 $R\leqslant6000MJ\cdot mm\cdot hm^{-2}\cdot h^{-1}\cdot a^{-1}$ 时，$\alpha_1=0.20$，$\beta=1.76$，$\eta=0.76$；当 $R>6000MJ\cdot mm\cdot hm^{-2}\cdot h^{-1}\cdot a^{-1}$ 时，$\alpha_1=0.68$，$\beta=1.58$，$\eta=0.38$

2.3.4　用月降雨资料估算降雨径流侵蚀力

月降雨径流侵蚀力可以用次、日降雨径流侵蚀力累加而得，也可以通过月雨量资料直接进行估算。与次、日降雨资料相比，月雨量资料更容易获取，因此用月雨量估算月降雨径流侵蚀力模型的研究成果比较多（吴素业，1994b；周伏建等，1995）。月雨量资料根据详细程度的差异可分为逐年逐月雨量资料和多年平均月雨量资料。本节从这两方面建立用月雨量资料计算月降雨径流侵蚀力的公式，选用两种形式：一是月雨量的幂函数形式，二是月雨量与月最大时段雨强的组合形式，其中最大时段雨强包括月最大 60min 雨强和月最大日雨量。并对建立的公式进行精度评价。

逐月雨量资料估算逐月降雨径流侵蚀力公式为［图 2-6（a）和（b）］

$$R_{month}=0.1575P_{month}^{1.6670} \quad r^2=0.66 \tag{2-46a}$$

$$R_{month}=0.1862P_{month}(P_{60})_{month} \quad r^2=0.85 \tag{2-46b}$$

$$R_{\mathrm{month}} = 0.0770 P_{\mathrm{month}} \left(P_{1440} \right)_{\mathrm{month}} \qquad r^2 = 0.65 \qquad (2\text{-}46\mathrm{c})$$

式中，P_{month} 是月雨量，mm；$\left(P_{60} \right)_{\mathrm{month}}$ 是月最大 60min 雨量，mm；$\left(P_{1440} \right)_{\mathrm{month}}$ 是月最大日雨量，mm。

如果采用多年平均月雨量资料，还可以选择 2 个最大时段雨强的多年极值，于是共有 5 个用多年平均月雨量资料估算多年平均月降雨径流侵蚀力的公式：

$$R_{\mathrm{ave\_month}} = 0.0755 P_{\mathrm{ave\_month}}^{1.8430} \qquad r^2 = 0.89 \qquad (2\text{-}47\mathrm{a})$$

$$R_{\mathrm{ave\_month}} = 0.0877 P_{\mathrm{ave\_month}} \left(P_{60} \right)_{\mathrm{month\_max}} \qquad r^2 = 0.94 \qquad (2\text{-}47\mathrm{b})$$

$$R_{\mathrm{ave\_month}} = 0.0410 P_{\mathrm{ave\_month}} \left(P_{1440} \right)_{\mathrm{month\_max}} \qquad r^2 = 0.87 \qquad (2\text{-}47\mathrm{c})$$

$$R_{\mathrm{ave\_month}} = 0.2240 P_{\mathrm{ave\_month}} \overline{\left(P_{60} \right)_{\mathrm{month}}} \qquad r^2 = 0.98 \qquad (2\text{-}47\mathrm{d})$$

$$R_{\mathrm{ave\_month}} = 0.1082 P_{\mathrm{ave\_month}} \overline{\left(P_{1440} \right)_{\mathrm{month}}} \qquad r^2 = 0.94 \qquad (2\text{-}47\mathrm{e})$$

式中，$P_{\mathrm{ave\_month}}$ 是多年平均月雨量，mm；$\left(P_{60} \right)_{\mathrm{month\_max}}$ 是多年月最大 60min 雨量极大值，mm；$\left(P_{1440} \right)_{\mathrm{month\_max}}$ 是多年月最大日雨量极大值，mm；$\overline{\left(P_{60} \right)_{\mathrm{month}}}$ 是多年平均月最大 60min 雨量，mm；$\overline{\left(P_{1440} \right)_{\mathrm{month}}}$ 是多年平均月最大日雨量，mm。

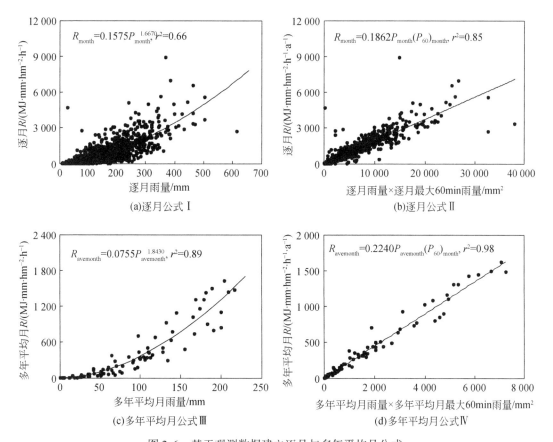

图 2-6　基于观测数据建立逐月与多年平均月公式

基于逐年月降雨资料和基于多年月平均降雨资料的公式大致可分为三类：第一类仅用月雨量，方程形式包括线性函数（周伏建等，1995）和幂函数（吴素业，1994，逐月公式Ⅰ和月平均公式Ⅰ）。这类公式所需的数据相对易收集。在估算 R 年均值时，吴素业（1994）和周伏建等（1995）的公式存在低估的趋势，尤其对于侵蚀力较大的站［图2-7（a）］。逐月公式Ⅰ和月平均公式Ⅰ对 R 值较大的站有高估趋势（图2-7）。第二类用月雨量和月最大60min雨量，包括逐月公式Ⅱ、月平均公式Ⅱ和月平均公式Ⅳ。由于包括了最大60min雨量，此类公式在参与对比的所有公式中精度最高［表2-15，图2-7（a）和（b）］。第三类用月雨量和月最大日雨量，包括逐月公式Ⅲ、月平均公式Ⅲ和月平均公式Ⅴ，总体上公式的表现不如第二类，但模拟精度较第一类大大提高［表2-15，图2-7（a）和（b）］。值得一提的是，用多年平均月最大60min雨量（月平均公式Ⅳ）和多年平均月最大日雨量（月平均公式Ⅴ）的两个公式，比使用多年平均月最大60min雨量极大值（月平均公式Ⅱ）和多年月最大日雨量极大值（月平均公式Ⅲ）两个模型的模拟效果稍好（表2-15）。

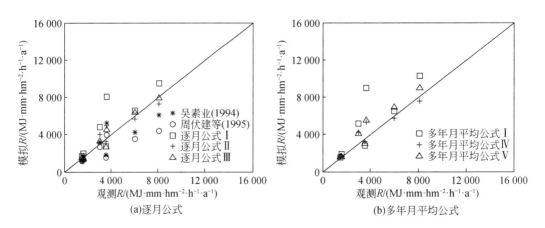

图2-7　本模型逐月公式和多年月平均公式与其他公式对年均 R 值的模拟效果对比
参与对比的逐月公式包括吴素业（1994）、周伏建等（1995）、逐月公式Ⅰ、逐月公式Ⅱ和逐月公式Ⅲ。
参与对比的包括月平均公式Ⅰ、月平均公式Ⅳ和月平均公式Ⅴ

2.3.5　用年降雨资料估算降雨径流侵蚀力

与月降雨径流侵蚀力一样，年降雨径流侵蚀力可以采用前述各种时段降雨径流侵蚀力公式计算相应时段的值后，累加为年降雨径流侵蚀力，也可直接用年降水资料计算。本节主要讨论后者，分别建立了逐年降水资料计算逐年降雨径流侵蚀力、多年平均年降水资料计算多年平均年降雨径流侵蚀力的估算公式。

表 2-15　用月降雨资料估算逐月、多年平均月、逐年和多年平均年降雨径流侵蚀力精度分析

月降雨径流侵蚀力估算模型	逐月降雨径流侵蚀力		多年平均月降雨径流侵蚀力		逐年降雨径流侵蚀力		多年平均降雨径流侵蚀力	研究者
	$MAPE_{sym}$/%	NSE	$MAPE_{sym}$/%	NSE	$MAPE_{sym}$/%	NSE	$MAPE_{sym}$/%	
$R_{month}=10 \cdot 0.0125 P_{month}^{1.6295}$	60.7	0.53	37.6	0.61	36.0	0.00	31.8	吴素业,1994
$R_{month}=10 \cdot (0.3046 P_{ave\_month}-2.6398)$	67.8	0.39	47.3	0.47	40.6	-0.19	37.3	周伏建等,1995
$R_{month}=0.1575 P_{month}^{1.6670}$	68.1	0.20	43.6	0.15	38.6	-1.78	28.7	本模型（逐月公式Ⅰ）
$R_{month}=0.1862 P_{month}(P_{60})_{month}$	35.6	0.83	18.9	0.89	18.1	0.62	13.1	本模型（逐月公式Ⅱ）
$R_{month}=0.0770 P_{month}(P_{1440})_{month}$	55.8	0.59	26.2	0.88	24.8	0.41	12.3	本模型（逐月公式Ⅲ）
$R_{ave\_month}=0.0755 P_{ave\_month}^{1.8430}$			41.5	-0.44			29.4	本模型（多年平均月公式Ⅰ）
$R_{ave\_month}=0.0877 P_{ave\_month}(P_{60})_{month\_max}$			22.9	0.82			16.0	本模型（多年平均月公式Ⅱ）
$R_{ave\_month}=0.0410 P_{ave\_month}(P_{1440})_{month\_max}$			29.8	0.72			20.6	本模型（多年平均月公式Ⅲ）
$R_{ave\_month}=0.2240 P_{ave\_month}\overline{(P_{60})}_{month}$			20.8	0.81			14.2	本模型（多年平均月公式Ⅳ）
$R_{ave\_month}=0.1082 P_{ave\_month}\overline{(P_{1440})}_{month}$			29.1	0.74			17.1	本模型（多年平均月公式Ⅴ）

逐年降水资料计算逐年降雨径流侵蚀力的公式为 [图 2-8（a）和（b）]

$$R_{year} = 0.5115 P_{year}^{1.3163} \tag{2-48a}$$

$$R_{year} = 0.1101 P_{year} (P_{60})_{year} \tag{2-48b}$$

$$R_{year} = 0.0502 P_{year} (P_{1440})_{year} \tag{2-48c}$$

式中，P_{year} 是年降水量，mm；$(P_{60})_{year}$ 是年最大 60min 雨量，mm；$(P_{1440})_{year}$ 是年最大日雨量，mm。

多年平均年降水资料计算多年平均年降雨径流侵蚀力公式为 [图 2-8（c）和（d）]

$$R_{annual} = 1.2718 P_{annual}^{1.1801} \tag{2-49a}$$

$$R_{annual} = 0.0584 P_{annual} (P_{60})_{year\_max} \tag{2-49b}$$

$$R_{annual} = 0.0253 P_{annual} (P_{1440})_{year\_max} \tag{2-49c}$$

$$R_{annual} = 0.1058 P_{annual} \overline{(P_{60})_{annual}} \tag{2-49d}$$

$$R_{annual} = 0.0492 P_{annual} \overline{(P_{1440})_{annual}} \tag{2-49e}$$

式中，P_{annual} 是多年平均年降水量，mm；$(P_{60})_{year\_max}$ 是多年年最大 60min 雨量极大值，mm；$(P_{1440})_{year\_max}$ 是多年年最大日雨量极大值，mm；$\overline{(P_{60})_{annual}}$ 是多年平均年最大 60min 雨量，mm；$\overline{(P_{1440})_{annual}}$ 是多年平均年最大日雨量，mm。

基于逐年降水资料和年平均降水资料的模型可分为四类：第一类仅用年降水量，方程形式包括线性函数（孙保平等，1990）和幂函数（章文波和付金生，2003；逐年公式 I 和多年平均公式 I）。这类公式所需的数据相对易收集。孙保平等（1990）公式严重低估 R 值，MAPE$_{sym}$ 值为 94.6%（表 2-16，图 2-9）；章文波和付金生（2003）提出的四个公式高估了 R 值，MAPE$_{sym}$ 的变化范围为 34.6%~60.8%（表 2-16，图 2-9）。值得一提的是，章文波和付金生（2003）发展的直接用逐年降水量和多年平均降水量的两个公式比他们基于修订版 Fournier 指数建立的两个公式模拟效果稍好，这与 Yu 和 Rosewell（1996）的结论一致。幂函数公式包括逐年公式 I 和多年平均公式 I，有高估侵蚀力的趋势。第二类用年降水量（年内所有日降水量之后或年内大于等于 10mm 日雨量之和）和年最大 60min 雨量，包括王万忠等（1995）提出的公式、本模型的逐年公式 II、多年平均公式 II 和多年平均公式 IV，模拟效果均较好（表 2-16，图 2-9），MAPE$_{sym}$ 值变化于 14.3%~26.2%。第三类用年降水量和年最大日雨量，包括本模型的逐年公式 III、多年平均公式 III 和多年平均公式 V，年均 R 值稍有高估，总体上公式表现不如第二类（表 2-16，图 2-9）。第四类是王万忠等（1995）提出的公式，用年降水量、年最大 60min 雨量和年最大日雨量三个指标，表现了最高的模拟精度，但与第二类王万忠等（1995）提出的仅含年降水量和年最大 60min 雨量的公式相比没有明显改进。

表 2-16 和图 2-10 评估了逐年公式模拟逐年降雨径流侵蚀力的精度。模拟效果从高到

表 2-16　用年降水资料估算逐年和多年平均年降雨径流侵蚀力的精度分析

年降雨径流侵蚀力估算模型	逐年降雨径流侵蚀力		多年平均降雨径流侵蚀力	研究者
	$MAPE_{sym}/\%$	NSE	$MAPE_{sym}/\%$	
$R_{year}=1.77P_{5-10}-133.03^{a}$	88.3	-1.96	94.6	孙保平等,1990
$R_{year}=9.8 \cdot 0.272\left(P_{year}(P_{60})_{year}/100\right)^{1.205}$	20.3	0.68	15.3	王万忠等,1995
$R_{year}=9.8 \cdot 1.67\left(P_{\geq10year}(P_{60})_{year}/100\right)^{0.953\,b}$	34.1	0.40	26.2	王万忠等,1995
$R_{year}=0.0534P_{year}^{1.6548}$	43.5	-2.41	35.0	章文波与付金生,2003
$R_{year}=0.5115P_{year}^{1.3163}$	37.2	-0.83	23.5	本模型(逐年公式 I)
$R_{year}=0.1101P_{year}(P_{60})_{year}$	20.7	0.56	14.3	本模型(逐年公式 II)
$R_{year}=0.0502P_{year}(P_{1440})_{year}$	28.8	0.11	17.3	本模型(逐年公式 III)
$R_{annual}=9.8 \cdot 0.009P_{annual}^{0.564} \cdot \overline{(P_{60})}_{annual}^{1.155} \cdot \overline{(P_{1440})}_{annual}^{0.560}$			21.2	王万忠等,1995
$R_{annual}=9.8 \cdot 0.0244P_{\geq10annual}^{0.551} \cdot \overline{(P_{60})}_{annual}^{1.175} \cdot \overline{(P_{1440})}_{annual}^{0.376\,c}$			15.8	王万忠等,1995
$R_{annual}=9.8 \cdot 2.135\left(P_{\geq10annual} \cdot \overline{(P_{60})}_{annual}/100\right)^{0.919\,c}$			13.2	王万忠等,1995
$R_{annual}=0.1833F_{F}^{1.9957},\ F_{F}=\dfrac{1}{N}\sum_{i=1}^{N}\dfrac{\sum_{j=1}^{12}P_{i,j}^{2}}{\sum_{j=1}^{12}P_{i,j}}$			55.9	章文波与付金生,2003

续表

年降雨径流侵蚀力估算模型	逐年降雨径流侵蚀力		多年平均降雨径流侵蚀力 $MAPE_{sym}/\%$	研究者
	$MAPE_{sym}/\%$	NSE		
$R_{annual}=0.3589F^{1.9462}$, $F=\left(\sum_{j=1}^{12}P_{ave\_month\_j}^2\right)/P_{annual}$			60.8	章文波与付金生,2003
$R_{annual}=0.0668P_{annual}^{1.6266}$			34.6	章文波与付金生,2003
$R_{annual}=1.2718P_{annual}^{1.1801}$			25.6	本模型(多年平均年公式Ⅰ)
$R_{annual}=0.0584P_{annual}(P_{60})_{year\_max}$			15.4	本模型(多年平均年公式Ⅱ)
$R_{annual}=0.0253P_{annual}(P_{1440})_{year\_max}$			22.5	本模型(多年平均年公式Ⅲ)
$R_{annual}=0.1058P_{annual}\overline{(P_{60})_{annual}}$			17.0	本模型(多年平均年公式Ⅳ)
$R_{annual}=0.0492P_{annual}\overline{(P_{1440})_{annual}}$			18.2	本模型(多年平均年公式Ⅴ)

a $P_{5\sim10}$代表雨季雨量(5~10月);b $P_{\geq10year}$表示一年内大于等于10mm的日雨量的总和;c $P_{\geq10annual}$是$P_{\geq10year}$的多年平均值。

低依次为逐年公式Ⅱ、逐年公式Ⅲ和逐年公式Ⅰ。从图 2-10 可以看出，逐年公式Ⅰ基本抓住了通河站年降雨径流侵蚀力的变化特征［图 2-10（a）］，但是它们系统地高估了腾冲站的逐年侵蚀力［图 2-10（b）］。逐年公式Ⅰ也高估了西昌站的逐年侵蚀力。原因与逐月公式Ⅰ系统性高估这两站的逐年侵蚀力相同。由于增加了最大时段雨量信息，逐年公式Ⅱ和逐年公式Ⅲ较逐年公式Ⅰ能较好地模拟逐年降雨径流侵蚀力，7 个站模拟的平均 $MAPE_{sym}$ 分别为 20.7% 和 28.8%，NSE 分别为 0.56 和 0.11（表 2-16 和图 2-9）。

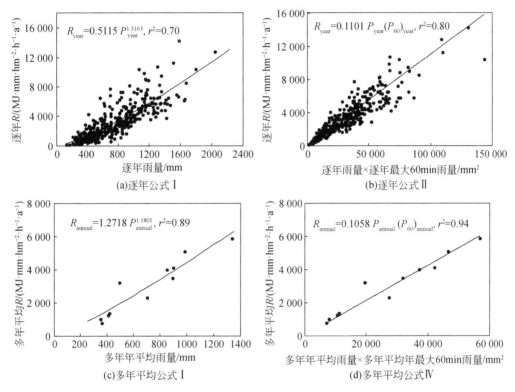

图 2-8　基于观测数据建立逐年模型与多年平均模型

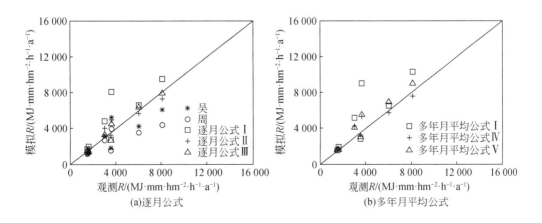

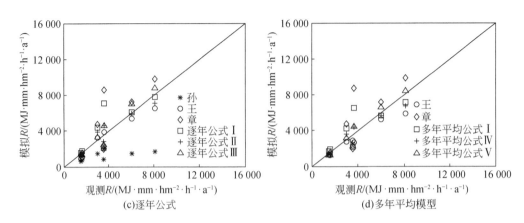

图 2-9　本模型逐年公式和多年平均年公式与前人研究公式对年均 R 的模拟效果对比

参与对比的逐年公式包括孙保平等（1990）（孙）、王万忠等（1995，$MAPE_{sym}$ 为 15.3% 的公式）（王）、章文波与付金生（2003）（章），以及本模型的逐年公式 Ⅰ、Ⅱ 和 Ⅲ。参与对比的多年平均公式为王万忠等（1995，$MAPE_{sym}$ 为 13.2% 的公式）、章文波与付金生（2003，$MAPE_{sym}$ 为 34.6% 的公式）和本模型的多年平均公式 Ⅰ、Ⅳ 和 Ⅴ

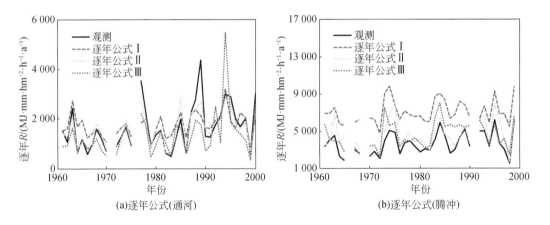

图 2-10　逐年公式对逐年降雨径流侵蚀力的模拟效果

图中没有值的年份为数据处理过程中因缺测较多，被定义为无效的年份

2.3.6　小结

降雨径流侵蚀力的最精确指标是 EI_{30}，又称为经典指标，采用降雨过程资料计算。如果能收集到降雨过程资料，建议都用 EI_{30} 计算各种时间分辨率的降雨径流侵蚀力。如果无法获得降雨过程资料，就用次雨量、日雨量、时段雨强等替代指标，但这些替代指标都要转换为 EI_{30} 的当量值。

1）计算次降雨径流侵蚀力

（1）采用 EI_{30} 指标。

（2）采用公式（2-34d），与次 EI_{30} 相比，相对误差为 13.5%（表 2-13）。

2）计算日降雨径流侵蚀力

（1）采用 EI_{30} 指标。

（2）采用公式（2-45b），与日 EI_{30} 相比，相对误差为 38.4%（表 2-14）。

3）计算多年平均半月和年降雨径流侵蚀力

（1）采用 EI_{30} 指标。

（2）采用公式（2-45b）计算日降雨径流侵蚀力后，累加为半月值和年值。估算的半月值和年值与半月和年 EI_{30} 相比，相对误差分别为 15.5% 和 5.9%（表 2-14）。

（3）采用公式（2-40）计算日降雨径流侵蚀力后，累加为半月值和年值。估算的半月值和年值与半月和年 EI_{30} 相比，相对误差分别为 31.2% 和 13.0%（表 2-14）。

总体而言，计算次、日、半月、逐年降雨径流侵蚀力时，采用降雨过程资料，才能保证模拟误差小于 10%。计算多年平均年降雨径流侵蚀力时，采用日雨量和日最大小时雨强资料可实现模拟误差小于 10%。

2.4　中国降雨径流侵蚀力分布与季节变化

2.4.1　降雨径流侵蚀力计算

利用日雨量资料，选择式（2-40），计算了多年平均年降雨径流侵蚀力 R 因子值和半月降雨径流侵蚀力与全年的比例值。注意，计算 R 因子值时，一般要求的数据时间序列至少 20 年以上，能够覆盖丰水、平水和枯水年份。为了获得没有降雨观测资料地区的降雨径流侵蚀力，通过降雨径流侵蚀力空间分布图进行内插。1996 年，王万忠等（1995）利用全国 125 个气象站多年平均降雨特征参数，绘制了全国 R 因子值空间分布图；2003 年，章文波等（2002）利用全国 564 个气象站 1971～1998 年逐日降雨量资料，绘制了全国 R 因子值等值线图。本模型采用了更多站点和更新的降雨资料以及更高精度的估算方法，绘制了降雨径流侵蚀力等值线图。共收集 819 个气象站 1961～2016 年逐日降水数据，通过严格数据质量控制，选取了 774 个有效站点，有效年份长度均在 50 年以上。挑选日降雨量大于等于 10mm 的侵蚀性日降雨资料，利用冷暖季日降雨量估算模型［式（2-40）］计算逐日侵蚀力和多年平均年 R 因子值。然后采用克里金空间插值方法，生成了全国年 R 因子值栅格图和等值线图，以便为各地区土壤侵蚀调查与评价服务。

多年平均半月降雨径流侵蚀力占年 R 因子值比例反映降雨径流侵蚀力的季节变化，是估算 CSLE 覆盖与生物措施因子（B 因子）和耕作措施因子（T 因子）的基础。USLE 第一版（Wischmeier and Smith，1965）采用的时段为月，由于地表的植被盖度在 1 个月内可能变化很大，以月为时段反映降雨径流侵蚀力的季节变化存在不足，故第二版（Wischmeier and Smith，1978）采用以半月为时段分析降雨径流侵蚀力的季节变化。本模型采用半月时段，并得到 24 个半月侵蚀力比例栅格数据。考虑到各地侵蚀力季节变化曲线具有一定的区域相似性，为简化应用，使用聚类分析方法，对 774 个站点降雨径流侵蚀力季节变化曲线进行了分类和分区，每个区得到一条季节变化曲线。

2.4.2　空间分布

1. 空间插值方法

降雨径流侵蚀力空间插值采用克里金方法。克里金（Kriging）插值是一种最优、线性无偏内插估计方法，由南非地质学家 Krige 发明而命名，后经法国著名地理数学学家 G. Matheron 完善。该方法假定空间随机变量具有二阶平稳性，于是具有以下性质：距离较近的采样点比距离较远的采样点更相似；相似程度或空间协方差大小用点对的平均方差度量，方差大小只与采样点间的距离有关而与它们的绝对位置无关。该方法的最大优点是能够对误差作出逐点理论估计，不会产生回归分析的边界效应。

降雨径流侵蚀力栅格图和等值线图的生成过程如下：

（1）将 774 个站点 24 个半月侵蚀力分别导入 ArcMap 软件，生成 24 个半月侵蚀力文件，采用 WGS 1984 地理坐标系统和双标准纬线等积圆锥投影。

（2）利用空间插值模块（Geostatistical Analyst 模块下的 Interpolation）中克里金插值方法，分别对 24 个半月侵蚀力进行空间插值，生成全国 24 个半月降雨径流侵蚀力栅格数据，空间分辨率为 0.01°。

（3）将全国 24 个半月侵蚀力栅格数据进行栅格相加运算，得到全国年降雨径流侵蚀力栅格数据。再将 24 个半月侵蚀力栅格数据与年侵蚀力栅格数据进行栅格相除运算，得到 24 个半月侵蚀力占年 R 因子值比例栅格数据。

（4）利用数据裁剪功能，分别将全国年 R 因子值栅格数据和 24 个半月侵蚀力占年 R 因子值比例栅格数据进行裁剪和重采样，空间分辨率为 250m。

2. 交叉验证方法及结果

空间插值结果精度通常采用交叉验证方法评估，常用的有简单交叉验证、k 折交叉验证（k-fold cross validation）和留一法（leave-one-out cross validation）。由于样本量不是很大，本模型采用留一法交叉验证方法，即每次只留下一个样本做测试集，其他所有样本归为训练集，由于站点个数为 774 个，所以训练和测试分别为 774 次，得到 774 个侵蚀力插值，与站点侵蚀力计算值进行对比，计算纳什（Nash-Sutcliffe）模型有效系数（NSE）、偏差百分比（PBIAS）和均方根误差（RMSE）等指标，从而可以综合评估空间模型的模拟效果。交叉验证过程可以在 ArcMap 中 Geostatisical Analyst 模块下的 Cross Validation 中批处理实现。交叉验证评估指标的定义如下：

$$NSE = 1 - \frac{\sum_{i=1}^{n}(O_i - P_i)^2}{\sum_{i=1}^{n}(O_i - \overline{O})^2} \tag{2-50a}$$

$$PBIAS = \frac{\sum_{i=1}^{n}(O_i - P_i)}{\sum_{i=1}^{n}O_i} \times 100 \tag{2-50b}$$

$$RMSE = \sqrt{\frac{1}{n}\sum_{i=1}^{n}(O_i - P_i)^2} \tag{2-50c}$$

式中，O_i 是计算值；P_i 是插值。NSE 最大值为 1，值越大表明插值效果越好。PBIAS 和 RMSE 指标值越小，表明插值效果越好。PBIAS 为负值，表明插值结果高估；PBIAS 为正值表明插值结果低估。由表 2-17 可知，年侵蚀力和 24 个半月侵蚀力的空间插值结果的 NSE 均达到 0.80 以上；PBIAS 有正有负，但是均不到 1%。冷季插值效果较暖季效果稍好。R 因子插值与计算值的散点图（图 2-11）可以看出，散点基本围绕在 1∶1 线附近，表明插值与计算值接近。其中，广西东兴计算值为 22 976MJ·mm·hm^{-2}·h^{-1}·a^{-1}，插值为 11 087MJ·mm·hm^{-2}·h^{-1}·a^{-1}；广东阳江计算值为 19 184MJ·mm·hm^{-2}·h^{-1}·a^{-1}，插值为 11 989MJ·mm·hm^{-2}·h^{-1}·a^{-1}。这两个站点计算值与插值结果相差较大可能由两个原因造成：一是阳江地处广东西南沿海，东兴地处广西东南沿海，插值时，南边没有站点提供信息，导致插值精度降低。二是它们都属于台风多发区，日雨量模型对其的估计精度可能不高，需要进一步研究。

表 2-17　年和 24 个半月降雨径流侵蚀力空间插值交叉验证结果

指标	NSE	PBIAS/%	RMSE/（MJ·mm·hm^{-2}·h^{-1}）
年	0.90	0.01	1017.4
1 月上半月	0.93	−0.14	6.0
1 月下半月	0.93	0.31	7.4
2 月上半月	0.96	−0.15	7.0

指标	NSE	PBIAS/%	RMSE/(MJ · mm · hm^{-2} · h^{-1})
2 月下半月	0.95	0.13	10.7
3 月上半月	0.96	0.15	12.0
3 月下半月	0.96	0.02	20.1
4 月上半月	0.95	−0.23	30.2
4 月下半月	0.93	0.51	40.6
5 月上半月	0.89	0.12	90.8
5 月下半月	0.89	0.04	102.2
6 月上半月	0.89	0.25	119.7
6 月下半月	0.87	0.13	135.5
7 月上半月	0.80	−0.09	129.0
7 月下半月	0.82	0.11	138.6
8 月上半月	0.80	0.00	127.1
8 月下半月	0.83	−0.26	112.0
9 月上半月	0.85	−0.10	83.9
9 月下半月	0.88	−0.50	70.2
10 月上半月	0.85	−0.45	51.8
10 月下半月	0.81	−0.70	48.3
11 月上半月	0.82	0.14	26.0
11 月下半月	0.90	−0.65	13.5
12 月上半月	0.87	0.70	8.0
12 月下半月	0.92	−0.14	6.1

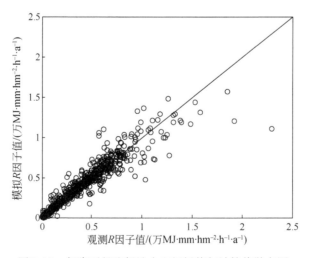

图 2-11   年降雨径流侵蚀力空间插值与计算值散点图

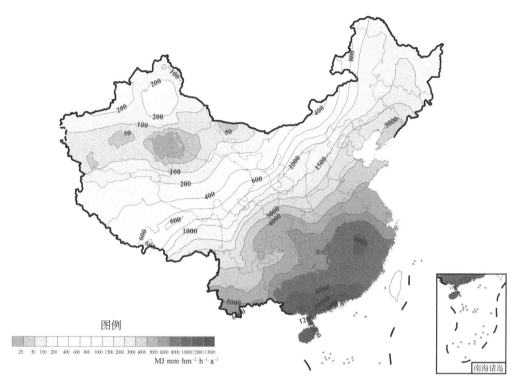

图 2-12　全国多年平均年降雨径流侵蚀力等值线图（单位：MJ·mm·hm⁻²·h⁻¹·a⁻¹）

暂无港澳台数据

3. 年降雨径流侵蚀力空间分布特征

所分析的 774 个站点中，最低值出现在青海小灶火，R 因子值为 3MJ·mm·hm⁻²·h⁻¹·a⁻¹，最高值出现在广西东兴，为 22 976MJ·mm·hm⁻²·h⁻¹·a⁻¹。全国年 R 因子值的空间分布表现出大致从东南向西北方向逐渐递减的趋势（图 2-12），大部分地区变化于 25 ~ 12 000MJ·mm·hm⁻²·h⁻¹·a⁻¹ 之间，华南南部局部地区达到 12 000MJ·mm·hm⁻²·h⁻¹·a⁻¹ 以上。其中：华南大部、江南大部、云南南部局部地区及重庆东部局部地区变化于 5000 ~ 12 000MJ·mm·hm⁻²·h⁻¹·a⁻¹ 之间，江淮、江汉、黄淮、东北、华北大部、西南大部、内蒙古东南部、陕西大部、宁夏东南部局部地区、甘肃东南部局部地区及西藏东南部局部地区变化于 1000 ~ 5000MJ·mm·hm⁻²·h⁻¹·a⁻¹，内蒙古中东部、宁夏大部、甘肃中部、青海东南部、四川西北部局部地区、西藏中东部变化于 400 ~ 1000MJ·mm·hm⁻²·h⁻¹·a⁻¹，内蒙古西部局部地区、甘肃西部局部地区、青海西北部局部地区和新疆南部等地不足 50MJ·mm·hm⁻²·h⁻¹·a⁻¹，其余地区在 50 ~ 400MJ·mm·hm⁻²·h⁻¹·a⁻¹。

2.4.3 季节变化

1. K 均值聚类方法

为了将各站点降雨径流侵蚀力季节变化按地区相似性合并为几种类型，采用动态 K 均值聚类方法（章基嘉等，1984）将 774 个站点的 24 个半月侵蚀力分为 k 类。具体方法如下：

（1）聚类指标：774 个站点 24 个半月侵蚀力。

（2）确定分类的个数：分为 k 类，并确定 k 个凝聚点或初始聚类中心，采用前 k 个样本作为初始凝聚点。

（3）计算各样本与 k 个凝聚点的距离（采用欧式距离），根据最近距离准则将 10 256 次降雨过程逐个归入 k 个凝聚点，将此作为初始分类。

（4）欧式距离公式：

$$d_{i,j} = \left[\sum_{p=1}^{m} (x_{ip} - x_{jp})^2 \right]^{1/2} \tag{2-51}$$

式中，$i=1$，2，$\cdots$，n，n 为样本数，即 10256；$j=1$，2，$\cdots$，k，k 为聚类数，k 为 10 类；$p=1$，2，$\cdots$，m，p 表示第 p 个聚类指标，m 为 21；$X_i = (x_{i1}, x_{i2}, \cdots, x_{im})$，为第 i 次降雨的 m 个聚类指标；$X_j = (x_{j1}, x_{j2}, \cdots, x_{jm})$，为第 j 类凝聚点的 m 个聚类指标。

（5）重新计算各类每个变量均值，以此作为新的凝聚点。

（6）重复（3）、（4）步骤，得到调整后的 k 类，直到 774 个站点季节分布曲线新划分的类别与前一步的归类完全一致或发生的变化小于某阈值，则停止运算，得到最终分类结果。

将属于相同类型的季节变化曲线对应的 24 个半月侵蚀力值分别进行平均，除以 24 个半月值之和，每类季节变化曲线概化出一条季节变化曲线。

2. 季节变化曲线聚类结果

全国降雨径流侵蚀力季节变化曲线分为四类（图 2-13）。受季风气候降雨集中的特点影响，四种类型均为夏秋季降雨径流侵蚀力比例大，冬春季比例小，各种类型的峰值位置和高度稍有差别。四种类型 24 个半月侵蚀力占年 R 值比例如表 2-18 所示。类型 I 曲线"矮胖"且有两个峰值，表明降雨径流侵蚀力年内分配相对比较分散，第一个峰值位于 6 月，半月侵蚀力比例约为 8.6%。第二个峰值位于 7 月下半月至 8 月，半月侵蚀力比例约为 10.1%。类型 I 主要分布在华南南部。类型 II 降雨径流侵蚀力峰值出现在 6 月，6 月之后降雨径流侵蚀力迅速减少，6 月半月侵蚀力比例约为 11.9%，7 月半月侵蚀力比例降至

6.8%。类型Ⅱ主要分布在华南北部和江南地区。类型Ⅲ降雨径流侵蚀力峰值出现在 7 月，半月侵蚀力比例约为 12.5%，6 月下半月、8 月上半月和下半月侵蚀力比例也较高，分别达到 10.5%、10.5% 和 9.7%。类型Ⅲ主要分布在西南地区南部和东部、陕西南部、江汉、江淮、黄淮、华北东部及东北南部地区。类型Ⅳ曲线"瘦高"，表明降雨径流侵蚀力的集中程度高，7 月下半月达到显著峰值，比例高达 17.0%。该类型分布广泛，包括西北地区、华北西部、东北中部和北部、内蒙古、西藏及西南地区北部。

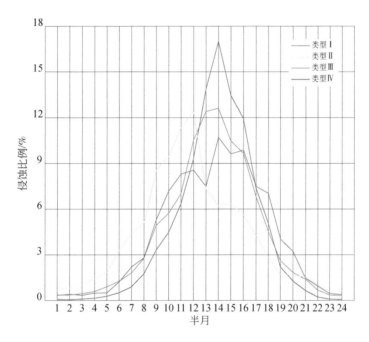

图 2-13 四种类型降雨径流侵蚀力季节变化曲线

表 2-18 24 个半月侵蚀力占年 R 因子值比例

指标	类型Ⅰ/%	类型Ⅱ/%	类型Ⅲ/%	类型Ⅳ/%
年侵蚀力均值/ （MJ·mm·hm^{-2}·h^{-1}·a^{-1}）	12500.9	6729.6	3852.8	878.1
1 月上半月	0.33	0.69	0.34	0.06
1 月下半月	0.39	0.82	0.35	0.05
2 月上半月	0.32	1.01	0.43	0.09
2 月下半月	0.46	1.42	0.57	0.16
3 月上半月	0.48	1.85	0.88	0.29
3 月下半月	1.18	3.26	1.24	0.53
4 月上半月	2.13	4.34	1.77	0.90
4 月下半月	2.70	5.12	2.69	1.73

指标	类型 I/%	类型 II/%	类型 III/%	类型 IV/%
5月上半月	5.16	8.58	4.84	3.23
5月下半月	7.19	9.41	5.64	4.39
6月上半月	8.46	11.38	6.92	6.31
6月下半月	8.76	12.37	10.46	9.27
7月上半月	7.73	7.36	12.41	13.84
7月下半月	10.88	6.28	12.62	17.01
8月上半月	9.53	6.33	10.54	13.36
8月下半月	10.00	5.58	9.72	12.00
9月上半月	7.36	4.23	6.90	7.39
9月下半月	6.91	2.84	4.57	5.08
10月上半月	3.86	1.71	2.63	2.14
10月下半月	3.07	1.65	1.81	1.24
11月上半月	1.41	1.54	1.36	0.59
11月下半月	0.89	0.99	0.67	0.19
12月上半月	0.43	0.60	0.34	0.07
12月下半月	0.36	0.64	0.30	0.06

2.5　重现期降雨径流侵蚀力

降雨径流侵蚀力等值线图（图2-12）反映的是多年平均年降雨径流侵蚀力的空间分布。年内最大次降雨径流侵蚀力或不同年份的年降雨径流侵蚀力都存在年际变化，一般用重现期次降雨径流侵蚀力或重现期年降雨径流侵蚀力反映这种变化，用来预报极端暴雨事件或极端降雨年份的土壤流失量。Wischmeier 和 Smith（1978）用对数正态（log-normal）分布拟合了年最大次降雨径流侵蚀力和年降雨径流侵蚀力序列，给出典型站点多年一遇次降雨径流侵蚀力和年降雨径流侵蚀力值。由于日降雨与次降雨并非一一对应，本模型首先基于18个站点逐分钟降水数据，建立了不同重现期日降雨径流侵蚀力和次降雨径流侵蚀力的转化关系；然后基于774个站点逐日降雨数据，计算不同重现期日降雨径流侵蚀力，并使用上述建立的转化关系，将重现期日降雨径流侵蚀力转化为对应重现期的次降雨径流侵蚀力；最后基于克里金插值方法，得到不同重现期次降雨径流侵蚀力空间分布图。另外，由于日降水资料估算逐年降雨径流侵蚀力的精度较高，直接基于744个站点逐日降水数据，估算不同重现期年降雨径流侵蚀力；再基于克里金插值方法，得到不同重现期年降雨径流侵蚀力空间分布图。分析的重现期包括2年、5年、10年、20年、50年和100年一遇。

2.5.1 重现期次降雨径流侵蚀力

1. 次降雨跨口统计

将日降雨和次降雨关系归纳为四种对应类型，对 18 个站分钟降雨资料的次日关系统计结果表明（图 2-14）：所有次降雨事件中，一次降雨在同一日内结束最为常见，其次是跨一日的降雨，随着降雨所跨日数的增加，对应的降雨事件比例不断减少。18 个站所有降雨事件中，69.1% 开始时间和结束时间在同一日，25.4% 的降雨跨 1 日（即开始于当日，结束于次日），4.1% 的降雨跨两日，跨五日的降雨仅占全部降水事件的 0.1%。对于次降雨量大于等于 10mm 的降雨而言，跨一日的降雨事件发生频率最高，达 43.6%；接下来为不跨日降雨（36.0%）和跨两日降雨（14.6%）。二者差异的原因在于：降水量越大，降雨事件持续的时间一般越长，因此强降雨事件更易被划分为前后几个连续的雨日。使用日降雨资料评估极端降水导致土壤侵蚀时，由于人为规定日界，对次降雨事件进行了分割，有可能低估降雨对侵蚀的影响，应特别注意。

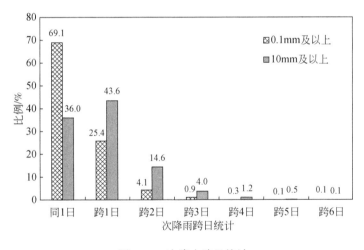

图 2-14　次降水跨日统计

2. 重现期次降雨径流侵蚀力与日降雨径流侵蚀力转换关系

降水重现期的确定是降水极值研究中的重要问题，目前国际上较为常用的方法有 Pearson III 分布、Log Pearson III 分布、广义极值分布（GEV）和广义帕雷托分布（GPD）等。本模型基于 18 个站逐分钟降水数据，采用基于单元极大值法的广义极值分布方法（Hosking，1990），分别计算各站次降雨径流侵蚀力重现期和日降雨径流侵蚀力重现期。

步骤如下：

（1）根据式（2-9）~式（2-11）计算次降雨径流侵蚀力，挑选逐年最大次降雨径流侵蚀力；

（2）根据式（2-10）和式（2-17）计算日降雨径流侵蚀力，挑选逐年最大日降雨径流侵蚀力；

（3）将得到的逐年最大次（日）降雨径流侵蚀力序列，拟合 GEV 分布，其概率密度函数为

$$f(x;\sigma,\mu,\xi)=\frac{1}{\sigma}\exp\left[(1+\xi)\vartheta-e^{\vartheta}\right],$$

$$\vartheta=\begin{cases}-\xi^{-1}\lg\left[1+\xi(x-\mu)/\sigma\right], & \xi\neq0 \\ -(x-\mu)/\sigma, & \xi=0\end{cases},\tag{2-52}$$

式中，$\sigma>0$、ξ、μ 分别为尺度、形状和位置参数。当 $\xi\rightarrow0$ 为极值Ⅰ型，即 GumbeⅠ 分布；$\xi<0$ 为极值Ⅱ型，即 Frechet 分布；$\xi>0$，为极值Ⅲ型，即 Weibull 分布。利用 L 矩估计方法得到三个参数。r 年一遇重现期值是 GEV 分布的第（$1-r^{-1}$）分位数，它可以估计为

$$\hat{y}(1-r^{-1};\hat{\sigma},\hat{\mu},\hat{\xi})=\begin{cases}\hat{\mu}+\hat{\sigma}/\hat{\xi}\{1-\left[-\lg(1-r^{-1})\right]^{\hat{\xi}}\}, & \hat{\xi}\neq0 \\ \hat{\mu}-\hat{\sigma}\log\left[-\lg(1-r^{-1})\right], & \hat{\xi}=0\end{cases}\tag{2-53}$$

图 2-15 显示日降雨径流侵蚀力重现期与次降雨径流侵蚀力重现期存在一定差别。相同重现期的次降雨径流侵蚀力均大于日降雨径流侵蚀力，二者存在较好的线性关系：2

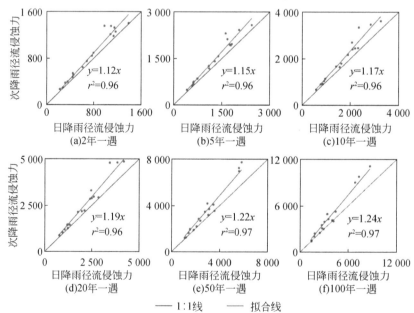

图 2-15　重现期次降雨径流侵蚀力与日降雨径流侵蚀力对比

年、5 年、10 年、20 年、50 年和 100 年一遇日降雨径流侵蚀力转换为次降雨径流侵蚀力的系数分别为 1.12、1.15、1.17、1.19、1.22 和 1.24，其对应的决定系数均大于 0.96。该系数可在重现期估算中应用：在缺乏高时间分辨率的降雨过程资料时，可用日降雨资料计算所得的重现期结果，乘以对应的转化系数，得到次重现期结果。

3. 10 年一遇次降雨径流侵蚀力空间分布

基于 774 个站点逐日降水数据，计算了 2 年、5 年、10 年、20 年、50 年和 100 年一遇次降雨径流侵蚀力并给出了 140 个代表站的值（表 2-19）。

表 2-19 140 站 2 年、5 年、10 年、20 年一遇次降雨径流侵蚀力（选自 774 个站点）

（单位：MJ·mm·hm^{-2}·h^{-1}）

站名		重现期次降雨侵蚀力				站名		重现期次降雨侵蚀力			
		2 年一遇	5 年一遇	10 年一遇	20 年一遇			2 年一遇	5 年一遇	10 年一遇	20 年一遇
安徽	合肥	900	1 485	1 975	2 540	辽宁	大连	854	1 708	2 492	3 465
	黄山	2 006	3 432	4 637	6 031		丹东	1 258	2 086	2 851	3 801
	宿州	977	1 762	2 513	3 473		建昌	624	1 246	1 867	2 688
	芜湖	1 007	1 661	2 202	2 817		沈阳	619	1 148	1 629	2 220
北京	北京	603	1 168	1 768	2 603	内蒙古	阿拉善左旗	136	265	394	567
	密云	969	1 550	1 965	2 386		赤峰	295	498	678	895
	延庆	369	664	957	1 341		额尔古纳市	214	350	455	567
福建	福州	1 232	2 264	3 147	4 179		额济纳旗	10	34	60	99
	厦门	1 526	2 757	3 769	4 917		呼和浩特	351	704	1 029	1 433
	邵武	1 128	1 834	2 423	3 098		锡林浩特	174	348	519	746
	长汀	1 038	1 797	2 625	3 803	广东	广州	1 504	2 534	3 501	4 716
甘肃	敦煌	15	42	68	103		汕头	1 891	3 061	4 012	5 081
	环县	319	580	805	1 072		韶关	1 181	1 987	2 655	3 418
	靖远	124	206	277	359	广西	阳江	4 043	8 131	11 898	16 572
	酒泉	36	93	146	211		百色	1 017	1 575	2 018	2 505
	武都	210	346	455	576		东兴	4 542	6 909	8 682	10 545
	武威	72	147	221	316		桂林	1 876	3 192	4 238	5 391
	张掖	57	108	147	187		南宁	1 214	2 052	2 831	3 803

站名		重现期次降雨侵蚀力				站名		重现期次降雨侵蚀力			
		2年一遇	5年一遇	10年一遇	20年一遇			2年一遇	5年一遇	10年一遇	20年一遇
贵州	毕节	592	965	1 285	1 659	山西	运城	389	710	1 036	1 474
	贵阳	743	1 234	1 647	2 123		长治	462	765	1 002	1 259
	桐梓	666	1 038	1 359	1 738	陕西	安康	517	908	1 278	1 745
	铜仁	873	1 520	2 155	2 983		汉中	609	986	1 291	1 632
	兴仁	1 018	1 690	2 265	2 938		陇县	368	673	1 006	1 479
海南	海口	2 607	4 627	6 254	8 071		延安	460	759	995	1 255
	三亚	2 153	3 767	5 150	6 767		榆林	357	652	910	1 217
	西沙	2 784	5 870	9 386	14 562	上海	宝山	869	1 604	2 421	3 600
河北	保定	589	1 120	1 621	2 254	四川	巴中	1 433	2 635	3 694	4 961
	承德	401	674	922	1 225		都江堰	1 074	1 909	2 700	3 702
	石家庄	549	1 190	1 952	3 115		甘孜	122	164	198	235
	邢台	675	1 432	2 218	3 293		攀枝花	672	1 056	1 365	1 708
	张家口	253	427	587	784		宜宾	1 042	1 804	2 493	3 335
河南	安阳	790	1 607	2 450	3 593	天津	天津	807	1 423	1 960	2 595
	三门峡	423	715	970	1 273	西藏	察隅	287	495	657	832
	信阳	1 333	2 396	3 278	4 285		改则	74	120	155	192
	郑州	792	1 371	1 858	2 421		拉萨	145	207	248	287
宁夏	固原	274	484	661	866		林芝	159	225	282	351
	银川	165	319	456	621		隆子	89	137	172	208
青海	达日	117	162	197	233		那曲	110	154	182	209
	德令哈	76	135	197	280		聂拉木	326	738	1 173	1 774
	小灶火	0	2	5	10		日喀则	176	230	267	302
	囊谦	119	171	211	254	黑龙江	哈尔滨	369	653	928	1 283
	沱沱河	75	123	169	225		佳木斯	348	572	748	940
	西宁	155	252	327	409		漠河	226	399	562	769
山东	惠民	777	1 451	2 069	2 832		牡丹江	305	527	731	982
	济南	887	1 716	2 518	3 552		嫩江	311	498	672	888
	青岛	896	1 718	2 495	3 481		齐齐哈尔	348	604	836	1122
	日照	1 114	1 932	2 641	3 478	湖北	恩施	1312	2 177	2 856	3 599
	威海	1 113	2 232	3 366	4 883		十堰	578	1 036	1 498	2 114
山西	大同	253	395	503	617		武汉	1 339	2 476	3 616	5 127
	太原	381	663	929	1 265		宜昌	954	1 690	2 361	3 186
	五寨	296	535	765	1 059						

续表

站名		重现期次降雨侵蚀力				站名		重现期次降雨侵蚀力			
		2 年一遇	5 年一遇	10 年一遇	20 年一遇			2 年一遇	5 年一遇	10 年一遇	20 年一遇
湖南	郴州	928	1 751	2 594	3 732	新疆	喀什	39	88	129	175
	衡阳	797	1 346	1 876	2 558		克拉玛依	38	85	127	177
	怀化	1 335	2 314	3 147	4 118		库尔勒	23	69	120	191
	岳阳	1 187	2 178	3 007	3 961		若羌	9	40	81	151
	长沙	937	1 529	2 074	2 747		塔什库尔干	20	50	78	111
吉林	白城	382	626	802	982		吐鲁番	1	3	7	13
	通化	671	1 129	1 519	1 971		乌鲁木齐	119	207	278	359
	延吉	345	593	813	1 078	云南	大理	709	1 012	1 231	1 454
	长春	592	1 016	1 354	1 728		昆明	716	1 070	1 360	1 688
江苏	东山	799	1 294	1 744	2 294		丽江	426	668	869	1 097
	灌云	1 153	2 117	3 005	4 105		腾冲	576	792	930	1 060
	南京	1 148	1 997	2 709	3 531		昭通	315	550	782	1 087
	徐州	1 011	1 755	2 524	3 568	浙江	杭州	938	1 607	2 184	2 862
江西	龙南	1 133	1 860	2 411	2 996		衢州	1 099	1 734	2 210	2 709
	庐山	1 994	3 800	5 410	7 357		瑞安	1 362	2 598	3 799	5 354
	南昌	1 362	2 337	3 249	4 393		嵊泗	840	1 451	2 039	2 793
	上饶	1 283	2 123	2 842	3 681	重庆	奉节	794	1 238	1 592	1 980
新疆	阿克苏	42	94	141	198		沙坪坝	951	1 712	2 487	3 529
	阿勒泰	50	90	125	167						
	哈密	16	43	68	99						
	和田	17	41	61	84						

采用克里金插值方法，生成上述重现期次降雨径流侵蚀力空间分布图。由于篇幅所限，此处仅分析 10 年一遇次降雨径流侵蚀力的空间分布。774 个站点中，最低值出现在青海小灶火，10 年一遇次降雨径流侵蚀力为 5MJ·mm·hm^{-2}·h^{-1}，最高值出现在广西阳江，为 11 898MJ·mm·hm^{-2}·h^{-1}。10 年一遇次降雨径流侵蚀力的空间分布与多年平均年降雨径流侵蚀力的分布类似，均表现出大致从东南向西北方向逐渐递减的趋势。不同的是，10 年一遇次降雨径流侵蚀力空间分布的局地性较强，存在较多等值线快速变化的区域。大部分地区 10 年一遇次降雨径流侵蚀力变化于 50～8000MJ·mm·hm^{-2}·h^{-1}。华南南部局部地区，如广西南部和广东南部局部地区达到 4000MJ·mm·hm^{-2}·h^{-1}以上。华南大部、江南、西南地区南部及东部地区、江淮、江汉、黄淮、华北东部、东北地区东南部变化于 1000～4000MJ·mm·hm^{-2}·h^{-1}。西藏东南部局部地区、四川中部、甘肃东南部、陕西、宁夏大部、华北西部、内蒙古东部、东北地区西北部变化于 400～1000MJ·mm·

$hm^{-2} \cdot h^{-1}$。西藏地区大部、西北地区西部、西南地区北部以及内蒙古中西部地区在 $50 \sim 400MJ \cdot mm \cdot hm^{-1} \cdot h^{-1}$，仅青海西北部和新疆中部小部分地区在 $50MJ \cdot mm \cdot hm^{-1} \cdot h^{-1}$ 以下。

2.5.2 重现期年降雨径流侵蚀力

基于 774 个站点逐日降水数据，选取大于等于 10mm 以上的侵蚀性日降雨，利用公式（2-40）计算日降雨径流侵蚀力，年内累加求和得到逐年降雨径流侵蚀力。基于 GEV 分布 ［式（2-54）和式（2-55）］ 和 L-moment 参数估计方法，估算了 2 年、5 年、10 年、20 年、50 年和 100 年一遇的年降雨径流侵蚀力并给出 140 个代表站的值（表 2-20）。

表 2-20 140 站 2 年、5 年、10 年、20 年一遇年降雨径流侵蚀力

（单位：$MJ \cdot mm \cdot hm^{-2} \cdot h^{-1} \cdot a^{-1}$）

站名		重现期年降雨侵蚀力				站名		重现期年降雨侵蚀力			
		2 年一遇	5 年一遇	10 年一遇	20 年一遇			2 年一遇	5 年一遇	10 年一遇	20 年一遇
安徽	合肥	3 675	5 037	5 940	6 807	广西	阳江	17 030	26 038	32 507	39 045
	黄山	11 889	16 175	19 000	21 700		百色	4 683	6 432	7 593	8 708
	宿州	3 732	5 428	6 602	7 761		东兴	21 791	28 654	33 063	37 211
	芜湖	4 972	7 403	9 116	10 826		桂林	9 406	12 768	14 979	17 091
北京	北京	2 168	3 507	4 509	5 550		南宁	5 877	7 809	9 061	10 244
	密云	2 735	4 035	4 945	5 849	贵州	毕节	2 602	3 326	3 781	4 204
	延庆	1 302	1 972	2 450	2 931		贵阳	3 865	5 078	5 856	6 588
福建	福州	5 769	8 049	9 581	11 062		桐梓	3 162	4 139	4 765	5 352
	厦门	5 956	8 808	10 806	12 794		铜仁	4 793	6 279	7 230	8 124
	邵武	7 630	10 332	12 105	13 797		兴仁	5 192	7 054	8 280	9 451
	长汀	7 084	9 222	10 585	11 861	辽宁	大连	2 511	4 177	5 451	6 791
甘肃	敦煌	44	79	107	138		丹东	4 966	6 795	8 005	9 165
	环县	996	1 540	1 935	2 337		建昌	2 053	3 390	4 407	5 473
	靖远	325	508	641	777		沈阳	2 410	3 539	4 327	5 107
	酒泉	88	184	269	368	内蒙古	阿拉善左旗	306	585	821	1 086
	武都	803	1 152	1 391	1 625		赤峰	881	1 337	1 663	1 991
	武威	152	312	455	621		额尔古纳市	664	1 023	1 282	1 545
	张掖	111	209	291	382		额济纳旗	46	90	128	170
广东	广州	8 969	12 207	14 341	16 381						
	汕头	8 721	11 833	13 879	15 833						
	韶关	6 470	8 738	10 224	11 640						

续表

站名		重现期年降雨侵蚀力				站名		重现期年降雨侵蚀力			
		2 年一遇	5 年一遇	10 年一遇	20 年一遇			2 年一遇	5 年一遇	10 年一遇	20 年一遇
内蒙古	呼和浩特	1 006	1 763	2 363	3 010	黑龙江	哈尔滨	1 348	1 942	2 350	2 752
							佳木斯	1 211	1 774	2 165	2 552
	锡林浩特	452	861	1 206	1 594		漠河	807	1 213	1 502	1 791
宁夏	固原	992	1 484	1 831	2 179		牡丹江	1 204	1 722	2 076	2 422
	银川	327	621	868	1 145		嫩江	1 154	1 619	1 933	2 237
青海	达日	595	809	950	1 085		齐齐哈尔	1 204	1 719	2 070	2 414
	德令哈	193	362	503	659	湖北	恩施	6 071	8 350	9 863	11 318
	小灶火	28	32	35	37		十堰	2 675	3 851	4 658	5 451
	囊谦	660	903	1 064	1 218		武汉	5 674	8 334	10 190	12 029
	沱沱河	214	353	458	569		宜昌	4 477	6 244	7 430	8 578
	西宁	570	866	1 078	1 292	湖南	郴州	5 238	7 391	8 849	10 267
山东	惠民	2 309	3 653	4 643	5 660		衡阳	4 644	5 968	6 804	7 582
	济南	2 987	4 825	6 200	7 626		怀化	6 017	7 911	9 127	10 272
	青岛	2 836	4 791	6 302	7 903		岳阳	5 264	7 789	9 560	11 322
	日照	3 784	5 648	6 963	8 277		长沙	5 348	6 986	8 034	9 017
	威海	3 335	5 486	7 117	8 823	吉林	白城	1 051	1 989	2 775	3 655
山西	大同	776	1 153	1 418	1 682		通化	2 909	3 997	4 720	5 414
	太原	1 205	1 865	2 343	2 830		延吉	1 229	1 916	2 416	2 926
	五寨	1 036	1 606	2 019	2 439		长春	1 773	2 550	3 084	3 609
	运城	1 562	2 288	2 793	3 294	陕西	安康	2 649	3 682	4 373	5 041
	长治	1 600	2 304	2 788	3 263		汉中	2 820	4 061	4 914	5 751
海南	海口	9 797	14 367	17 550	20 704		陇县	1 490	2 264	2 817	3 375
	三亚	8 044	12 063	14 909	17 759		延安	1 546	2 243	2 725	3 200
	西沙	9 823	16 467	21 572	26 961		榆林	1 075	1 709	2 177	2 659
河北	保定	1 859	3 246	4 345	5 527	上海	宝山	4 185	6 066	7 365	8 644
	承德	1 598	2 233	2 660	3 074	四川	巴中	5 239	7 711	9 438	11 151
	石家庄	1 858	3 215	4 282	5 426		都江堰	4 417	6 376	7 725	9 052
	邢台	1 888	3 355	4 530	5 806		甘孜	884	1 126	1 278	1 418
	张家口	892	1 382	1 737	2 098		攀枝花	3 153	4 264	4 992	5 687
河南	安阳	2 262	3 746	4 876	6 063		宜宾	4 059	5 970	7 304	8 627
	三门峡	1 571	2 249	2 713	3 168	天津	天津	2 172	3 370	4 240	5 126
	信阳	4 906	7 546	9 449	11 379	西藏	察隅	1 397	2 123	2 643	3 167
	郑州	2 433	3 640	4 492	5 345		改则	137	285	418	574

站名		重现期年降雨侵蚀力				站名		重现期年降雨侵蚀力			
		2年一遇	5年一遇	10年一遇	20年一遇			2年一遇	5年一遇	10年一遇	20年一遇
西藏	拉萨	702	985	1 177	1 362	江苏	东山	3 996	5 363	6 256	7 103
	林芝	1 096	1 515	1 794	2 064		灌云	4 215	6 188	7 564	8 928
	隆子	250	402	516	633		南京	4 423	6 440	7 838	9 219
	那曲	459	674	825	974		徐州	3 881	5 331	6 294	7 218
	聂拉木	1 096	2 014	2 770	3 603	江西	龙南	5 956	8 044	9 413	10 718
	日喀则	814	1 153	1 384	1 608		庐山	9 969	15 037	18 640	22 259
新疆	阿克苏	72	152	225	310		南昌	7 032	9 658	11 400	13 073
	阿勒泰	105	201	283	374		上饶	7 644	10 480	12 359	14 162
	哈密	48	76	96	117	云南	大理	3 783	4 858	5 536	6 167
	和田	46	76	98	122		昆明	3 324	4 601	5 454	6 276
	喀什	87	165	230	303		丽江	2 678	3 469	3 971	4 440
	克拉玛依	79	150	210	278		腾冲	4 550	5 636	6 303	6 913
	库尔勒	75	152	220	299		昭通	1 624	2 311	2 779	3 235
	若羌	98	220	335	473	浙江	杭州	5 107	6 867	8 016	9 109
	塔什库尔干	48	91	126	166		衢州	6 635	9 172	10 864	12 494
	吐鲁番	24	36	44	51		瑞安	6 721	9 334	11 082	12 770
	乌鲁木齐	299	554	764	997		嵊泗	3 593	5 180	6 271	7 344
						重庆	奉节	4 182	5 417	6 200	6 932
							沙坪坝	4 116	5 606	6 589	7 529

采用克里金插值方法，得到以上重现期年降雨径流侵蚀力的空间分布图。由于篇幅所限，此处仅分析10年一遇年降雨径流侵蚀力空间分布特征。774个站点中，最低值出现在青海小灶火，10年一遇年降雨径流侵蚀力为35MJ·mm·hm^{-2}·h^{-1}·a^{-1}，最高值出现在广西东兴，为33 063MJ·mm·hm^{-2}·h^{-1}·a^{-1}。10年一遇年降雨径流侵蚀力的空间分布表现出大致从东南向西北方向逐渐递减的趋势，大部分地区变化于50~20 000MJ·mm·hm^{-2}·h^{-1}·a^{-1}之间。广西和广东南部沿海地区在15 000MJ·mm·hm^{-2}·h^{-1}·a^{-1}以上。华南大部、江南中东部、江南西部局部地区、四川西部局部地区变化于10 000~15 000MJ·mm·hm^{-2}·h^{-1}·a^{-1}之间。西南地区东南部、江淮、江汉、黄淮、华北东部、东北南部局部地区变化于4000~10 000MJ·mm·hm^{-2}·h^{-1}·a^{-1}之间，其中四川东部和南部各有一个高值中心，10年一遇年降雨径流侵蚀力高达8000MJ·mm·hm^{-2}·h^{-1}·a^{-1}以上。西藏南部、西北中部、内蒙古中东部、四川西部、新疆西北部局部地区变化于1000~4000MJ·mm·

$hm^{-2} \cdot h^{-1} \cdot a^{-1}$。西藏中部、内蒙古中部地区、新疆西北部局部地区变化于 $400 \sim 1000 MJ \cdot mm \cdot hm^{-2} \cdot h^{-1} \cdot a^{-1}$，乌鲁木齐地区出现一个 $800 MJ \cdot mm \cdot hm^{-2} \cdot h^{-1} \cdot a^{-1}$ 以上的高值中心。西藏西北部和新疆大部地区变化于 $200 \sim 400 MJ \cdot mm \cdot hm^{-2} \cdot h^{-1} \cdot a^{-1}$。其余地区在 $200 MJ \cdot mm \cdot hm^{-2} \cdot h^{-1} \cdot a^{-1}$ 以下。

第3章 | 土壤可蚀性因子

3.1 土壤可蚀性研究概述

3.1.1 土壤性质对土壤可蚀性的影响

土壤是指地球表面的疏松物质。它具有一定的结构，由固态、液态和气态物质组成，能为植物生长提供水、肥、气、热等肥力，由此区别于地表风化物或岩石。当三亿五千万年前原始动植物在地球上出现的时候，维持它们生命的"土壤"形成过程也随之开始，成土速度大约是 0.03mm·a^{-1}（Chamberli，1908），或 0.025～0.083mm·a^{-1}（Bennett，1939），不同地区有差异。土壤通过提供食物、纤维、木材、建筑场地和材料等，成为大自然馈赠给人类的宝贵资源。在人类利用过程中，常引起土壤侵蚀，使其不断被破坏和消耗，不合理的土地利用造成的土壤流失速度远大于其形成速度。

其他条件相同的情况下，不同土壤抵抗侵蚀的能力不同，换句话说，不同土壤对侵蚀的敏感性不同。如美国 Rossmoyne 壤土和 Morley 黏土坡度均为 9%，人工模拟降雨 127mm 造成的土壤流失量分别为 112t·hm^{-2}和 22t·hm^{-2}，前者是后者的 5.1 倍（Wischmeier and Mannering，1969）。早在 1930 年，美国土壤学家 Middleton 就提出侵蚀性（erosive soils）和非侵蚀性（non-erosive soils）土壤，用反映土壤理化性质决定的侵蚀比例（erosion ratio）指标区分二者。Cook（1936）在总结水蚀影响因素时，提出用土壤可蚀性（erodibility）度量土壤对侵蚀的抵抗能力或敏感性，指出影响土壤可蚀性的主要性质有：土壤团聚状态或结构、土壤湿度、土壤密度或压实状况、土壤化学成分和生物条件。土壤对侵蚀产生影响主要通过两种方式：一是土壤是否容易被雨滴和径流分离和输移，二是土壤是否容易入渗从而减少径流的产生。

对侵蚀影响最重要的土壤性质指标是土壤质地。组成土壤的矿物质颗粒差别很大，按粒径大小可划分为不同的粒级，各粒级组合在一起表现的土壤粗细状况就是土壤质地，又称土壤机械组成。粒级划分标准虽有不同，但按照粒径由小到大可分为黏粒、粉粒、砂粒、砾石和石块，每一粒级内部又可进一步细分。主要粒级标准有四种：中国、威廉-卡庆斯基（苏联）制、国际制和美国制。各种标准对黏粒、粉粒、砂粒、砾石和石块 5 个大类的划分有所差异，每类内部更为细致的划分标准也有所不同。本书仅对黏粒、粉粒、砂粒、砾石和石块的划分标准加以区分（表 3-1）。目前较为广泛使用的是国际制和美国制。根据各种粒级在土壤中所占相对比例或质量分数，将土壤质地划分为不同的类型。由于粒级分级标准不同，亦产生了不同的土壤质地分类标准。国际制和美国制均按黏粒、粉粒和砂粒的质量分数，将土壤质地划分为黏土、黏壤土、壤土和砂土 4 类 12 级。可以表示为等边三角形（图 3-1）：三个边分别为黏粒、粉粒和砂粒的质量相对百分数。根据这三个粒级实际的相对含量百分数，即可从三角图中查出土壤质地名称。苏联制是按物理性黏粒（<0.01mm）和物理性砂粒（>0.01mm）的质量分数划分为黏土、壤土和砂土 3 类 9 级。我国（南京土壤所，1978）拟定的土壤质地分类方案按黏粒、粉粒和砂粒的质量分数，划分为黏土、壤土和砂土 3 类 11 级。一般来说，黏粒（≤0.002mm）含量高的土壤，抵抗雨滴和径流的分离能力强，可蚀性低；砂粒含量高的土壤，虽然抵抗分离的能力弱，但入渗能力强，可蚀性也低。单纯从土壤质地看，中等质地尤其是粉粒含量高的土壤，既容易被分离，又容易形成径流，可蚀性最大。土壤质地或土壤剖面的质地构成通过影响土壤的入渗能力而影响径流产生，进而影响土壤可蚀性。如某种土壤靠近表土层以下有黏盘层时，会减小入渗增加土壤可蚀性。如果这种土壤是砂质，除下伏黏盘层减小入渗外，砂质土壤更容易被雨滴或径流分离，因而更容易遭受侵蚀。

表 3-1　不同分级标准的黏粒、粉粒、砂粒、砾石和石块粒径标准　（单位：mm）

分类标准	黏粒	粉粒	砂粒	砾石	石块
中国	<0.005	0.005 ~ 0.05	0.05 ~ 1	1 ~ 10	10 ~ 100
威廉–卡庆斯基制（苏联）	<0.001	0.001 ~ 0.05	0.05 ~ 1	1 ~ 3	3 ~ 100
国际制	<0.002	0.002 ~ 0.02	0.02 ~ 2	2 ~ 20	20 ~ 100
美国制	<0.002	0.002 ~ 0.05	0.05 ~ 2	2 ~ 75	75 ~ 100

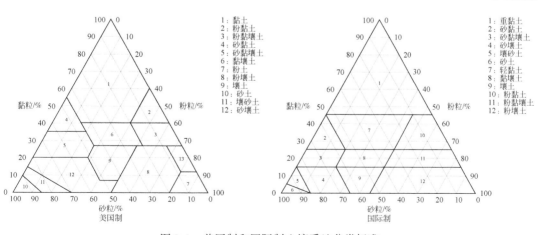

图 3-1　美国制和国际制土壤质地分类标准

  土壤有机质含量是影响侵蚀的重要化学指标之一。它主要从以下几方面发挥作用：一是容易形成水稳性团粒，影响土壤结构，增加土壤孔隙度和入渗能力；二是良好的团粒结构使土壤持水能力增加，减少径流；三是提供更好的肥力维持植物生长，保护土壤。土壤其他化学性质通过影响土壤物理性质或植被生长，直接或间接影响侵蚀。其中最为重要的指标是硅铝铁率，反映风化程度。一般来说，风化程度高的土壤较风化程度低的土壤更容易遭受侵蚀（Bennett，1926）。土壤颗粒很少呈单粒存在，而是通过相互作用聚积形成大小不同、形状各异的团聚体，这些团聚体的组合排列方式称为土壤结构。不同土壤或同一土壤的不同土层会有不同的土壤结构。土壤结构主要依据土壤团聚体大小及其形态划分，有不同的划分标准。一般包括：单粒状、粒状、块状、柱状、片状和大块状等。土壤结构在很大程度上是土壤质地、有机质含量和其他化学成分相互作用的结果（Bennett，1939），因此对土壤侵蚀有重要影响。但这种影响很难直接测量，往往采用相关指标分析，如分析土壤的分散性和团聚性：水稳性团聚体含量大的土壤更能抵抗侵蚀，因为输移团聚体需要的水流能量要大于输移单粒，非团聚体也更容易被分散和输移。

  土壤理化性质彼此关联，分析某一土壤理化指标对土壤侵蚀的影响，就会与其他指标产生交互作用。Wischmeier 和 Mannering（1969）对 55 种土壤采用人工模拟降雨方法测定土壤可蚀性时，首先分析了单一土壤理化指标与土壤流失量、含沙量、径流量和入渗量的相关关系（表3-2）；然后利用逐步回归方法，建立土壤可蚀性与土壤表层理化组合指标的回归方程（表3-3），并利用天然降雨测定的土壤可蚀性对该方程进行了验证。在选用的 14 个土壤指标中，与上述变量相关系数均超过 0.4 的指标是悬移质百分比和有机质；均超过 0.2 的指标是粉粒和砂粒含量百分比；黏粒比值和团聚体指数指标与土壤流失量和径流的相关系数均超过 0.2，但与含沙量和入渗的相关系数较低；耕层下土壤酸度增加和土壤结构指标与土壤流失量和含沙量的相关系数均超过 0.2，但与径流和入渗的相关系数较低；pH 指标与径流和入渗的相关系数均超过 0.2，但与土壤流失量和含沙量的相关系数较低。最终选择了 24 个组合指标建立土壤可蚀性的回归方程。从选择的组合指标看，黏粒百分比与有机质百分比的乘积指标和砂粒百分比与有机质百分比的乘积指标相关系数最高，分别为 0.66 和 -0.63，二者对可蚀性的作用相反。相关系数超过 0.5 的有 3 个组合指标：砂粒百分比与团聚体指数乘积、粉粒百分比与 pH 乘积、耕作层以下的酸度增加。

表 3-2 土壤理化指标与土壤入渗和侵蚀的相关系数

土壤理化指标	土壤流失量	含沙量	径流量	入渗量
悬浮百分比	0.49	*	0.59	*
有机质含量	-0.48	-0.40	-0.49	0.48
粉粒百分比含量	0.44	0.35	0.40	-0.38
坡度	0.32	0.41	-0.01	0.07

土壤理化指标	土壤流失量	含沙量	径流量	入渗量
砂粒百分比含量	−0.30	−0.26	−0.25	0.32
黏粒百分比含量	−0.31	−0.17	−0.35	0.07
土壤团聚度	−0.24	−0.14	−0.34	*
耕层以下酸度增加	0.23	0.29	0.12	−0.06
坡形	−0.23	−0.23	−0.10	0.18
土壤结构	0.23	0.26	0.01	0.02
磷含量	−0.21	*	*	*
近三年耕作	−0.19	−0.06	−0.26	0.25
pH	−0.15	0.00	−0.26	0.29
翻地日期	−0.13	0.05	−0.18	0.17
颗粒物厚度	−0.12	−0.09	−0.08	0.06
钾含量	−0.10	*	*	*
5～10cm 土壤容重	0.08	0.05	0.10	−0.13
到稳定层的深度	−0.05	−0.04	−0.04	−0.06

＊未计算。

资料来源：Wischmeier and Mannering，1969

表 3-3　土壤理化组合指标与土壤可蚀性回归分析结果

变量	指标	回归系数	r	变量	指标	回归系数	r
X_1	粉粒%/有机质%	0.62	0.66	X_{13}	土壤团聚度	−21.5	−0.37
X_2	粉粒%×pH＊	0.043	0.53	X_{14}	前期土壤湿度	−0.18	−0.02
X_3	粉粒%×紧实度＊	−0.07	0.06	X_{15}	耕层以下酸度增加＊	1.00	0.52
X_4	粉粒%×砂粒%	0.0082	−0.22	X_{16}	结构＊	5.40	0.05
X_5	砂粒%×有机质%	−0.1	−0.63	X_{17}	紧实度	4.40	−0.03
X_6	砂粒%×土壤团聚度	−0.214	−0.54	X_{18}	耕层以下结构变化＊	0.65	0.13
X_7	黏粒比例	1.73	−0.37	X_{19}	颗粒物厚度	−0.39	0.13
X_8	黏粒比例×粉粒%	−0.0062	0.0006	X_{20}	脆弱层到稳定层的深度	0.043	0.05
X_9	黏粒比例×有机质%	−0.26	−0.46	X_{21}	黄土=1，其他=0	−2.82	0.36
X_{10}	黏粒比例/有机质%	−2.42	0.002	X_{22}	钙离子=1，其他=0	3.3	−0.30
X_{11}	黏粒比例×土壤团聚度	0.3	−0.44	X_{23}	有机质%×到稳定层的深度	3.29	−0.49
X_{12}	黏粒比例/土壤团聚度	−0.024	0.15	X_{24}	pH ×结构	−1.38	0.05

＊用代码表示。

资料来源：Wischmeier and Mannering，1969

3.1.2 土壤可蚀性研究方法综述

1. 土壤理化性质测定法

与土壤可蚀性相关的土壤理化性质主要包括：土壤的硅铁铝率、土壤浸湿热、分散率、侵蚀率、颗粒组成、渗透速度、悬浮率、膨胀系数，以及团聚体总量、团聚状况、团聚度等。Bennent（1926）研究了土壤硅铁铝率与土壤侵蚀的关系，认为硅铁铝率小于 2 者为脆性土，不易侵蚀；大于 2 者为塑性土，易侵蚀。Middletton（1930）提出土壤浸湿热的大小与土壤侵蚀率的高低成正比。浸湿热是指土粒遇水后放出的热量。土粒表面愈大放热愈多，土粒表面愈小放热愈少。即黏质土易蚀，砂质土耐蚀。他又提出用侵蚀率来判断土壤易蚀程度，认为侵蚀率大于 10 者易蚀，小于 10 者不易侵蚀。侵蚀率是土壤分散率除以胶体含量与水分当量之比。Bouyoucos（Hadson，1995）提出比率"（砂粒% + 粉粒%）/黏粒%"，认为该比率与土壤可蚀性成正比。Peel（1937）将土壤入渗率考虑在内，用径流小区资料分析了土壤物理性质对土壤侵蚀的影响，认为渗透率、悬浮率和分散率是判断土壤可蚀性的较好指标。朱显谟等（1954）测定了土壤膨胀系数及分散速度与侵蚀的关系，认为土体的易分散性和抗蚀力与吸水后膨胀的大小有关，一般吸水后膨胀愈大者，愈易分散；膨胀较小者，不易分散或其流失量也较少。并指出土壤的透水性能也是影响土壤侵蚀的主要原因。朱显谟（1960）用静水崩解法的结果，提出土体在静水中的崩解情况可以作为土壤抗冲性的主要指标之一。田积莹和黄义端（1964）对黄土高原子午岭地区不同植被下 8 个土壤剖面的土壤物理性质进行了研究，分析了土壤团聚体总量、1 ~ 10mm 团聚体量、团聚状况、团聚度、团聚体分散度以及分散率和侵蚀率，认为这些物理性质可作为土壤抗侵蚀性能的指标。

2. 仪器测定法

这类方法是用水滴或水流直接冲刷土样或土体测定土壤可蚀性。如古萨克抗冲槽、索波列夫抗冲仪、威廉斯基的滴水器、奥尔德曼的试验装置以及我国蒋定生设计的抗冲槽等。Elision（1947）认为侵蚀动力是由分离能力和搬运能力两个相互独立的因素组成，土壤可蚀性也可分为土壤可分离性和土壤可搬运性两个方面来描述。他认为细砂土、壤土、黏土的可分离性依次减小，而可搬运性依次增高。大多数砂土和黏土的可蚀性小，是因为砂土难以搬运，而黏土难以分离。Gussak（1946）设计了一个快速测定土壤可蚀性的仪器，在我国将其称为古萨克抗冲槽。该仪器是在不同流速下，测定每冲走 100cm^3 土壤所需要的水量，以此作为土壤抗冲性指标。同时他认为各种土壤对流速的敏感性差异很大。

Mccalla 和 Rai 等用单个水滴测定土壤可蚀性（Hadson，1995）。Alderman（1956）设计了一种土壤可蚀性测定装置。他通过测定垂直喷咀喷出的水流在没入水中的土壤上产生的土坑大小来描述土壤可蚀性。索波列夫用喷射水柱冲刷土壤剖面所产生的土坑大小来测定土壤可蚀性（唐克丽，1961）。朱显谟（1960）认为水冲穴的深浅在一定程度上可以反映土体抵抗雨滴打击和地面径流的冲击破坏作用的强弱。他曾于 1955 年在晋西地区采用索波列夫装置，分别用 0.5 和 1 个大气压的股水进行试验，所得结果大体上与土体在静水中崩解的情况一致。唐克丽（1961，1964）从土壤物理、力学、化学、黏土矿物构成、微结构等性质，研究了土壤侵蚀的发生发展过程与抗蚀性能的机理。Subhashchandeler（1978）设计了实验室测定土壤相对可蚀性的仪器，用侵蚀系数判断土壤可蚀性大小，并推导出侵蚀系数（k）的计算公式：

$$k = (2.303/t) \cdot \lg(X/(X-x)) \tag{3-1}$$

式中，X 是侵蚀前土壤样品重量；x 是侵蚀后土壤样品重量；t 是侵蚀历时。

经分析得出侵蚀系数与侵蚀率、分散率、黏粒率等相关性较好。蒋定生（1978）设计了原状土冲刷水槽，测定了黄土地区农、林、草下的土壤抗冲性，提出抗冲力指标和分级，认为单位水量（在相同坡度和流量下）所冲走的土量可以作为评价土壤抗冲性的指标，并将土壤抵抗流水冲刷的能力分为四个等级。窦保璋（1978）用蒋定生设计的土壤冲刷槽，对黄绵土在不同土地利用条件下的土壤进行测定，得出与蒋定生类似的结论。他将抗冲强度规定为标准条件下（坡度 20°、流量为 1.0L · min⁻¹）每冲走单位重量（1.0g）土壤所需要的水的重量。黄义端（1981）认为在评价土壤抗蚀性和抗冲性方面，一般来说，土壤的分散率、侵蚀率、分散系数、团聚度等均可反映土壤抵抗水的分散及其悬浮能力，故可作为土壤抗蚀性能的指标。土层的松紧度、厚度及土块在水中的崩解和冲失情况可反映土体抵抗径流冲刷的能力，故可作为土壤抗冲性指标。史德明等（1983）测定了抗蚀性和抗冲性，认为抗蚀性的大小可用土壤团聚体的分散性或水稳性指数（K）间接表示。余新晓和陈利华（1987）用 Subhashchandler 设计的可蚀性实验装置，测定了甘肃省泾川县官山林场不同地类土壤的侵蚀系数，认为影响土壤抗蚀性的因素主要是土壤物理（包括结构）特征。李建牢和刘世德（1987）用单个水滴打散 0.7～1cm 土粒所需要水滴数作为指标，评价了天水罗玉沟的土壤抗蚀性。李勇等（1990）用蒋定生设计的抗冲槽法，测定了陕西宜川县人工油松林和部分草本植物下的土壤抗冲性，结果认为，林草根系对土壤抗冲性能有明显的提高作用，而且这种作用随雨强的增大而减小。蒋定生等（1995）提出可冲刷性系数 $C = Q \cdot t/W$，Q 为冲走 W 克土壤所需要的水量，t 为冲走 W 克土壤所需要的时间。同时指出，可冲刷性系数 C 受土壤、地面坡度、降水特性、生物因素等诸多因素的影响，是一个动态参数。

3. 径流小区测定法

Olson 和 Wischmeier（1963）用单位降雨侵蚀力在标准小区上引起的土壤流失量为指标评价土壤可蚀性。计算了 8 个休闲地和 20 个作物地径流小区的土壤可蚀性，并将此作为土壤可蚀性的基本标准。这一定义使不同气候区、不同时间侵蚀资料确定的土壤可蚀性可以进行直接比较。此外，这种方法是以土壤流失资料为依据，同时考虑了降雨侵蚀力，并将其他侵蚀因子限制在同等条件下，因此用该指标能直接估算土壤流失量，这也是研究土壤可蚀性的最终目的。正是基于此，美国的土壤可蚀性定量标准是建立在径流小区观测资料基础之上。我国杨艳生和史德明（1982）、金争平和史培军（1992）、张宪奎等（1992）、周佩华和武春龙（1993）、吴普特等（1993）、陈明华和黄炎和（1995）、史学正和于东升（1995）用不同地区径流小区资料对土壤可蚀性进行了分析计算。但由于小区的状况差异甚大，计算标准各不相同，不能进行比较。周佩华等（1997）把单位径流深所引起的侵蚀模数作为土壤抗冲性指标，认为土壤抗冲性随坡度的增加而减小，并随土地利用的不同而不同。

4. 数学模型和图解法

这种方法通过分析大量的径流小区实测资料和人工降雨模拟实验资料与土壤基本理化性质求回归方程或制诺谟图。然后，用所得方程或诺谟图估算没有实测资料的土壤可蚀性。该方法的优点是土壤理化性质的测定比较方便，费用少，方法成熟，并且所得的土壤可蚀性稳定，多数情况下趋于多次降雨实验的平均值。Wischmeier 和 Mannering（1969）用人工模拟降雨法测定了 55 种土壤的土壤可蚀性，选定 13 个土壤特性指标，采用 24 个统计量与土壤可蚀性求回归。Wischmeier 等（1971）选用粉粒与极细砂粒含量、砂粒含量、有机质含量、结构和入渗 5 项土壤特征指标，与土壤可蚀性因子 K 值作出土壤可蚀性诺谟图。同时可用公式计算土壤可蚀性，并应用于 USLE 中（Wischmeier and Smith，1978）。RUSLE（Renard et al.，1997）进一步给出温带地区的中质地土壤、热带地区的火山灰土壤（EI- Swaify and Dangler，1976）、含有 2∶1 型晶架结构类黏土矿物的土壤（Young and Mutchler，1977；Römkens et al.，1977）及不属于上述任何一种土壤的可蚀性计算公式（Shiriza and Boersma，1984）。各种公式详见 3.3 节。

5. 水动力学模型实验求解法

随着对土壤侵蚀机理研究的不断深入及生产实际的具体要求，侵蚀预报模型得到不断发展。从 20 世纪 80 年代开始，美国着手发展了新一代土壤水蚀预报模型，简称 WEPP 模型（water erosion prediction project）。由于模型的需要，将土壤可蚀性进一步划分为细沟间可蚀性（k_i）、细沟可蚀性（k_r）和土壤临界剪切力（τ_c）。为了得到这 3 个参数，1987 年和 1988 年在美国 24 个州做了 2 年人工模拟降雨和放水冲刷试验，但结果并不理想（Laflen et al.，1991）。因为试验得到的土壤流失量难以区分是分离的结果还是搬运的结果。目前将土壤分为砂土（砂粒含量大于等于 30%）和黏土（砂粒含量小于 30%）两组，用 6 个简单的公式分别推算 k_i、k_r 和 τ_c。

综上所述，土壤可蚀性的研究方法分为 5 种类型，也大致相当于 5 个研究阶段。前两个阶段只能作为对土壤特性的研究，没有将可蚀性指标与土壤侵蚀直接联系起来，所得结果只是不同类型土壤对侵蚀敏感性某种程度的反映。而且指标值随试验设计有明显差异。比如抗冲槽在两个不同流量下得出完全相反的结论。所以不能用于侵蚀预报。后三种方法能直接用于侵蚀预报，其中第三种方法是基础，但实验费用很高。第四种方法测定容易，所得结果也比较稳定，便于应用。第五种方法用于土壤侵蚀过程模型，但方法还不够成熟，有待于进一步研究。

土壤可蚀性研究应该服务于土壤侵蚀规律认识、土壤侵蚀定量预报、指导水土保持实践。需要指出的是，土壤可蚀性是一种土壤特性。虽然在测定过程中它与坡度、降雨和土地利用等因素有一定的交互作用，但绝不随这些因素的变化而变化。因为坡度、降雨和土地利用可有无穷多，如果认为土壤可蚀性随它们的变化而变化，土壤可蚀性也有无穷多，既然有无穷多，也就等于没有这一特征值。从目前的五种研究方法看，第一种方法没有建立与土壤侵蚀的定量关系，不能用于侵蚀预报。第二种方法比第一种方法有所进步，直接用水冲刷土壤。但 20 世纪 40 年代古萨克就已经指出：同样两种土壤，在不同的流量下，抗侵蚀性大小可有相反的排序。第三种方法能直接测定出一定降雨侵蚀力下的土壤侵蚀量，所以它能真正说明土壤对侵蚀动力的敏感程度，可直接用于侵蚀量预报，是目前测定土壤可蚀性的标准方法。第四种方法是第三种方法的继续，是应该加强的研究领域。第五种方法能从水动力原理上很好地反映土壤对侵蚀的影响作用，但必须和土壤侵蚀物理模型同时研究。

土壤侵蚀经验模型仍然是今后相当长一段时间内水土保持规划的主要工具，目前的物理模型或过程模型还不能代替经验模型。直接为经验模型定义土壤可蚀性和确定可蚀性指标，对建立模型非常重要。我国的土壤可蚀性研究工作应该以天然降雨的单位降雨侵蚀力在标准小区上引起的土壤流失量作为土壤可蚀性指标。标准小区可选定为 9% 坡度、22.13m 坡长、5m 宽的清耕休闲地，确保原始土壤剖面不受扰动，如果达不到坡度和坡长标准，需在计算时修订。小区每年按传统方法准备成苗床，每年春天翻耕 15~20cm 深，并按当地习惯中耕，一般中耕 3~5 次，保持没有明显杂草生长（盖度小于 5%）或结皮形成。在这种条件下得到的土壤可蚀性值是土壤可蚀性的基本标准，应在该条件下对我国主要土壤进行测定，得到一组基础数据，作为参照和对比的土壤可蚀性标准数据。

由于仅依靠天然降雨小区测定土壤可蚀性花费时间长且费用昂贵，为了得到更多的土壤可蚀性值，还可利用人工模拟降雨试验加以补充。上述标准小区对人工模拟降雨试验来说偏大，应进一步研究选用较小的微小区。这就需要研究标准小区与微小区、人工降雨与天然降雨等的关系。此外，由于测定永远是有限的，还需研究土壤可蚀性与土壤理化性质的关系，得出用土壤理化性质推求土壤可蚀性的公式。

3.2 径流小区观测土壤可蚀性

3.2.1 观测与计算方法

Cook（1936）提出土壤可蚀性的概念时，建议采用简单快速的田间控制实验确定，用标准水流和标准小区人工模拟降雨试验得到的土壤流失量，作为土壤可蚀性测量指标，或称为可蚀性指数（erodibility index），进而建立其与土壤性质之间的关系。在 USLE 提出之前，Musgrave（1947）、Smith 和 Whitt（1948）、Lloyd 和 Eley（1952）建立的土壤流失方程均按照这一思路，采用了相对某种标准情况下的土壤可蚀性比率值。Musgrave（1947）将 20 个地点休闲或行播玉米径流小区的土壤流失量，调整至最大 30min 雨量的 1.25 次方、9% 坡度和 72 英尺[①]坡长下的土壤流失量，采用调整后流失量与之前流失量的比值为土壤可蚀性因子。Smith 和 Whitt（1948）在密苏里州，将降雨和作物种植管理视为一致，仅对流失量进行坡度调整，采用调整后流失量与之前流失量的比值作为土壤可蚀性因子。Lloyd 和 Eley（1952）综述已有研究成果列出了 58 种土壤的可蚀性比值。

USLE 提出后，土壤可蚀性有了明确的定义，而且成为有量纲单位的可测数值。土壤可蚀性因子是指标准小区单位降雨径流侵蚀力形成的平均土壤流失量，单位 $t \cdot hm^2 \cdot h \cdot hm^{-2} \cdot MJ^{-1} \cdot mm^{-1}$。标准小区（unit plot）是指水平投影坡长 22.13m（72.6 英尺）、坡度 9%（约 5.15°）、保持连续裸露休闲状态的小区（Wischmeier and Smith，1965，1978）。对标准小区的管理要求如下：耕作清除植物至少 2 年，或待作物残茬腐烂以后；春秋按传统方法耕作，即翻耕深度 15 ~ 20cm，保持作物苗床状态；全年没有明显植物生长或结皮形成，为此需要常年中耕锄草，使植被盖度小于 5%。通过对标准小区长时间序列土壤流失量和降雨过程观测，利用下式，可以计算出土壤可蚀性：

---

① 1 英尺 ≈ 0.305m。

$$K = \left(\frac{\sum_{i=1}^{n} \sum_{j=1}^{m} A_{ij}}{\sum_{i=1}^{n} \sum_{j=1}^{m} (EI_{30})_{ij}} \right) \tag{3-2}$$

式中，K 是土壤可蚀性因子，$t \cdot hm^2 \cdot h \cdot hm^{-2} \cdot MJ^{-1} \cdot mm^{-1}$；$i=1$，2，$\cdots$，$n$ 表示观测年数；$j=1$，2，$\cdots$，m 表示某年有 m 次土壤流失；A_{ij} 是第 i 年第 j 次土壤流失量，$t \cdot hm^{-2}$；$(EI_{30})_{ij}$ 是第 i 年第 j 次产生土壤流失量的降雨径流侵蚀力，$MJ \cdot mm \cdot hm^{-2} \cdot h^{-1}$；观测土壤可蚀性时，需要注意的主要问题有：

（1）天然降雨条件下的标准小区是监测土壤可蚀性最为准确的方法，应根据土壤类型代表性及其分布布设监测土壤可蚀性的标准小区。

（2）标准小区是计算土壤可蚀性因子的比较平台。建设小区时，应以不扰动土壤剖面为原则，选取当地代表性坡度和坡长；计算土壤可蚀性值时，将坡度和坡长修订至标准小区的坡度和坡长即可。如果为达到可蚀性定义规定的坡度而破坏了土壤剖面，就失去了监测土壤可蚀性的意义。

（3）为了获得稳定可靠的土壤可蚀性因子值，应进行长时间序列观测。由于不断遭受侵蚀，若小区土壤的石砾增多时，需要重新修建可蚀性小区。

（4）可蚀性小区必须保持裸露并按当地大田耕作方式准备苗床、中耕除草、消除结皮等，否则会影响观测精度。

如果裸地小区的坡度和坡长不是定义所规定的9%和22.13m，计算 K 时要进行坡度和坡长修正，公式如下：

$$K = \left(\frac{\sum_{i=1}^{n} \sum_{j=1}^{m} A_{ij}}{\sum_{i=1}^{n} \sum_{j=1}^{m} (EI_{30})_{ij}} \right) \cdot \frac{1}{L \cdot S} \tag{3-3}$$

式中，L 和 S 分别是径流小区的坡长和坡度因子，无量纲，计算方法参照第4章。

如果裸地小区布设少，可用农地小区观测结果进一步通过耕作措施因子 T 值修正，公式如下：

$$K = \left(\frac{\sum_{i=1}^{n} \sum_{j=1}^{m} A_{ij}}{\sum_{i=1}^{n} \sum_{j=1}^{m} (EI_{30})_{ij}} \right) \cdot \frac{1}{L \cdot S \cdot T} \tag{3-4}$$

可蚀性标准小区坡长和坡度规定主要依据美国 20 世纪 20～40 年代水土保持试验站径流小区特征，主体坡长为 72.6 英尺，坡度范围中值为 9%（Olson and Wischmeier，1963）。该规格源于 1917 年 Miller 及其同事在美国密苏里大学布设的径流小区。他们采用 6 英尺宽，面积 80 英亩分之一的矩形小区。6 英尺宽代表了行播玉米二行宽度，面积和宽度确定后，水平投影坡长为90.75英尺。后来美国的水土保持试验站大部分径流小区面积采用0.01英亩以方便计算，宽度不变，坡长变为72.6英尺（Meyer，1984）。Olson和Wischmeier（1963）利用这些试验站径流小区观测数据，计算了22种土壤的可蚀性（表3-4）。小区坡度范围5%~19%，坡长范围18.2~145英尺，大部分为72.6英尺。其中，5种土壤是裸地小区观测结果（表3-4），15种土壤是农地小区观测结果（表3-5），2种土壤既有裸地小区又有农地小区观测。计算裸地小区 K 值时进行了坡度和坡长修正。计算农地小区 K 值时，除进行坡度和坡长修正外，还进行了耕作措施因子修正。如90英尺、5%坡度小区的 LS 值为0.5。玉米与牧草轮作小区播种6周后的耕作措施因子值为0.17。横坡种植（等高耕作）的玉米小区耕作措施因子值为0.5。

表3-4　美国主要土壤裸地小区土壤可蚀性观测结果

地点	土壤	资料年限	坡度/%	坡长/m	K 值/（ton · acre · h · 100ft^{-1} · tonf^{-1} · acre^{-1} · in^{-1}）	K 值/（t · hm^2 · h · hm^{-2} · MJ^{-1} · mm^{-1}）
Aront, N. Y.	Bath flaggy sil.	8	19	72.6	0.02	0.0026
Aront, N. Y.	Bath flaggy sil.	8	19	72.6	0.05 *	0.0066
Clemson, S. C.	Cecil sl.	3	7	18.2	0.28†	0.0370
Marcellus, N. Y.	Honeoye sil.	3	18	72.6	0.28	0.0370
Geneva, N. Y.	Ontarlo l.	8	8	72.6	0.27	0.0356
LaCrosse, Wis.	Fayette sil.	6	16	72.6	0.38	0.0502
Bethany, Mo.	Shelby l.	10	8	72.6	0.53	0.0700
Geneva, N. Y.	Dunkirk sil.	8	5	72.6	0.69	0.0911

* 大于5cm的石块筛掉；† 两个小区的平均值。

资料来源：Olson and Wischmeier, 1963

表3-5　美国主要土壤农地小区土壤可蚀性观测结果

地点	土壤	年	坡度/%	坡长/m	K 值/（ton · acre · h · 100ft^{-1} · tonf^{-1} · acre^{-1} · in^{-1}）	K 值/（t · hm^2 · h · hm^{-2} · MJ^{-1} · mm^{-1}）
Aront, N. Y.	Bath flaggy sil.	31	19	72.6	0.02	0.0026
Beemerville, N. J.	Albia gl.	12	16	70.0	0.03	0.0040
Marlboro, N. J.	Freehold ls.	85	3~4	70	0.08	0.0106
Tifton, Ga.	Tifton ls.	65	3	83	0.10	0.0132
Marcellus, N. Y.	Honeoye sil.	33	4~19	72.6	0.18	0.0238
Guthrie, Okla.	Zaneisfsl.	53	8	72.6	0.22	0.0290
Watkinsville, Ga.	Cecil sl.	55	3	105	0.23	0.0304
Clemson, S. C.	Cecil sl.	24	7~8	18×66	0.25	0.0330

续表

地点	土壤	年	坡度/%	坡长/m	K 值/(ton · acre · h · 100ft^{-1} · tonf^{-1} · acre^{-1} · in^{-1})	K 值/(t · hm^2 · h · hm^{-2} · MJ^{-1} · mm^{-1})
Tyler, Tex.	Boswell fsl.	41	9	72.6	0.25	0.0330
Watkinsville, Ga.	Cecil cl.	43	11	35	0.26	0.0343
McCredie, Mo.	Mexico sil.	88	3	90	0.28	0.0370
Temple, Tex.	Austin c.	23	4	72.6	0.29	0.0383
Hays, Kans.	Manslc cl.	17	5	72.6	0.32	0.0422
Castana, Ia.	Ida sil.	17	14	72.6	0.33	0.0436
Clarinda, Ia.	Marshall sil.	57	9	72.6	0.33	0.0436
Watkinsville, Ga.	Cecil scl.	130	7	70	0.36	0.0475
LaCrosse, Wis.	Fayette sil.	48	16	72.6	0.37	0.0488
Blacksburg, Va.	Lodi l.	80	5~25	58.1	0.39	0.0515
Bethany, Mo.	Shelby l.	63	8	72.6×145	0.41	0.0541
Zanesville, O.	Keene sil.	34	8~12	72.6	0.48	0.0634

资料来源：Olson and Wischmeier, 1963

我国学者 20 世纪 80 年代开始将 USLE 引入我国，进行了土壤可蚀性观测与研究。牟金泽和孟庆枚（1983）在黄土高原选定坡长 20m、坡度 5.07° 休闲地为标准小区，根据径流小区观测结果，以 EI_{30} 为降雨径流侵蚀力指标，测定和计算了两种质地土壤的可蚀性因子值，中壤土为 0.24t · hm^{-2} ·（100J · cm · m^{-2} · h^{-1}）$^{-1}$，轻黏土为 0.17t · hm^{-2} ·（100J · cm · m^{-2} · h^{-1}）$^{-1}$。换算为国际制单位分别为 0.024t · hm^2 · h · hm^{-2} · MJ^{-1} · mm^{-1} 和 0.017t · hm^2 · h · hm^{-2} · MJ^{-1} · mm^{-1}。张宪奎等（1992）在东北黑土区将坡长 20m，坡度为 9% 休闲小区作为标准小区，根据径流小区观测结果，以 $E_{60}I_{30}$（一次降雨最大 60min 雨量对应的降雨动能 E_{60} 与该次降雨最大 30min 雨强 I_{30} 的乘积）为降雨径流侵蚀力指标，分别测定和计算了黑土、白浆土和暗棕壤的土壤可蚀性因子值，黑土为 0.026t · hm^2 · h · hm^{-2} · MJ^{-1} · mm^{-1}，白浆土为 0.031t · hm^2 · h · hm^{-2} · MJ^{-1} · mm^{-1}，暗棕壤为 0.028t · hm^2 · h · hm^{-2} · MJ^{-1} · mm^{-1}。史学正等（1997）通过布设径流小区，以 EI_{30} 为降雨径流侵蚀力指标，用田间实测法测定了紫色土、发育在红砂岩的红壤、发育在第四纪红色黏土且网纹层已出露地表的红色土的土壤可蚀性值分别为 0.0581t · hm^2 · h · hm^{-2} · MJ^{-1} · mm^{-1}、0.0578t · hm^2 · h · hm^{-2} · MJ^{-1} · mm^{-1} 和 0.0137t · hm^2 · h · hm^{-2} · MJ^{-1} · mm^{-1}。于东升等（1997）和邢廷炎等（1998）也通过径流小区观测得到了发育在不同母质下的红壤和紫色土的土壤可蚀性因子值：紫红色砂页岩发育的荒地紫色土（紫色湿润雏形土）为 0.0595（0.451）t · hm^2 · h · hm^{-2} · MJ^{-1} · mm^{-1}，红砂岩上发育的旱耕地红壤（铝质湿润淋溶土）为 0.0516（0.391）t · hm^2 ·

h·hm⁻²·MJ⁻¹·mm⁻¹，第四纪红黏土发育的、有 40 年旱耕历史的黏淀红壤（黏淀湿润富铁土）为 0.0366（0.277）t·hm²·h·hm⁻²·MJ⁻¹·mm⁻¹，花岗岩发育的准红壤（铝质湿润淋溶土）为 0.0338（0.256）t·hm²·h·hm⁻¹·MJ⁻²·mm⁻¹，红砂岩发育的荒地红壤（铝质湿润淋溶土）为 0.0306（0.232）t·hm²·h·hm⁻²·MJ⁻¹·mm⁻¹，第四纪红色黏土发育的荒地红壤（黏淀湿润富铁土）为 0.0301（0.228）t·hm²·h·hm⁻²·MJ⁻¹·mm⁻¹，第四纪红色黏土发育且网纹层已出露地表的红色土（红色湿润新成土）为 0.0137（0.104）t·hm²·h·hm⁻²·MJ⁻¹·mm⁻¹。相同土壤类型之间差异不大，变化于 0.0301 ~ 0.0366（0.228 ~ 0.277）t·hm²·h·hm⁻²·MJ⁻¹·mm⁻¹，平均值为 0.0327（0.248）t·hm²·h·hm⁻²·MJ⁻¹·mm⁻¹。而不同土壤类型的 K 值差异较大，变化于 0.0137 ~ 0.0595（0.104 ~ 0.451）t·hm²·h·hm⁻²·MJ⁻¹·mm⁻¹。他们同时用人工模拟降雨方法测定，所得结果较天然降雨测定结果偏小。杨子生（1999a）在滇东北布设径流小区测定了该区黄壤、红壤和紫色土的土壤可蚀性值。以 $E_{60}I_{30}$ 为降雨径流侵蚀力指标，坡长和坡度分别为 20m 和 5°，得到红壤的可蚀性为 0.0036t·hm²·h·hm⁻²·MJ⁻¹·mm⁻¹，黄壤的可蚀性为 0.0030t·hm²·h·hm⁻²·MJ⁻¹·mm⁻¹，紫色土的可蚀性为 0.0041t·hm²·h·hm⁻²·MJ⁻¹·mm⁻¹。比其他研究者（史学正等，1997；于东升等，1997；邢廷炎等，1998）所得结果小约一个数量级，既有采用的降雨径流侵蚀力指标不同，又有对标准小区坡度坡长规定不同，还有可能是单位转换的问题。杨子生（1999a）采用的降雨径流侵蚀力单位为 J·m⁻²，该单位制一般对应雨强为 cm·h⁻¹，但文中说明是 mm·h⁻¹，相差 10 倍。郑海金等（2010）在江西省德安县测定的红壤可蚀性为 0.0526t·hm²·h·hm⁻²·MJ⁻¹·mm⁻¹。张科利等（2007）利用全国裸地和农地小区资料，以 EI_{30} 为降雨径流侵蚀力指标，将坡长和坡度均订正为 22.13m 和 9%，计算了我国主要土壤类型的可蚀性（表3-6）。

表 3-6　我国主要土壤的可蚀性观测结果

侵蚀类型区	位置	资料年限	坡度和坡长	类型	土壤类型	K 值/(t·hm²·h·hm⁻²·MJ⁻¹·mm⁻¹)
东北黑土区	鹤山	2002 ~ 2003	9%，20m	裸地	黑土	0.038 57
	宾县	1985 ~ 1989	9%，20m	裸地	白浆土	0.021
	西丰	1980 ~ 1990	10.5% ~ 26.8%，20m	裸地	棕壤	0.009 7
北方土石山区	密云	2001 ~ 2003	26.8%，20m	裸地	粗骨褐土	0.001 8
西北黄土高原区	皇甫川	1987 ~ 1989	10.5%，20m	裸地	黄绵土	0.016 6
	子洲	1964 ~ 1967	40.4%，60.3%，20m	农地	黄绵土	0.018 6
	绥德	1956 ~ 1958	25.5%，20m	农地	黄绵土	0.023 4
	安塞	1985 ~ 1989	8.7% ~ 53.2%，20m	裸地	黄绵土	0.009 3
	离石	1957 ~ 1964	8.7% ~ 57.7%，20m	农地	黄绵土	0.015 6

续表

侵蚀类型区	位置	资料年限	坡度和坡长	类型	土壤类型	K值/$(t \cdot hm^2 \cdot h \cdot hm^{-2} \cdot MJ^{-1} \cdot mm^{-1})$
西南石质山区	遂宁	1999~2002	26.8%,20m	裸地	紫色土	0.003 5
南方红壤丘陵区	岳西	1984~1991	32.5%,36.4%,20m	裸地	黄棕壤	0.001 8
	安溪	1999~2002	24.9%,16.67m	裸地	红壤	0.007 3

资料来源：张科利等，2007

总结上述径流小区观测结果，发现相同土壤类型的 K 值差异很大，主要由以下问题引起，需要特别注意：

（1）降雨径流侵蚀力指标的选择。根据土壤可蚀性的定义，降雨径流侵蚀力指标是 EI_{30}，如果选用了新的指标，不能直接用于计算土壤可蚀性，应首先建立新指标与 EI_{30} 的转换关系，然后将小区土壤流失量与该转换值相除。如，当选择降雨径流侵蚀力指标为 $E_{60}I_{30}$ 时，它与 EI_{30} 指标的转换系数大约为 1.121，即该指标乘以 1.121 得到相当于 EI_{30} 的指标，这样计算的土壤可蚀性才具有可比性。

（2）坡度因子和坡长因子修订。根据土壤可蚀性的定义，标准小区坡度应为 9%（5.06°），坡长应为 22.13m。如果用于观测土壤可蚀性小区的坡度和坡长与此不同，应利用坡度和坡长公式将其订正到该坡度和坡长，否则计算的土壤可蚀性也不具有可比性。

（3）地表覆盖修订。根据土壤可蚀性的定义，需要在清耕休闲地观测，即小区裸露且按当地耕作管理方式顺坡耕作整地、除草、消除结皮等。如果是用农地径流小区观测，需要利用其与裸地小区相比获得的因子值进行修订。即使直接在裸地小区观测 K 值，也应确保小区按上述方式管理，否则观测值就会有很大的误差。

（4）单位换算。土壤可蚀性是单位降雨径流侵蚀力在标准小区造成的土壤流失量，国际制单位为 $t \cdot hm^2 \cdot h \cdot hm^{-2} \cdot MJ^{-1} \cdot mm^{-1}$，简化为 $t \cdot h \cdot MJ^{-1} \cdot mm^{-1}$。美制单位为 $ton \cdot acre \cdot h \cdot 100ft^{-1} \cdot tonf^{-1} \cdot acre^{-1} \cdot in^{-1}$，简化为 $ton \cdot h \cdot 100ft^{-1} \cdot tonf^{-1} \cdot in^{-1}$。将美制单位乘以 0.132 便转为国际制。此外，早期降雨径流侵蚀力曾采用以下单位：$J \cdot cm \cdot m^{-2} \cdot h^{-1} \cdot a^{-1}$，土壤流失量单位为 $t \cdot hm^{-2}$，对应的土壤可蚀性单位为 $t \cdot hm^{-2} \cdot (J \cdot cm \cdot m^{-2} \cdot h^{-1} \cdot a^{-1})^{-1}$，将其乘以 0.1 即换算为国际制单位。

3.2.2 径流小区监测的中国主要土壤可蚀性

根据我国水土保持监测网络站观测成果、已发表研究成果以及本模型观测结果等，分别计算了我国主要土壤类型的土壤可蚀性，其中裸地径流小区 10 种土壤类型（表3-7），农地径流小区 10 种土壤类型（表3-8），两种小区都有的土壤类型 7 种。共计得到 13 种土壤类型的可蚀性值。

表 3-7　我国主要土壤类型裸地径流小区观测的土壤可蚀性因子值

水蚀类型区	省份	站名	资料年限	坡度	坡长	土壤	K值/（t·hm²·h·hm⁻²·MJ⁻¹·mm⁻¹）	数据来源
东北黑土区	黑龙江	九三	30	5/8	20	黑土	0.045 84	北京师范大学实测
	黑龙江	宾县	7	15	20	黑土	0.031 08	松花江辽河水利委员会实测（沟通）
	黑龙江	宾县	6	5	20	白浆土	0.024 85	张宪奎等（1992）
	黑龙江	克山	5	5	5	黑土	0.019 7	张宪奎等（1992）
北方土石山区	北京	怀柔	4	15	20	褐土	0.019 5	刘宝元等（2010）
	北京	延庆	2	15	20	褐土	0.020 03	刘宝元等（2010）
	北京	密云	3	14.4	20	褐土	0.015	北京师范大学实测
	北京	门头沟	3	15	10	褐土	0.014	北京师范大学实测
西北黄土高原区	内蒙古	皇甫川	15	3/6/12/20/25	10	黄土	0.015 26	金争平实测数据（沟通）
	陕西	安塞	50	5/10/15/20/25/28/30	10/20/30/40	黄土	0.009	Liu 等(1994,2000)
华中黄棕壤区	安徽	歙县	4	15	20	黄红壤	0.001 29	歙县水保站（沟通）
	安徽	岳西	1	22.5	20	黄棕壤	0.008 58	操丛林和吴中能（2002）
	湖北	丹江口	3	20	20	黄棕壤	0.001 88	雍世英（2011）
西南土石山区	四川	遂宁	8	15	20	紫色土	0.004 455	何丙辉实测（沟通）
	贵州	罗甸	8	21	25	黄壤	0.005 71	朱青等（2008）
	云南	富民县	3	19.5	12	红壤	0.006 28	米艳华等（2006）
	云南	昭通	6	5	20	黄壤	0.063 83	杨子生（1999b）
	云南	东川	3	5/21	15/20	红壤	0.033 26	杨子生（1999b）
南方红壤丘陵区	江西	德安	4	12	20	红壤	0.003 14	武艺等（2008）
	江西	永修	8	8.1	20	红壤	0.002 89	何长高（1995）
	福建	安溪	3	10/14/18/22/26	17/18/19/26	赤红壤	0.003 4	周伏建等（1995）
	福建	福安	3	15	20	红壤	0.004	宁德福安水土保持站（沟通）
	福建	厦门	3	10	20	赤红壤	0.003 27	丁光敏等（2006）
	福建	福州	3	20	5	红壤	0.004 13	朱连奇等（2003）
	广东	电白	7	9	65	红壤	0.001 42	陈法扬和王志明（1992）

表 3-8 我国主要土壤类型农地径流小区观测的土壤可蚀性因子值

水蚀类型区	省份	站名	资料年限	坡度	坡长	土壤	K 值/（t·hm²·h·hm⁻²·MJ⁻¹·mm⁻¹）	数据来源
东北黑土区	内蒙古	扎兰屯	7	7	30	棕壤	0.021 4	松花江辽河水利委员会实测（沟通）
	内蒙古	扎兰屯	11	6	20	暗棕壤	0.049 0	呼伦贝尔盟水土保持中心
	内蒙古	阿荣旗	11	6/9	20	暗棕壤	0.025 9	呼伦贝尔盟水土保持中心
	内蒙古	莫旗	15	6/9	20	黑土	0.034 9	呼伦贝尔盟水土保持中心
	辽宁	阜新	3	12	30	棕壤	0.011 4	松花江辽河水利委员会
西北黄土高原区	内蒙古	皇甫川	3	6	20	黄土	0.018 9	金争平实测数据（沟通）
	陕西	绥德	35	15/22/26/28/29	10/14/20	黄土	0.012 8	黄河中游水土保持委员会（1965）
	陕西	子洲	15	22	20/40/60	黄土	0.017 9	刘宝元等（1994，2000）
	甘肃	天水	96	5/7/8/9/14/17/24	20	黄土	0.012 5	黄河中游水土保持委员会（1965）
	青海	互助	5	27	20	黑钙土	0.014 9	徐尚辉等（2007）
华中黄棕壤区	安徽	岳西	1	22.6	20	黄棕壤	0.001 73	操丛林等（2002）
	湖北	丹江口	4	15/20	20	黄棕壤	0.000 93	雍世英（2011）
	湖南	慈利	7	14/35	20	黄壤	0.002 5	刘亚云和谭敦英（1992），李锡泉等（2003）
西南土石山区	四川	南充	50	5/10/15/20/25	5/10/15/20/25/30	紫色土	0.006 2	吕甚悟等（2000）
	四川	南部	2001~2004	23.5	13.9	紫色土	0.001 75	四川观测成果汇编
	四川	简阳	1984、1986、1988	21.85	18.66	紫色土	0.008 87	四川观测成果汇编
	四川	蒲江	14	10/20	20	紫色土	0.003 055	四川观测成果汇编
	四川	岳池	8	5/10/15/20	10	紫色土	0.005 132 5	四川观测成果汇编
	四川	资阳	8	8/13	20	紫色土	0.010 32	陈一兵等（2002）

水蚀类型区	省份	站名	资料年限	坡度	坡长	土壤	K值/（t·hm²·h· hm⁻²·MJ⁻¹·mm⁻¹）	数据来源
西南土石山区	贵州	长顺	2	12	20	黄壤	0.006 67	张文安等（2000）
	云南	富民县	2	19.5	12	红壤	0.008 5	米艳华等（2006）
	云南	寻甸县	2	13.6	10	红壤	0.002 55	字淑慧等（2005）
	云南	昭通	3	12	126	紫色土	0.035 71	杨子生（1999b）
西南土石山区	云南	昭通	6	18/20	30/238	黄壤	0.032 025	杨子生（1999b）
	云南	宾川	1	21	15	红壤	0.022 67	杨子生（2002）
南方红壤丘陵区	江西	永修	7	9.9	20	红壤	0.001 37	何长高（1995）
	江苏	赣榆县	9	8	20	红壤	0.008 84	高之栋和张勇（2002）

3.3 利用土壤性质计算土壤可蚀性

3.3.1 主要计算方法简介

Wischmeier 等（1971）将基于人工降雨观测的土壤可蚀性与土壤理化性质的回归方程（Wischmeier and Mannering，1969）进一步简化为诺谟图的形式，选用粉粒与极细砂粒含量之和、砂粒含量、有机质含量、土壤结构等级和入渗等级等指标，给出以下估算公式（Wischmeier and Smith，1978）：

$$K = \frac{2.1 \times 10^{-4} \times [(P_{sl} + P_{vfs})(100 - P_{cl})]^{1.14} \times (12 - OM) + 3.25(S - 2) + 2.5(P - 3)}{100} \quad (3\text{-}5a)$$

式中，$P_{sl} + P_{vfsl}$ 是修订的粉砂（0.002~0.1mm）含量，%；P_{cl} 是黏粒（<0.002mm）含量，%；OM 是有机质含量，%；S 是土壤结构等级，分为 4 级；P 是土壤渗透等级，分为 4 级。K 的单位是美制，将其乘以 0.132，就转化为国际制单位，t·hm²·h·hm⁻²·MJ⁻¹·mm⁻¹。该公式只适用于修订的粉砂含量 $P_{sl} + P_{vfsl} \leq 68\%$ 的土壤，大于 68% 时，采用下式计算（RUSLE2）：

$$K = \frac{2.1 \times 10^{-4} \times [(P_{sl} + P_{vfs})(100 - P_{cl})]^{1.14} - 0.67 \times [2.1 \times 10^{-4} \times (P_{sl} + P_{vfs} - 68)(100 - P_{cl})]^{0.9348} \times (12 - OM) + 3.25(S - 2) + 2.5(P - 3)}{100}$$

$$(3\text{-}5b)$$

RUSLE（Renard et al.，1997）推荐了适用于不同类型土壤的可蚀性估算公式。形成于热带火山灰土壤可蚀性的估算公式为（El-Swaify and Dangler，1976）

$$K = -0.03970 + 0.00311x_1 + 0.00043x_2 + 0.00185x_3$$
$$+ 0.00258x_4 - 0.00823x_5 \tag{3-6}$$

式中，x_1 是大于 0.25mm 的非稳定团聚体含量，%；x_2 是修订的粉砂（0.002~0.1mm）含量，%；x_3 是盐饱和度，%；x_4 是粉粒（0.002~0.5mm）含量，%；x_5 是修订的砂粒（0.2~2mm）含量，%。该式是利用夏威夷火山灰土壤推导出的，用于其他热带火山灰土时应慎重。

为了解决不适宜采用诺谟图估算的土壤 K 值及土壤理化性质不易获取的困难，Shirazi 和 Boersma（1984）基于已发表的世界范围内 255 种土壤可蚀性值，提出以下估算公式：

$$K = 7.594\left\{0.0034 + 0.0405\exp\left[-\frac{1}{2}\left(\frac{\lg(D_g) + 1.659}{0.7101}\right)^2\right]\right\} \quad r^2 = 0.983$$
$$D_g = \exp\left(0.01\sum f_i \ln m_i\right) \tag{3-7}$$

式中，D_g 是几何平均粒径，mm；f_i 是第 i 级土壤粒级含量，%；m_i 是第 i 级土壤粒级上下限的算术平均值。他们利用美国 138 种土壤可蚀性值，也得出了类似的关系式：

$$K = 7.594\left\{0.0017 + 0.0494\exp\left[-\frac{1}{2}\left(\frac{\lg(D_g) + 1.675}{0.6986}\right)^2\right]\right\} \quad r^2 = 0.945 \tag{3-8}$$

式（3-7）和式（3-8）的优势是只需要土壤质地资料，且适用于任何质地分级系统，但计算精度小于直接观测或前面用多种理化性质的估算公式。应用时要进行率定。

Williams 等（1984）在 EPIC（erosion productivity impact calculator）模型中提出只用有机质含量和土壤粒级组成估算土壤可蚀性的公式：

$$K = \left\{0.2 + 0.3\exp\left[-0.0256S_a\left(1 - \frac{S_i}{100}\right)\right]\right\}\left(\frac{S_i}{C_1 + S_i}\right)^{0.3}$$
$$\times\left[1 - \frac{0.25C}{C + \exp(3.72 - 2.95C)}\right]\left[1 - \frac{0.7S_n}{S_n + \exp(-5.51 + 22.9S_n)}\right] \tag{3-9}$$

式中，S_a、S_i 和 C_1 分别是砂粒（0.05~2mm）、粉粒（0.002~0.5mm）和黏粒（<0.002mm）含量，%；$S_n = 1 - S_a/100$；C 是土壤有机碳含量，%，土壤有机质含量（%）乘以 0.58 即为土壤有机碳含量（%）。该公式实质是四部分的乘积：第一项主要反映砂粒含量影响，砂多 K 值小，砂少 K 值大；第二项反映黏粒与粉粒比例的影响，黏粒相对粉粒比例高 K 值小，反之大；第三项反映有机质的影响，有机质含量高 K 值小，反之大；第四项反映砂粒含量极高（大于 70%）时进一步减小 K 值。

目前在我国应用较广的估算公式是式（3-2）、式（3-7）和式（3-9），一般采用径流小区土壤理化性质估算 K 值（陈法扬和王志明，1992；吕喜玺和沈荣明，1992；黄炎和等，1993；林素兰等，1997；程李等，2013），或在某区域范围收集土壤属性资料，估算该区域不同土壤类型的 K 值（岑奕等，2011；史东梅等，2012；梁音等，2013；刘斌涛等，2014）。然而，已有很多研究已经表明（张宪奎等，1992；史学正等，1997；杨子生，1999a；张科利等，2007；张文太等，2009；翟伟峰等，2011），上述公式不能直接应用于我国土壤可蚀性计算，需要依据径流小区实测值建立与公式估算值之间的关系，对公式估算结果进行修订。

3.3.2 中国主要土壤可蚀性因子估算方法

在 2010～2012 年国务院组织的第一次全国水利普查土壤水力侵蚀普查中，由中国科学院南京土壤研究所组织相关科研单位，通过收集第二次全国土壤普查图及属性数据，完成了全国各省份土壤属性数据库和全国 1∶50 万土壤类型图形数据库的构建。首先利用公式估算方法，计算了全国以土属为基本单位的土壤可蚀性 K 值，实现了土属 K 值与图形数据的链接（梁音等，2013）。在此基础上，利用已发表各种观测资料和论文成果中的径流小区观测结果获得的主要土壤类型 K 值，对公式计算结果进行了修订，得到全国修订后的土属 K 值及其空间分布图。本部分内容是对这一过程的简要介绍。

1. 资料收集与处理

全国第二次土壤普查由农业部、全国土壤普查办公室组织领导，历时 16 年（1979～1994 年），共完成 2444 个县、312 个国营农（牧、林）场和 44 个林业区的土壤普查。土壤普查工作依据全国统一的调查技术规程和土壤分类系统，从县和乡的土壤详查做起，各地都编写了省级土种志。在整理、总结全国省级有关土种资料的基础上，全国土壤普查办公室编写了《中国土种志》。该书以大区为单位，分六卷，共列述了 2473 个土种，分属于 60 个土类、203 个亚类、402 个土属，具有较广泛的代表性和区域特色。在《中国土种志》中，每一土种记述内容包括：命名归属、主要性状（包括发生性状和养分状况）、典型剖面和生产性能综述 4 个部分。每个土种都有理化性状统计表和典型剖面性状表。其中典型剖面体现该土种的中心概念，起定位、定性、定量的作用，记述的内容包括剖面采样地点、地形部位、海拔、母质、植被、土地利用方式和气象指标等生境条件，以及典型剖面的形态特征（包括颜色、质地、结构、根量等）。各土种理化性状统计表和典型剖面性状表按剖面层次列出了机械组成、有机质含量、氮磷钾全量及有效量、pH、阳离子代换量和盐基饱和度等主要理化性质。普查收集了全部省份的土种志资料，包括已出版的省份（黑龙江、吉林、辽宁、陕西、内蒙古、甘肃、宁夏、江苏、河南、浙江、湖北、湖南、四川、西藏）土种志资料和全国土种志资料（《中国土种志》（第六卷））。对收集不到正式出版土种志资料的省份，采用中国科学院南京土壤研究所图书馆中保存的全国第二次土壤普查内部资料（河北、山东、江西、福建、广东、广西、海南、云南、贵州、青海、新疆等油印资料）。

基于土壤普查成果，各省份都编绘了土壤类型图，比例尺有所不同。西部地区主要是 1∶100 万，东部地区以 1∶50 万为主。收集了 31 个省份（重庆当时含在四川省内，暂无港澳台数据) 的土壤类型图: 20 个省份 1 : 50 万图, 7 个省份 1 : 20 万图 (北京、天津、上海、重庆、宁夏、黑龙江、甘肃), 5 个省份 1 : 100 万图 (广东、西藏、新疆、青海、内蒙古)。所有纸质图扫描为 TIFF 格式电子图, 共得到 445 个图形文件。以这些图件作为底图进行数字化, 得到各省份土壤类型矢量图。数字化过程中, 为了保证数据质量和精度, 采用人工逐点跟踪方式。对于土壤类型图属性表中划分到土属的条目, 需根据土种志资料找到该土属所对应的土种类型, 并将其列在土属条目下; 若属性表中条目划分到亚类, 则需先找到该亚类对应的土属, 再找到各土属所对应的土种; 若属性表中条目划分到土类, 则需找出相对应的亚类, 再找出所对应的土属和土种。列出的土种、土属或亚类数须占其所属上一级土壤类型的 80% 以上, 如某一土属下有 20 个土种, 则须列出至少 16 个土种的资料。

对照中国土壤发生分类系统, 查阅土种志资料, 将各省份的土壤分类分级体系细化到土种, 然后以土种为单位输入对应的土壤理化性质, 建立数据库。主要内容包括: 土种的名称、土种所在的地点、分布面积、该土种所属的亚类和土属、表层有机质含量、粗砂 (2 ~ 0.2mm) 含量、细砂 (0.2 ~ 0.02mm) 含量、粉砂 (0.02 ~ 0.002mm) 含量和黏粒 (<0.002mm) 含量。共收集和整理了全国 7764 个土种表层属性数据用于计算 K 值, 超过《中国土种志》中所记录土种表层数据的 3 倍。

鉴于第二次土壤普查距今已久, 通过实地采集土壤样本 300 个、共享合作单位采集土壤样本 650 个, 以及查阅数据库文献获得土壤样本数据 115 个, 共计 1065 个样点数据, 对计算结果进行更新。涵盖了东北黑土区、西北黄土区、北方土石山区、西南紫色土区、南方红壤区和青藏高原区等水蚀类型区。

2. 基于土壤理化性质估算土壤可蚀性因子 K 值

我国土壤发生分类系统由高到低分为土纲、土类、亚类、土属、土种 5 个基本等级, 本次普查计算到土属水平。首先利用收集的各土种理化性质数据, 计算土种的可蚀性 K 值; 然后再利用中国土壤发生分类系统中土属与土种的对应关系, 将土种 K 值利用面积加权平均归并到土属; 考虑到全国第二次土壤普查较为久远, 土壤性质有可能发生不同程度变化, 通过实地采样和共享中国科学院南京土壤研究所分析测试中心 2007 ~ 2010 年的土壤样品分析资料, 更新土壤可蚀性 K 值计算结果; 最后将计算的土属 K 值链接到各省份土壤类型图, 拼接处理后得到全国土壤可蚀性 K 值分布图。

1) 计算公式

采用式 (3-5a) 计算土壤可蚀性, 当土壤有机质含量大于等于 11% 时, 取值 11%。土壤结构等级 S 根据土壤结构查表 (表 3-9) 得到相应的等级。土壤渗透等级 P 根据土壤质地查表 (表 3-10) 得到相应的等级, 也可依据饱和导水率判断。

表 3-9　土壤结构对应的结构系数等级 S

结构		大小/mm	土壤结构等级 S
一级	二级		
粒状结构（Granular）	团粒状结构（Granular）	<1	1
		1~2	2
		2~5	3
		5~10	3
		>10	3
	屑状结构（Crumb）	<1	1
		1~2	2
		2~5	3
片状结构（Platy）	片状结构（Platy）	<1	4
		1~2	4
		2~5	4
	板状结构（Platy）	5~10	4
		>10	4
块状结构（Blocky）	团块状结构（Rounded Blocky）	<5	3
		5~10	3
		10~20	4
		20~50	4
		>50	4
	棱块状结构（Angular Blocky）	<5	3
		5~10	3
		10~20	4
		20~50	4
		>50	4
柱状结构（Columnar）	圆柱状结构（Columnar）	<10	4
		10~20	4
		20~50	4
		50~100	4
		>100	4
	棱柱状结构（Prismatic）	<10	4
		10~20	4
		20~50	4
		50~100	4
		>100	4

表 3-10　土壤质地对应的土壤渗透等级 P 及其饱和导水率

土壤质地	土壤渗透等级 P	饱和导水率/（mm·h^{-1}）
砂土（sand）	1	>60.96
壤砂土（loamy sand）、砂壤土（sandy loam）、粉土（silt）	2	20.32～60.96
壤土（loam）、粉壤土（silt loam）	3	5.08～20.32
砂黏壤土（sandy clay loam）、黏壤土（clay loam）	4	2.04～5.08
砂黏土（sandy clay）、粉黏壤土（silty clay loam）	5	1.02～2.04
粉黏土（silt clay）、黏土（clay）	6	<1.02

2）土壤质地转换

由于全国第二次土壤普查资料的土壤质地分类采用的是国际制，估算公式采用的是美国制，用函数拟合法和插值法将国际制机械组成转换为美国制。

函数拟合法是将国际制机械组成的分级比例累加，得到小于某一粒级的累加比例；然后建立该累加比例与对应粒级自然对数之间的回归关系，回归方程的形式选用一元一次或一元二次形式，式中 Y 为小于某一粒级的累计比例，x 为对应粒级的自然对数，确定性系数 R^2 须大于 0.9；再用得到的回归方程计算美国制机械组成对应的粒级累计比例（<0.05mm 和 0.1mm 粒级的含量），最后得到需要粒级百分比。插值法是将国际制机械组成分级累加得到小于某一粒级的累加比例，选择函数进行插值运算，得到美国制土壤机械组成。一般先采用三次样条插值，若发现插值后的结果为负值，则选线性插值。蔡永明等（2003）研究指出样条函数要优于普通的多项式（函数拟合法），因为多项式次数越高，就越可能出现剧烈振荡。样条函数一般不会出现这种情况。如果分段土壤机械组成资料齐全时，线性插值和样条函数插值结果基本一致；当资料不齐备或分段区间范围宽时，样条函数插值优于线性插值。应用三次样条函数插值应注意以下问题：当土壤机械组成比例在某一区间过于集中时，可能出现负值或累计比例超过 100。此时建议采用分段线性插值，即以国际制机械组成分段区间端点处的级差比例为依据，对美制机械组成分段端点进行赋值。这种方法避免了三次样条函数插值产生的明显错误，并且与样条函数分段拟合的原理类似，可以减小普通直线拟合与实际趋势之间的距离，提高插值精度。

举例说明。某一土种典型剖面表层机械组成为：<0.002mm 含量 5.2%，0.002～0.02mm 含量 7.3%，0.02～0.2mm 含量 46.6%，0.2～2mm 含量 40.9%。对各个粒级比例进行累加得到<0.002mm、<0.02mm、<0.2mm 和<2mm 的累计比例分别为 5.2%、12.5%、59.1% 和 100%。

①采用二次多项式拟合：$Y = 1.58 (\ln x)^2 + 23.12\ln x + 85.46$，$R^2 = 0.983$。将 $x = 0.05$ 和 $x = 0.1$ 代入方程，计算得出<0.05mm 和<0.1mm 粒级分别占 30.37% 和 40.59%。②选用线性插值结果：<0.05 和<0.1mm 粒级分别占 20.27% 和 33.21%。③选用样条函数插值结

果：<0.05 和<0.1mm 粒级分别占 23.53% 和 38.89% 。

比较三个结果看出，样条函数插值结果居中，一般建议采用样条函数插值。

3）土壤可蚀性 K 值归并与结果

将计算出的土种 K 值向更高一级的土属归并，得到各土属的土壤可蚀性 K 值。归并方法如下：根据该土属下各土种的分布面积，对土种可蚀性 K 值求加权平均，得到对应土属的可蚀性 K 值。对无法得到土种分布面积的条目，直接取土种 K 值的算术平均作为该土属的 K 值。

将各土属的土壤可蚀性 K 值链接到以土属为基本单元的土壤类型分布图，得到土壤可蚀性图。全国范围内 K 值呈由北向南减小的趋势（图 3-2），这与我国土壤理化性质的地域分布特征相吻合。由于北方土壤黏粒含量比南方少，其土壤抗侵蚀能力也较南方弱，所以 K 值较大。从区域看，黄土高原地区的 K 值最大，这是由于该区分布有大面积理化性质较为均一的黄土，黄土机械组成的粉粒含量较高而黏粒含量较低，因而表现出大范围高的 K 值；北方土石山区和东北黑土区的 K 值也较高，其中黑龙江的平均 K 值偏低，此处计算的平均值为各土壤类型 K 值的算术平均值，并不能完全代表该省的 K 值分布情况，由 K 值分布图可知黑龙江省的 K 值大小和分布趋势与周围省份比较接近；紫色土和红壤区北部

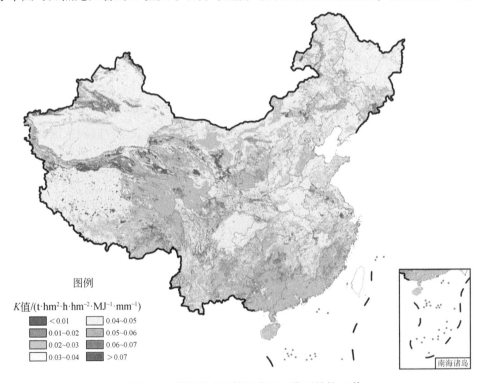

图 3-2　依据公式计算的全国土壤可蚀性 K 值

暂不包括港澳台数据

的 K 值在全国居于中等，而江苏省的部分地区和上海市的 K 值偏高，主要是由于从土种志中获取的土壤有机质含量偏低所致，这也说明了开展野外采样进行 K 值更新的必要性；岭南地区的 K 值较低，且各省交界处并没有明显的 K 值差异，基于不同的数据源得出相同的 K 值趋势也在一定程度上体现了所采用的计算方法具有较好的适用性。全国 K 值最低的地区位于青藏高原北侧，考虑到计算方法的区域性，该计算结果仍有待于进一步研究与完善。统计表明，全国 30 个省份①的土壤可蚀性 K 值在 $0.0235 \sim 0.0460\mathrm{t} \cdot \mathrm{hm}^2 \cdot \mathrm{h} \cdot \mathrm{hm}^{-2} \cdot \mathrm{MJ}^{-1} \cdot \mathrm{mm}^{-1}$ 之间（表3-11），最大的是青海省，最小的是广东省。从各省份统计出的土壤类型来看，盐土和潮土的 K 值较大，而棕壤和红壤的 K 值较小，这种差异主要体现在黏粒和有机质含量上，前者的黏粒和有机质含量均较低，因此 K 值较大，而后者黏粒和有机质含量较高，故 K 值偏小。

表 3-11　基于估算公式得到的土壤可蚀性因子值

（单位：$\mathrm{t} \cdot \mathrm{hm}^2 \cdot \mathrm{h} \cdot \mathrm{hm}^{-2} \cdot \mathrm{MJ}^{-1} \cdot \mathrm{mm}^{-1}$）

省份	最大值	土类	最小值	土类	平均值
青海	0.0681	棕钙土	0.0145	盐土	0.0460
天津	0.0575	滨海盐土	0.0138	棕壤	0.0453
上海	0.0733	滨海盐土	0.0061	水稻土	0.0420
宁夏	0.0608	盐土	0.0026	泥炭土	0.0407
新疆	0.0661	灰棕漠土	0.0073	粗骨土	0.0406
辽宁	0.0805	草甸盐土	0.0065	泥炭土	0.0390
北京	0.0828	潮土	0.0040	山地草甸土	0.0381
山西	0.0711	盐土	0.0018	棕壤	0.0378
河南	0.0658	盐碱土	0.0114	风沙土	0.0377
山东	0.0554	潮土	0.0052	风沙土	0.0365
江苏	0.0765	滨海盐土	0.0097	黄棕壤	0.0357
内蒙古	0.0636	碱土	0.0089	风沙土	0.0356
吉林	0.0687	黑土	0.0009	白浆土	0.0351
河北	0.0750	褐土	0.0028	红黏土	0.0338
陕西	0.0690	黄绵土	0.0004	棕壤	0.0336
浙江	0.0450	潮土	0.0031	粗骨土	0.0335
安徽	0.0590	潮土	0.0025	山地草甸土	0.0325
江西	0.0552	火山灰土	0.0064	山地草甸土	0.0315
甘肃	0.0669	盐土	0.0006	灌漠土	0.0314
海南	0.0381	新积土	0.0070	黄壤	0.0311

① 不包括港澳台数据，重庆当时在四川内。

省份	最大值	土类	最小值	土类	平均值
湖北	0.0490	黄棕壤	0.0023	潮土	0.0300
广西	0.0562	滨海盐土	0.0079	石灰岩土	0.0300
云南	0.0484	棕色针叶林土	0.0091	黄壤	0.0292
西藏	0.0385	冷钙土	0.0080	沼泽土	0.0285
黑龙江	0.0387	白浆土	0.0138	火山灰土	0.0284
四川	0.0667	新积土	0.0010	褐土	0.0283
福建	0.0537	滨海盐土	0.0074	红壤	0.0276
贵州	0.0361	山地草甸土	0.0055	红壤	0.0265
湖南	0.0470	红黏土	0.0082	红壤	0.0263
广东	0.0382	酸性硫酸盐土	0.0068	紫色土	0.0235

3. 基于实测土壤可蚀性 K 值修订估算值

将 3.2 节基于径流小区观测资料得到的我国主要土壤类型的土壤可蚀性（表 3-7 和表 3-8）作为观测值 K_o，将本节公式计算结果（图 3-2）作为估算值 K_c，计算二者的比值 r，作为修订系数，对各种土壤的公式计算值进行修订。由于实测土壤可蚀性的土壤类型少，只有 13 种。将全国按土壤类型相似性分为 9 个区域（表 3-12 和图 3-3）：东北黑土区、华北褐土区、西北干旱土区、黄土高原黄绵土区、青藏西部高山草原土区、青藏高原东部亚高山草原土区、华中黄棕壤区、西南紫色土区和东南红壤区，分区计算修订系数 r。具体过程如下：①根据表 3-7 和表 3-8 计算各分区土壤可蚀性观测值的平均值 K_o；②根据公式结果计算各分区土壤可蚀性计算值的平均值 K_c；③计算二者的比值，得到各分区修订系数 r（表 3-12）。

利用各分区的修订系数 r 逐一对区内各土属的公式计算值 K_c 利用下式修订，得到全国各土属修订后的值 $K_{修订}$。

$$K_{修订} = r \cdot K_c \tag{3-10}$$

式中，$K_{修订}$ 是对公式计算结果修订后的值；K_c 是修订前的公式计算值；r 是修订系数（表 3-12）。

表 3-12　公式估算土壤可蚀性修订分区及对应的修订系数

序号	区域	包括的省份（部分县）	r
1	东北黑土区	吉林、黑龙江	0.87
2	华北褐土区	北京、天津、河北、山西（除黄土区）、辽宁、山东、河南（除信阳、南阳、驻马店）	0.41

续表

序号	区域	包括的省份（部分县）	r
3	西北干旱土区	内蒙古（除鄂尔多斯）、甘肃（武威、金昌、张掖、嘉峪关、酒泉）、青海（海北、海西、贵南县、共和县）、新疆	0.46
4	黄土高原黄绵土区	山西（偏关、河曲、保德、兴县、临县、柳林、石楼、吉县、乡宁、蒲县、大宁、永和、隰县）、内蒙古（鄂尔多斯）、陕西（除汉中、安康、商洛）、甘肃（兰州、天水、庆阳、平凉、定西、白银）、青海（西宁、海东）、宁夏	0.25
5	青藏西部高山草原土区	西藏（那曲、阿里、日喀则）、青海（治多、杂多、曲麻莱、格尔木南部飞地）	0.43
6	青藏东部亚高山草原土区	四川（攀枝花、阿坝、甘孜、凉山、北川、平武、青川、金口河、峨边、马边、荥经、汉源、石棉、天全、宝应）、云南（丽江、大理、迪庆、怒江）、西藏（拉萨、昌都、山南、林芝）、甘肃（甘南、陇南、临夏）、青海（黄南、果洛、玉树、称多、囊谦、贵德、兴海、同德）	0.24
7	华中黄棕壤区	上海、江苏、安徽、河南（信阳、南阳、驻马店）、湖北、陕西（汉中、安康、商洛）	0.10
8	西南紫色土区	重庆、四川（除青藏高原东部）、贵州、云南（除青藏高原东部）	0.20
9	东南红壤区	浙江、福建、江西、湖南、广东、广西、海南	0.09

注：暂不包括港澳台数据。

图 3-3　土壤可蚀性因子 K 修订分区及收集的小区资料位置

暂不包括港澳台数据

3.4 中国主要土壤的可蚀性

3.4.1 中国主要土壤类型与分布

1. 土壤分类系统与土壤类型

土壤分类经过了不同的发展阶段。龚子同等（1999）将其分为 3 个阶段：古代土壤分类、近代土壤分类和现代土壤分类。我国最早的古代土壤分类被认为出自 4000 多年前的《禹贡》，依据土壤肥力、颜色、质地等将土壤分为白壤、黑坟、赤埴坟、涂泥、青黎、黄壤、白坟、垆、埴等 9 种。全面科学的土壤分类始于土壤学创始人道库恰耶夫。他 1883 年出版的《俄罗斯黑钙土》标志着近代土壤分类开始，主要依据土壤发生特性分类，被称为发生学分类。1960 年美国出版的《土壤系统分类第 7 次草案》标志着土壤分类进入现代阶段（Soil Survey Staff, 1960），依据诊断层和诊断特性进行分类，称为诊断分类，是定量分类系统，其被认为是土壤分类史上的一次革命（龚子同等，1999），随后进行了分类系统的扩展和细化、引入了新的土壤特征指标等一系列修正（Soil Survey Staff, 1999）。

我国的土壤分类一直采用发生学分类。《中国土壤（第二版）》（熊毅和李庆逵，1990）一书代表了发生学分类的最高水平。随着现代土壤分类的不断兴起，我国从 1984 年开始研究中国土壤系统分类，经过十多年的努力，先后提出了《中国土壤系统分类（首次方案）》（中国科学院南京土壤研究所土壤系统分类课题组和中国土壤系统分类课题研究协作组，1991）、《中国土壤系统分类（修订方案）》（中国科学院南京土壤研究所土壤系统分类组，1995）、《中国土壤系统分类：理论·方法·实践》（龚子同等，1999）。

《中国土壤（第二版）》中的分类是土壤发生学分类（熊毅和李庆逵，1990），将全国土壤分为 10 个土纲、46 个土类、128 个亚类（表 3-13）。《中国土壤系统分类——理论·方法·实践》（龚子同等，1999）对十多年土壤系统分类研究成果进行了总结和论述，将我国土壤分为 14 个土纲、39 个亚纲、141 个土类、595 个亚类（表 3-14）。

表 3-13 中国土壤发生学分类系统

土纲	亚纲	土类
铁铝土	湿热铁铝土	砖红壤、赤红壤、红壤
	湿暖铁铝土	黄壤

续表

土纲	亚纲	土类
淋溶土	湿暖淋溶土	黄棕壤、黄褐土
	湿暖温淋溶土	棕壤
	湿温淋溶土	暗棕壤、白浆土
	湿寒温淋溶土	棕色针叶林土、灰化土、漂灰土
半淋溶土	半湿热半淋溶土	燥红土
	半湿暖温半淋溶土	褐土
	半湿润半淋溶土	灰褐土、黑土、灰色森林土
钙层土	半湿暖温钙层土	黑钙土
	半干温钙层土	栗钙土
	半干暖钙层土	栗褐土、黑垆土
干旱土	干旱温钙层土	棕钙土
	干旱暖钙层土	灰钙土
漠土	干旱温漠土	灰漠土、灰棕漠土
	干旱暖温漠土	棕漠土
初育土	土质初育土	黄绵土、红黏土、新积土、龟裂土、风沙土
	石质初育土	石灰（岩）土、火山灰土、紫色土、磷质石灰土、粗骨土、石质土
半水成土	暗淡水成土	草甸土
	淡半水成土	潮土、砂礓黑土、林灌草甸土、山地草甸土
水成土	矿质水成土	沼泽土
	有机水成土	泥炭土
盐碱土	盐土	盐土、滨海盐土、酸性硫酸盐土、漠境盐土、寒原盐土
	碱土	碱土
人为土	人为土	水稻土
	灌耕土	灌淤土、灌漠土
高山土	湿寒高山土	草毡土、黑毡土
	半湿寒高山土	寒钙土、冷钙土、冷棕钙土
	干寒高山土	寒漠土、冷漠土
	寒冻高山土	寒冻土

资料来源：熊毅和李庆逵，1990

2. 土壤区划

土壤区划是对土壤地理区域的划分，是指导农业生产合理布局、因地制宜利用和进行土壤改良的重要依据。随着土壤分类系统的变化，我国土壤区划经历了以下几种方案：①中国科学院土壤研究所 1965 年发表的《中国土壤区划》（刘明光，1989）；②1989 年

表 3-14　中国土壤系统分类系统

土纲	亚纲	土类
有机土 (A)	永冻有机土 (A1)	落叶永冻有机土 (A1.1)
		纤维永冻有机土 (A1.2)
		半腐永冻有机土 (A1.3)
	正常有机土 (A2)	落叶正常有机土 (A2.1)
		纤维正常有机土 (A2.2)
		半腐正常有机土 (A2.3)
		高腐正常有机土 (A2.4)
人为土 (B)	水耕人为土 (B1)	潜育水耕人为土 (B1.1)
		铁渗水耕人为土 (B1.2)
		铁聚水耕人为土 (B1.3)
		简育水耕人为土 (B1.4)
	旱耕人为土 (B2)	肥熟旱耕人为土 (B2.1)
		灌淤旱耕人为土 (B2.2)
		泥垫旱耕人为土 (B2.3)
		土垫旱耕人为土 (B2.4)
灰土 (C)	腐殖灰土 (C1)	简育腐殖灰土 (C1.1)
	正常灰土 (C2)	简育正常灰土 (C2.1)
火山灰土 (D)	寒冻火山灰土 (D1)	永冻寒冻火山灰土 (D1.1)
		简育寒冻火山灰土 (D1.2)
	玻璃火山灰土 (D2)	干润玻璃火山灰土 (D2.1)
		湿润玻璃火山灰土 (D2.2)
	湿润火山灰土 (D3)	腐殖湿润火山灰土 (D3.1)
		简育湿润火山灰土 (D3.2)
铁铝土 (E)	湿润铁铝土 (E1)	暗红湿润铁铝土 (E1.1)
		简育湿润铁铝土 (E1.2)
变性土 (F)	潮湿变性土 (F1)	钙积潮湿变性土 (F1.1)
		简育潮湿变性土 (F1.2)
	干润变性土 (F2)	钙积干润变性土 (F2.1)
		简育干润变性土 (F2.2)
	湿润变性土 (F3)	腐殖湿润变性土 (F3.1)
		钙积湿润变性土 (F3.2)
		简育湿润变性土 (F3.3)
干旱土 (G)	寒性干旱土 (G1)	钙积寒性干旱土 (G1.1)
		石膏寒性干旱土 (G1.2)
		黏化寒性干旱土 (G1.3)
		简育寒性干旱土 (G1.4)
	正常干旱土 (G2)	钙积正常干旱土 (G2.1)
		盐积正常干旱土 (G2.2)
		石膏正常干旱土 (G2.3)
		黏化正常干旱土 (G2.4)
		简育正常干旱土 (G2.5)
盐成土 (H)	碱积盐成土 (H1)	龟裂碱积盐成土 (H1.1)
		潮湿碱积盐成土 (H1.2)
		简育碱积盐成土 (H1.3)
	正常盐成土 (H2)	干旱正常盐成土 (H2.1)
		潮湿正常盐成土 (H2.2)
潜育土 (I)	永冻潜育土 (I1)	有机永冻潜育土 (I1.1)
		简育永冻潜育土 (I1.2)
	滞水潜育土 (I2)	有机滞水潜育土 (I2.1)
		简育滞水潜育土 (I2.2)
	正常潜育土 (I3)	有机正常潜育土 (I3.1)
		暗沃正常潜育土 (I3.2)
		简育正常潜育土 (I3.3)
均腐土 (J)	岩性均腐土 (J1)	富磷岩性均腐土 (J1.1)
		黑色岩性均腐土 (J1.2)
	干润均腐土 (J2)	寒性干润均腐土 (J2.1)
		堆垫干润均腐土 (J2.2)
		暗厚干润均腐土 (J2.3)
		钙积干润均腐土 (J2.4)
		简育干润均腐土 (J2.5)
	湿润均腐土 (J3)	滞水湿润均腐土 (J3.1)
		黏化湿润均腐土 (J3.2)
		简育湿润均腐土 (J3.3)
富铁土 (K)	干润富铁土 (K1)	黏化干润富铁土 (K1.1)
		简育干润富铁土 (K1.2)
	常湿富铁土 (K2)	钙质常湿富铁土 (K2.1)
		富铝常湿富铁土 (K2.2)

土纲	亚纲	土类
富铁土（K）	常湿富铁土（K2）	简育常湿富铁土（K2.3）
	湿润富铁土（K3）	钙质湿润富铁土（K3.1）
		强育湿润富铁土（K3.2）
		富铝湿润富铁土（K3.3）
		黏化湿润富铁土（K3.4）
		简育湿润富铁土（K3.5）
淋溶土（L）	冷凉淋溶土（L1）	漂白冷凉淋溶土（L1.1）
		暗沃冷凉淋溶土（L1.2）
		简育冷凉淋溶土（L1.3）
	干润淋溶土（L2）	钙质干润淋溶土（L2.1）
		钙积干润淋溶土（L2.2）
		铁质干润淋溶土（L2.3）
		简育干润淋溶土（L2.4）
	常湿淋溶土（L3）	钙质常湿淋溶土（L3.1）
		铝质常湿淋溶土（L3.2）
		简育常湿淋溶土（L3.3）
	湿润淋溶土（L4）	漂白湿润淋溶土（L4.1）
		钙质湿润淋溶土（L4.2）
		粘磐湿润淋溶土（L4.3）
		铝质湿润淋溶土（L4.4）
		酸性湿润淋溶土（L4.5）
		铁质湿润淋溶土（L4.6）
		简育湿润淋溶土（L4.7）
锥形土（M）	寒冻锥形土（M1）	永冻寒冻锥形土（M1.1）
		潮湿寒冻锥形土（M1.2）
		草毡寒冻锥形土（M1.3）
		暗沃寒冻锥形土（M1.4）
		暗脊寒冻锥形土（M1.5）
		简育寒冻锥形土（M1.6）
	潮湿锥形土（M2）	叶毡潮湿锥形土（M2.1）
		砂姜潮湿锥形土（M2.2）
		暗色潮湿锥形土（M2.3）
		淡色潮湿锥形土（M2.4）
	干润锥形土（M3）	灌淤干润锥形土（M3.1）
		铁质干润锥形土（M3.2）
		底锈干润锥形土（M3.3）
		暗沃干润锥形土（M3.4）
		简育干润锥形土（M3.5）
	常湿锥形土（M4）	冷凉常湿锥形土（M4.1）
		滞水常湿锥形土（M4.2）
		钙质常湿锥形土（M4.3）
		铝质常湿锥形土（M4.4）
		酸性常湿锥形土（M4.5）
		简育常湿锥形土（M4.6）
	湿润锥形土（M5）	冷凉湿润锥形土（M5.1）
		钙质湿润锥形土（M5.2）
		紫色湿润锥形土（M5.3）
		铝质湿润锥形土（M5.4）
		铁质湿润锥形土（M5.5）
		酸性湿润锥形土（M5.6）
		简育湿润锥形土（M5.7）
	人为新成土（N1）	扰动人为新成土（N1.1）
		淤积人为新成土（N1.2）
新成土（N）	砂质新成土（N2）	寒冻砂质新成土（N2.1）
		潮湿砂质新成土（N2.2）
		干旱砂质新成土（N2.3）
		干润砂质新成土（N2.4）
		湿润砂质新成土（N2.5）
	冲积新成土（N3）	寒冻冲积新成土（N3.1）
		潮湿冲积新成土（N3.2）
		干旱冲积新成土（N3.3）
		干润冲积新成土（N3.4）
		湿润冲积新成土（N3.5）
	正常新成土（N4）	黄土正常新成土（N4.1）
		紫色正常新成土（N4.2）
		红色正常新成土（N4.3）
		寒冻正常新成土（N4.4）
		干旱正常新成土（N4.5）
		干润正常新成土（N4.6）
		湿润正常新成土（N4.7）

张俊民《中国农业自然资源和农业区划》中的中国土壤区划（刘明光，1989）；③席承藩和张俊民（1982）提出的中国土壤区划系统；④龚子同等（1999）在《中国土壤系统分类》一书中，依据系统分类进行的分区。

考虑到土壤系统分类的不断推广，以及我国在土壤系统分类的重要进展，本书主要介绍土壤系统分类的分区，共包括 6 级系统。各级分区单位为：土壤区域，为土壤分区中最大的单位，是根据我国土壤组合和环境条件的重大差异概括的广域概念；土壤地区，为二级单位，具有相同的光、热、水资源总量和分配特点与类似的土壤组合（土纲至亚纲）；土壤区，具有相似的大地貌、土壤组合（亚纲至土类）及相应的土壤肥力特点；土壤亚区，由一个或几个土片组成，具有相似中地貌特点和土壤组合（土类至亚类）；土壤片，由一个以上土壤样块组成，具有相似的中地貌和土壤组合（亚类至土族）；土壤样块，为分区的基本单位。目前完成了 3 级划分，第一级根据我国土壤和自然环境中最主要的地域差异，将全国划分为三大土壤区域：东南部湿润土壤区域、中部干润土壤区域和西北部干燥土壤区域。全国二级分区共有 16 个，三级分区共有 55 个。以下仅介绍一级区域。

1）东南部湿润土壤区域

该区域共包含 7 个土壤地区，27 个土壤区，占我国土地面积的 42.8%，是范围最大，包括土壤类型最多的区域。主要位于我国东南季风和西南季风控制区。降水丰富，雨热同季，植被以森林为主。但区域内由于纬度跨度大，温度条件差异明显，包括从最南部的热带一直到最北部的寒温带，因此区内土壤差异在很大程度上由温度引起，同时平原面积大，兼有丘陵分布，加之农耕历史悠久，这些自然与人类共同作用的结果，使本区域土壤类型多样。总体而言，南方土壤呈酸性，北方多呈碱性，华北平原土壤有盐碱，东北松辽平原土壤有机质比较丰富。该区是我国主要农业区，人口稠密，集中了全国85%以上的人口和78%以上的耕地，因此森林面积已十分有限，土壤环境污染问题比较突出。区内由北向南划分的 7 个土壤地区依次是：①寒温带寒冻雏形土、正常灰土地区，占该区域面积的2.8%，我国土地面积的 1.2%。分布在大兴安岭北段的狭小范围内，以海拔 500 ~ 1000m 的山区为主，植被仍是保留原始状态的寒温带针叶林，如兴安落叶松、白桦、樟子松等，覆盖率在 70% 以上。由于全年冻结期较长，土层浅薄而且瘠薄，是我国重要林业基地。②中温带冷凉淋溶土、湿润均腐土地区，占该区域面积的 21.0%，我国土地面积的9.0%。包括我国东北除北面大兴安岭北端及南面辽南以外的广大地区。区内山地平原都有分布，是我国重要的林业基地和商品粮基地。由于开发强度较大，土壤肥力普遍降低。③暖温带湿润淋溶土、潮湿雏形土地区，占该区域面积的 13.2%，我国土地面积的5.6%。南界到淮河一线，包括辽河平原和华北平原，是我国最大的冲积平原区，其间有丘陵分布。气候以暖温带湿润半湿润季风气候为主，雨热同季。强烈的人类活动已使原始植被荡然无存，天然植被十分有限，以农田为主，是我国重要的种植业基地，粮食产量占全国的 23.2%，棉花占 56.8%，油料占 28.6%，烟叶占 21.7%，水果占 27.2%，麻类占 31.2%。④北亚热带湿润淋溶土—水耕人为土地区。占该区域面积的 9.1%，我国土地面积的 3.9%。主要包括秦岭—淮河一线以南和长江中下游一线以北地区，分为东西两部分，东面是长江中下游平原兼有丘陵分布，西面是汉水中上游，以山地和盆地相间地形为主。水耕人为土主要集中在东部地区。⑤中亚热带湿润富铁土、常湿雏形土地区，占该区域面积的 41.5%，我国土地面积的 17.8%。包括长江以南和南岭以北的广大地区，是东部湿润土壤区域中面积最大的土壤地区。区域内地形复杂，高原、山地、丘陵、盆地、平原交错分布，加之热量充足，降水丰富，因而除以地带性的湿润富铁土为主外，还发育有类型繁多的常湿雏形土，主要分布于山地区。自然植被为常绿阔叶林，但除山区分布有林地外，主要为农耕区。该区是我国重要的农业和林业基地。⑥南亚热带湿润富铁土、湿润铁铝土地区，占该区域面积的 10.2%，我国土地面积的 4.4%。包括南岭以南雷州半岛以北的横贯东西的狭长区域。地形以山地丘陵为主，兼有小面积盆地和平原分布。由于水热条件好，发育湿润富铁土和铁铝土。⑦热带湿润铁铝土、湿润富铁土地区，占该区域面积的 2.2%，我国土地面积的 0.9%。包括台湾岛南部、雷州半岛、海南岛及南海诸岛屿。水热条件在全国最为丰富，以热带植被为主。

2）中部干润土壤区域

该区域共包含 3 个土壤地区，8 个土壤区。占我国土地面积的 21.5%，是面积最小、包括土壤类型最少的区域。主要位于我国季风区向内陆干旱及高原寒旱区的过渡地带。地形以高原为主，并有山地和盆地分布。与季风区相比，降水明显减少，植被以草原为主，山地有森林分布。区内以干润雏形土和淋溶土为主，但在北部由于温度较低利于有机质积累而出现干润均腐土，中部由于黄土母质影响出现黄土性新成土。该区是我国农、林、牧交错地区，人口占全国的 12%，耕地占全国的 16%。由于地形复杂，坡耕地面积大，土壤侵蚀比较严重。区内由北至南分布的 3 个土壤地区分别是：①中温带干润均腐土、干润砂质新成土地区，占该区域面积的 27.8%，我国土地面积的 6.0%。包括内蒙古高原和鄂尔多斯高原，地形以波状高原为主，兼有丘陵和河湖阶地。由于降水量由东向西减少，植被类型由东部的典型草原向西逐渐过渡到干草原和荒漠草原，对应的土壤由东向西土层变薄，土壤有机质含量降低，钙积层明显、且深厚。该地区除少部分河流沿岸地区有灌溉农业外，主要以牧业为主。②暖温带干润、黄土正常新成土、干润淋溶土地区，占该区域面积的 30.4%，我国土地面积的 6.5%。包括太行山以西、长城以南、秦岭以北、兰州谷地以东的地区，是黄河中游地区、黄土高原的核心所在，以黄土地貌为主，包括川地、塬地、丘陵、盆地及土石山区。天然植被是落叶阔叶林，但由于人类活动历史悠久，仅残留在少数山地。全区以旱作农业为主，川地和塬地是重要的农田集中区，同时有大量的坡耕地分布，是水土流失的主要发生区。土壤侵蚀严重程度居全国之首。③高原温带干润均腐土、干润雏形土地区，占该区域面积的 41.8%，我国土地面积的 9.0%。包括青藏高原东南部地区的川西、藏东和雅鲁藏布江中游。高山和峡谷相间分布，相对高差较大，植被和土壤的垂直变化都十分明显。谷地水热条件好，是种植业的集中区。山地具有丰富的林业资源，是我国第二大木材生产基地。

3) 西北干旱土壤区域

该区域共包含 6 个土壤地区，20 个土壤区。占我国土地面积的 35.7%。主要位于我国西北内陆干旱地区和青藏高原西北寒旱区。由于地处大陆腹地，全年降水量少，除山地外，以沙漠和荒漠景观为主。由于干旱和高寒的影响，区内以干旱土为主，并有一定的雏形土、盐成土等。农业集中在绿洲区，必须依赖灌溉。全区人口不到全国人口的 3%，耕地只占全国的 6%。区内包含的 6 个土壤地区分别是：①中温带钙积正常干旱土、干旱砂质新成土地区，占该区域面积的 26.2%，我国土地面积的 9.3%。以长城、北山和天山为界向北到我国北部边境，是西北内陆区的最北部。景观以戈壁、荒漠和沙漠为主，其周围则有绿洲分布，是灌溉农业所在地。区内以牧业为主，其中的灌区是我国重要的棉花生产基地，但灌溉带来的次生盐碱化问题比较严重。②暖温带盐积、石膏正常干旱土、干旱正常盐成土地区，占该区域面积的 31.3%，我国土地面积的 11.3%。主要包括河西走廊和塔里木盆地。是我国最为干旱的地区，分布大面积的沙漠、戈壁和荒漠。土壤石膏层明显。盆地周围有雪山融水灌溉，出现绿洲。区内以牧业为主，有少量种植业分布在绿洲。③高原温带正常干旱土、寒冻雏形土地区，占该区域面积的 11.4%，我国土地面积的 4.1%。位于青藏高原东北部的柴达木盆地。盆地中央分布有盐层深厚的盐湖，其中青海湖是我国最大的咸水湖。土壤盐渍化严重。该区以牧业为主，但其东部黄河及其支流湟水谷地是重要的种植业基地，以旱作农业为主。该地区是黄土高原的西部边缘，浅山地区水土流失比较严重。④高原温带黏化寒性干旱土、灌淤干润雏形土地区，占该区域面积的 6.8%，我国土地面积的 2.4%。位于青藏高原南部，中、西喜马拉雅山与藏南分水岭之间的狭长地带。在南北高山的夹持中，分布有一系列盆地和谷地。由于地处喜马拉雅山以北雨影区气候比较干旱，年降水量由东向西减少。东部年降水量 240～380mm，是西藏的重要农业区。⑤高原亚寒带钙积、寒性干旱土地区，占该区域面积的 15.0%，我国土地面积的 5.3%。位于冈底斯山和念青唐古拉山以北的内陆湖区，是青藏高原的核心区域。高原面完整，周围是高大山系，内部则是波状丘陵，并分布有盆地和谷地，也是咸水湖和盐湖的集中区。本区寒冷干旱，天然植被以高山草原和荒漠化草原为主，农业以牧业为主。其中有大面积的"无人区"分布。⑥高原寒带钙积寒性干旱土、干旱正常盐成土地区，占该区域面积的 9.3%，我国土地面积的 3.3%。位于青藏高原北缘。地形与第五地区类似，但由于更为寒冷干旱，地表遍布寒冻风化物，并出现碳酸盐表聚，土壤普遍有盐渍化。该区基本是"无人区"。

3. 水土保持区划

辛树帜和蒋德麒（1982）根据地貌与土壤类型的组合将我国土壤侵蚀区域分为 8 个类型区，为水利部土壤侵蚀分类分级标准所采用，全国水土保持区划（2015～2030 年）也以此为基础，对这 8 个区域的基本特征进行了介绍（图3-4）。8 个区域是：东北黑土区（东北山地丘陵区）、北方风沙区（新甘蒙高原盆地区）、北方土石山区（北方山地丘陵区）、西北黄土高原区、南方红壤区（南方山地丘陵区）、西南紫色土区（四川盆地及周围山地丘陵区）、西南岩溶区（云贵高原区）、青藏高原区。

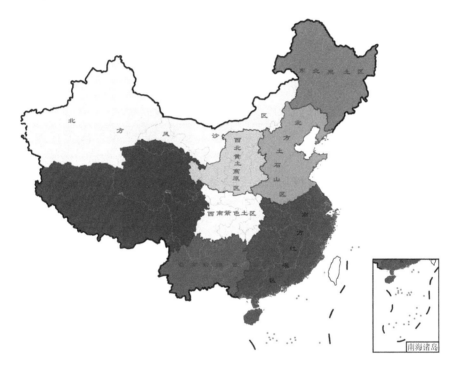

图 3-4　全国水土保持区划（水利部，2015）

不包括港澳台数据

东北黑土区（东北山地丘陵区）包括内蒙古、辽宁、吉林和黑龙江 4 省份 244 个县（市、区、旗），土地面积约 109 万 km^2。主要分布有大小兴安岭、长白山、呼伦贝尔高原、三江平原及松嫩平原。属温带季风气候区，大部分地区年均降水量 300～800mm。地带性土壤以黑土、黑钙土、灰色森林土、暗棕壤、棕色针叶林土为主，非地带性土壤以白浆土、草甸土和水稻土为主。黑土和黑钙土集中在松嫩平原及其向大小兴安岭和长白山过渡的丘陵、台地区，以及呼伦贝尔高原。暗棕壤主要集中在长白山区、小兴安岭及大兴安岭南部。灰色森林土和棕色针叶林土主要集中在大兴安岭西麓及北部。白浆土主要集中在长白山地中的盆地丘陵区，草甸土在河谷低地，水稻土集中在三江平原。

北方风沙区（新甘蒙高原盆地区）包括河北、内蒙古、甘肃和新疆 4 省份 145 个县（市、区、旗），土地面积约 239 万 km²。主要分布有内蒙古高原、阿尔泰山、准噶尔盆地、天山、塔里木盆地、昆仑山、阿尔金山，以及大面积的沙漠和沙地，自西向东依次有塔克拉玛干、古尔班通古特、巴丹吉林、腾格里、库姆塔格、库布齐、乌兰布和沙漠及浑善达克沙地。属温带干旱半干旱气候区，大部分地区年均降水量 25～350mm。地带性土壤以栗钙土、灰钙土、风沙土和棕漠土为主，非地带性土壤以盐成土为主。

北方土石山区（北方山地丘陵区）包括北京、天津、河北、山西、内蒙古、辽宁、江苏、安徽、山东和河南 10 省份共 662 个县（市、区、旗），土地总面积约 81 万 km²。主要分布有燕山、太行山、辽宁和山东低山丘陵、辽河平原和淮河以北的黄淮海平原。属温带半干旱、暖温带半干旱及半湿润气候区，大部分地区年均降水量 400～800mm。地带性土壤类型主要有褐土、棕壤和栗钙土等，非地带性土壤主要有水成土和水稻土。其中山地和丘陵区以棕壤和褐土为主，平原区以非地带性的潮土为主。

西北黄土高原区包括山西、内蒙古、陕西、甘肃、青海和宁夏 6 省份共 271 个县（市、区、旗），土地总面积约 56 万 km²。主要分布有鄂尔多斯高原、黄土高原和关中平原。属暖温带半湿润、半干旱气候区，大部分地区年均降水量 250～700mm。主要土壤类型有黄绵土、褐土、黑垆土、棕壤、栗钙土和风沙土。其中鄂尔多斯高原以风沙土为主，黄土高原以黄绵土为主，局部山地区以棕壤为主，关中盆地以黑垆土为主。

南方红壤区（南方山地丘陵区）包括上海、江苏、浙江、安徽、福建、江西、河南、湖北、湖南、广东、广西和海南 12 省份共 859 个县（市、区），土地总面积约 124 万 km²。主要分布有大别山、桐柏山、江南丘陵、淮阳丘陵、浙闽山地丘陵、南岭山地丘陵及长江中下游平原、东南沿海平原等。属亚热带、热带湿润气候区，大部分地区年均降水量 800～2000mm。地带性土壤类型主要包括棕壤、黄红壤和红壤等，非地带性土壤主要为水稻土。其中红壤主要分布在南部的福建、广东、海南、广西、江西和湖南等省份，黄红壤主要分布在中部的上海、江苏、浙江、安徽、湖北等省份，棕壤主要分布在大别山、桐柏山等山地区。

西南紫色土区（四川盆地及周围山地丘陵区）包括河南、湖北、湖南、重庆、四川、陕西和甘肃 7 省份共 254 个县（市、区），土地总面积约 51 万 km²。分布有秦岭、武当山、大巴山、巫山、武陵山、岷山、汉江谷地、四川盆地等。属亚热带湿润气候区，大部分地区年均降水量 800～1400mm。地带性土壤主要是黄棕壤和黄壤为主，非地带性土壤为发育在紫色砂页岩上的紫色土，集中在四川盆地。

西南岩溶区（云贵高原区）包括四川、贵州、云南和广西 4 省份共 273 个县（市、区），土地总面积约 70 万 km²。主要分布有横断山山地、云贵高原、桂西山地丘陵等。属亚热带和热带湿润气候区，大部分地区年均降水量 800～1600mm。地带性土壤类型主要有黄壤、黄棕壤、红壤和赤红壤，非地带性土壤为发育在石灰岩上的石灰土。红壤和赤红壤主要分布在广西，黄壤和黄棕壤主要分布在四川、贵州和云南。

青藏高原区包括西藏、青海、甘肃、四川和云南 5 省份共 144 个县（市、区），土地总面积约 219 万 km²。主要分布有祁连山、唐古拉山、巴颜喀拉山、横断山脉、喜马拉雅山、柴达木盆地、羌塘高原、青海高原、藏南谷地。气候从东往西由温带湿润区过渡到寒带干旱区，大部分地区年均降水量 50～800mm。土壤类型以高山草甸土、草原土和漠土为主。

3.4.2 典型土壤剖面土体厚度及其空间分布

土壤侵蚀在破坏和削减土壤表层的同时，也是对土壤剖面持续而缓慢的破坏。因此有必要了解土壤剖面构成状况。利用第二次全国土壤普查成果《中国土种志》（全国土壤普查办公室，1993）的典型土壤剖面资料，分析了这些剖面的土体厚度及其空间分布。

《中国土种志》（全国土壤普查办公室，1993）对主要土壤类型土种的典型剖面属性进行了记录，按发生层记录了每个剖面的发生层厚度。本模型摘录了其中 2469 个典型土壤剖面的发生层厚度，然后进行各发生层厚度的加权平均得到剖面土体厚度，对其进行插值得到典型土壤剖面土体厚度的空间分布图。具体方法如下：

（1）摘录每一个剖面土壤发生层厚度，分别为 h_A、h_{AB} 或 h_{AC}、h_B、h_{BC} 等（cm），A、AB、AC、B、BC 分别代表不同的发生层，h 表示对应发生层的厚度。同时记录各剖面地点。

（2）计算 A 层厚度 T_A。由于 AB 或 AC 层具有过渡层特点，拥有 A 层的部分特性，计算 A 层厚度时，除包括记录的 A 层厚度外，还包括 AB 或 AC 层厚度的一半，计算公式为

$$T_A = \begin{cases} h_A & \text{无过渡层剖面} \\ h_A + h_{AC}/2 & A\text{-}AC\text{-}C \text{ 剖面} \\ h_A + h_{AB}/2 & A\text{-}AB\text{-}B \text{ 剖面} \end{cases} \tag{3-11}$$

（3）计算整个土壤剖面土体厚度 T。对于有 BC 或 AC 过渡层的土壤剖面，包含 A、AB、B 等发生层外，还应考虑 BC 或 AC 层的一半，计算公式为

$$T = \begin{cases} h_A & A\text{-}C \text{ 剖面} \\ h_A + h_{AC}/2 & A\text{-}AC\text{-}C \text{ 剖面} \\ h_A + h_B & A\text{-}B\text{-}C \text{ 剖面} \\ h_A + h_B + h_{BC}/2 & A\text{-}B\text{-}BC\text{-}C \text{ 剖面} \end{cases} \tag{3-12}$$

（4）根据每一个剖面的记录地点，在 1∶25 万（比例尺）地形图上查找对应的经纬度。利用 ArcGIS 软件的普通克里金插值方法，对土壤 A 层厚度和全剖面土体厚度插值，插值网格为 0.5°×0.5°。

计算结果表明，土壤 A 层厚度（图 3-5）以 20~30cm 为主，占 43%，<20cm 厚度的占 27%，<30cm 厚度的占 70%，>50cm 厚度的只占 5%。A 层厚度的空间分布表明，A 层厚度比较厚的地区主要分布在北方地区，尤其是黄土高原、内蒙古中部和东北平原地区，40cm 以上厚度呈集中连片分布。黄河以南广大地区，A 层土壤厚度普遍在 30cm 以下，尤其是南方红壤丘陵区的江西、福建等省，厚度甚至小于 20cm。最薄的集中连片地区是塔克拉玛干沙漠和青藏高原北缘。

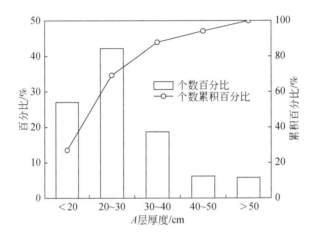

图 3-5　中国 2469 个土壤剖面 A 层厚度分布频率图

全剖面土壤厚度以 20~40cm 为主，占总样本的 35%。从累积百分比看，<20cm 的占 16%，<40cm 占 50%，<60cm 的已达 70% 以上，>60cm 的样点不到 30%（图 3-6）。空间分布与 A 层土壤厚度有着类似的分布规律：北方地区土壤厚度普遍大于南方，尤其是黄土高原、内蒙古东中部和东北地区，土壤厚度大部分在 60cm 以上，其中呼伦贝尔草原局部地区厚度可达 80~100cm。南方地区则普遍在 60cm 以下。土壤厚度最薄的地区在塔克拉玛干沙漠，不到 20cm，其次是青藏高原，20~40cm 为主。这与其成土过程有着密切关系。

3.4.3　中国主要土壤可蚀性特征

按照土壤发生学分类的各个土类看，K 值大小比较明显地分为三个级别，且与空间分布有密切关系（图 3-7）：东北地区各土类 K 值最大，均大于 0.02t · hm² · h · hm⁻² · MJ⁻¹ · mm⁻¹，

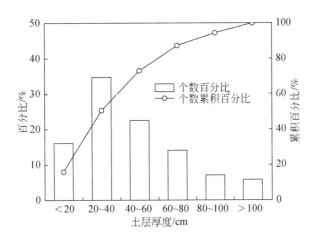

图 3-6 中国 2472 个土壤剖面厚度分布频率图

其中黑土 K 值最大，可能与黑土黏重容易产生径流有关，草甸土、白浆土、暗棕壤、黑钙土和沼泽土的 K 值都较高。北方地区土类 K 值居中，变化于 $0.01 \sim 0.02 \mathrm{t} \cdot \mathrm{hm}^2 \cdot \mathrm{h} \cdot \mathrm{hm}^{-2} \cdot \mathrm{MJ}^{-1} \cdot \mathrm{mm}^{-1}$，包括东部湿润与半湿润地区的灰色森林土、棕壤、褐土、潮土、滨海盐土，以及半干旱和干旱地区的栗钙土、盐土、风沙土、灰漠土等。南方地区土类 K 值最小，均小于 $0.01 \mathrm{t} \cdot \mathrm{hm}^2 \cdot \mathrm{h} \cdot \mathrm{hm}^{-2} \cdot \mathrm{MJ}^{-1} \cdot \mathrm{mm}^{-1}$，包括红壤、砖红壤、紫色土、赤红壤、黄壤、石灰（岩）土等，山地草甸土 K 值也在该范围内。

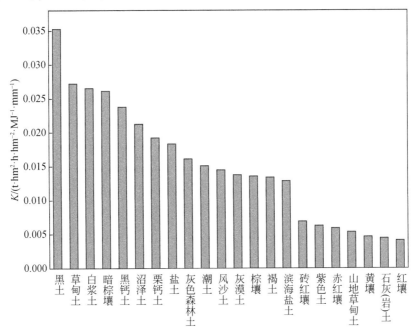

图 3-7 发生学分类主要土类的 K 值

以下按全国水土保持区划一级区的平均 K 值由大到小的顺序，分别说明 8 个区土类的 K 值情况。

东北黑土区（东北山地丘陵区）平均 K 值为 $0.0294 \text{t} \cdot \text{hm}^2 \cdot \text{h} \cdot \text{hm}^{-2} \cdot \text{MJ}^{-1} \cdot \text{mm}^{-1}$，位列第一，变化于 $0.0178 \sim 0.0436 \text{t} \cdot \text{hm}^2 \cdot \text{h} \cdot \text{hm}^{-2} \cdot \text{MJ}^{-1} \cdot \text{mm}^{-1}$。该区广泛分布黑土、黑钙土、草甸土、白浆土、灰色森林土、暗棕壤等土壤类型。K 值最高的土类是黑土，最低的为灰色森林土。

北方土石山区（北方山地丘陵区）平均 K 值为 $0.0156 \text{t} \cdot \text{hm}^2 \cdot \text{h} \cdot \text{hm}^{-2} \cdot \text{MJ}^{-1} \cdot \text{mm}^{-1}$，位列第二，变化于 $0.0051 \sim 0.0270 \text{t} \cdot \text{hm}^2 \cdot \text{h} \cdot \text{hm}^{-2} \cdot \text{MJ}^{-1} \cdot \text{mm}^{-1}$。该区地带性土壤主要为褐土、棕壤和栗钙土，这三种土类的 K 值均高于该区的平均水平，栗钙土 K 值为 $0.0195 \text{t} \cdot \text{hm}^2 \cdot \text{h} \cdot \text{hm}^{-2} \cdot \text{MJ}^{-1} \cdot \text{mm}^{-1}$，褐土和棕壤分别为 $0.0161 \text{t} \cdot \text{hm}^2 \cdot \text{h} \cdot \text{hm}^{-2} \cdot \text{MJ}^{-1} \cdot \text{mm}^{-1}$、$0.0180 \text{t} \cdot \text{hm}^2 \cdot \text{h} \cdot \text{hm}^{-2} \cdot \text{MJ}^{-1} \cdot \text{mm}^{-1}$。

北方风沙区（新甘蒙高原盆地区）平均 K 值为 $0.0148 \text{t} \cdot \text{hm}^2 \cdot \text{h} \cdot \text{hm}^{-2} \cdot \text{MJ}^{-1} \cdot \text{mm}^{-1}$，位列第三，变化于 $0.0018 \sim 0.0276 \text{t} \cdot \text{hm}^2 \cdot \text{h} \cdot \text{hm}^{-2} \cdot \text{MJ}^{-1} \cdot \text{mm}^{-1}$ 之间。该区地带性土壤为栗钙土、灰钙土、风沙土和棕漠土。其中 K 值最大的为栗钙土为 $0.0190 \text{t} \cdot \text{hm}^2 \cdot \text{h} \cdot \text{hm}^{-2} \cdot \text{MJ}^{-1} \cdot \text{mm}^{-1}$，其次为灰钙土和棕漠土，分别为 $0.0177 \text{t} \cdot \text{hm}^2 \cdot \text{h} \cdot \text{hm}^{-2} \cdot \text{MJ}^{-1} \cdot \text{mm}^{-1}$ 和 $0.0170 \text{t} \cdot \text{hm}^2 \cdot \text{h} \cdot \text{hm}^{-2} \cdot \text{MJ}^{-1} \cdot \text{mm}^{-1}$。分布面积最大的风沙土 K 值为 $0.0148 \text{t} \cdot \text{hm}^2 \cdot \text{h} \cdot \text{hm}^{-2} \cdot \text{MJ}^{-1} \cdot \text{mm}^{-1}$。

西北黄土高原区平均 K 值为 $0.0109 \text{t} \cdot \text{hm}^2 \cdot \text{h} \cdot \text{hm}^{-2} \cdot \text{MJ}^{-1} \cdot \text{mm}^{-1}$，位列第四，变化于 $0.0016 \sim 0.0155 \text{t} \cdot \text{hm}^2 \cdot \text{h} \cdot \text{hm}^{-2} \cdot \text{MJ}^{-1} \cdot \text{mm}^{-1}$。该区地带性土壤主要为黄绵土、褐土、黑垆土、棕壤、栗钙土和风沙。其中分布面积最广的黄绵土 K 值最高，为 $0.0126 \text{t} \cdot \text{hm}^2 \cdot \text{h} \cdot \text{hm}^{-2} \cdot \text{MJ}^{-1} \cdot \text{mm}^{-1}$，其次为栗钙土和黑垆土，分别为 $0.0119 \text{t} \cdot \text{hm}^2 \cdot \text{h} \cdot \text{hm}^{-2} \cdot \text{MJ}^{-1} \cdot \text{mm}^{-1}$ 和 $0.0106 \text{t} \cdot \text{hm}^2 \cdot \text{h} \cdot \text{hm}^{-2} \cdot \text{MJ}^{-1} \cdot \text{mm}^{-1}$。褐土、风沙土和棕壤的 K 值较低，分别为 $0.0096 \text{t} \cdot \text{hm}^2 \cdot \text{h} \cdot \text{hm}^{-2} \cdot \text{MJ}^{-1} \cdot \text{mm}^{-1}$、$0.0085 \text{t} \cdot \text{hm}^2 \cdot \text{h} \cdot \text{hm}^{-2} \cdot \text{MJ}^{-1} \cdot \text{mm}^{-1}$ 和 $0.0043 \text{t} \cdot \text{hm}^2 \cdot \text{h} \cdot \text{hm}^{-2} \cdot \text{MJ}^{-1} \cdot \text{mm}^{-1}$。

西南岩溶区（云贵高原区）平均 K 值为 $0.0068 \text{t} \cdot \text{hm}^2 \cdot \text{h} \cdot \text{hm}^{-2} \cdot \text{MJ}^{-1} \cdot \text{mm}^{-1}$，位列第五，变化于 $0.0038 \sim 0.0120 \text{t} \cdot \text{hm}^2 \cdot \text{h} \cdot \text{hm}^{-2} \cdot \text{MJ}^{-1} \cdot \text{mm}^{-1}$。该区地带性土壤主要有黄壤、黄棕壤、红壤、砖红壤和赤红壤。其中 K 值最高的为赤红壤，为 $0.0087 \text{t} \cdot \text{hm}^2 \cdot \text{h} \cdot \text{hm}^{-2} \cdot \text{MJ}^{-1} \cdot \text{mm}^{-1}$，其次为黄棕壤和分布面积最广的红壤，分别为 0.0074 和 $0.0071 \text{t} \cdot \text{hm}^2 \cdot \text{h} \cdot \text{hm}^{-2} \cdot \text{MJ}^{-1} \cdot \text{mm}^{-1}$。黄壤的 K 值为 $0.0051 \text{t} \cdot \text{hm}^2 \cdot \text{h} \cdot \text{hm}^{-2} \cdot \text{MJ}^{-1} \cdot \text{mm}^{-1}$。

西南紫色土区（四川盆地及周围山地丘陵区）平均 K 值为 $0.0051 \text{t} \cdot \text{hm}^2 \cdot \text{h} \cdot \text{hm}^{-2} \cdot \text{MJ}^{-1} \cdot \text{mm}^{-1}$，位列第六，变化于 $0.0022 \sim 0.0086 \text{t} \cdot \text{hm}^2 \cdot \text{h} \cdot \text{hm}^{-2} \cdot \text{MJ}^{-1} \cdot \text{mm}^{-1}$。该区地带性土壤主要是黄棕壤和黄壤，其 K 值均低于该区平均水平，分别为 $0.0046 \text{t} \cdot \text{hm}^2 \cdot \text{h} \cdot \text{hm}^{-2} \cdot \text{MJ}^{-1} \cdot \text{mm}^{-1}$ 和 $0.0045 \text{t} \cdot \text{hm}^2 \cdot \text{h} \cdot \text{hm}^{-2} \cdot \text{MJ}^{-1} \cdot \text{mm}^{-1}$。分布面积最广的非地带性土

壤是发育在紫色砂页岩上的紫色土，K 值为 $0.0060t \cdot hm^2 \cdot h \cdot hm^{-2} \cdot MJ^{-1} \cdot mm^{-1}$，高于该区 K 值的平均水平。

青藏高原区平均 K 值为 $0.0046t \cdot hm^2 \cdot h \cdot hm^{-2} \cdot MJ^{-1} \cdot mm^{-1}$，位列第七，变化于 $0.0016 \sim 0.0206t \cdot hm^2 \cdot h \cdot hm^{-2} \cdot MJ^{-1} \cdot mm^{-1}$。该区地带性土壤以高山草甸十、草原十和漠土为主。$K$ 值最大的为寒漠土，为 $0.0156t \cdot hm^2 \cdot h \cdot hm^{-2} \cdot MJ^{-1} \cdot mm^{-1}$，其次为分布面积最广的寒钙土，为 $0.0126t \cdot hm^2 \cdot h \cdot hm^{-2} \cdot MJ^{-1} \cdot mm^{-1}$。寒冻土和草毡土的 K 值较小，分别为 $0.0111t \cdot hm^2 \cdot h \cdot hm^{-2} \cdot MJ^{-1} \cdot mm^{-1}$ 和 $0.0084t \cdot hm^2 \cdot h \cdot hm^{-2} \cdot MJ^{-1} \cdot mm^{-1}$。

南方红壤区（南方山地丘陵区）平均 K 值为 $0.0040t \cdot hm^2 \cdot h \cdot hm^{-2} \cdot MJ^{-1} \cdot mm^{-1}$，位列第八，变化于 $0.0019 \sim 0.0083t \cdot hm^2 \cdot h \cdot hm^{-2} \cdot MJ^{-1} \cdot mm^{-1}$。该区地带性土壤主要包括红壤和棕壤，$K$ 值均低于该区平均水平，棕壤 K 值为 $0.0032t \cdot hm^2 \cdot h \cdot hm^{-2} \cdot MJ^{-1} \cdot mm^{-1}$，分布面积最广的红壤 K 值为 $0.0030t \cdot hm^2 \cdot h \cdot hm^{-2} \cdot MJ^{-1} \cdot mm^{-1}$。非地带性土壤水稻土的 K 值为 $0.0047t \cdot hm^2 \cdot h \cdot hm^{-2} \cdot MJ^{-1} \cdot mm^{-1}$。

总体来说，全国 K 值由北向南减小（图3-8），北方（不含东北黑土区）从东向西递增，森林土壤的 K 值小于草原土壤和荒漠土壤，可能与土壤黏粒含量和有机质含量的变化有关。对全国31个省份最大、最小 K 值及其对应的土类，以及平均值进行了统计（表3-15）。各省份平均 K 值变化于 $0.0023 \sim 0.0334t \cdot hm^2 \cdot h \cdot hm^{-2} \cdot MJ^{-1} \cdot mm^{-1}$，最大的是黑

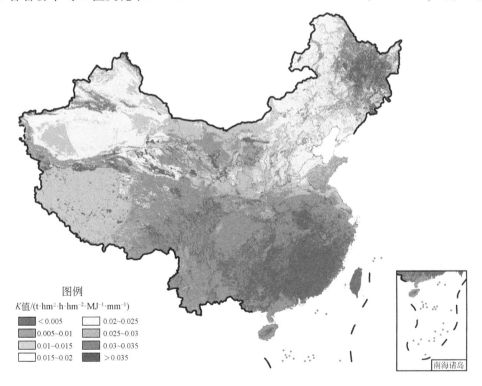

图例

$K值/(t \cdot hm^2 \cdot h \cdot hm^{-2} \cdot MJ^{-1} \cdot mm^{-1})$

- < 0.005
- 0.005~0.01
- 0.01~0.015
- 0.015~0.02
- 0.02~0.025
- 0.025~0.03
- 0.03~0.035
- > 0.035

南海诸岛

图 3-8 修订后的土壤可蚀性因子值分布

龙江省，最小的是福建省。K 最大值多为盐土和潮土，最小值多为棕壤和山地草甸土，它们的主要差异体现在黏粒和有机质含量方面，前者的黏粒和有机质含量均较低，K 值较大，后者黏粒和有机质含量较高，K 值偏小。

表 3-15　各省份统计土壤可蚀性因子 K 值

（单位：$t \cdot hm^2 \cdot h \cdot hm^{-2} \cdot MJ^{-1} \cdot mm^{-1}$）

省份	最大值	土类	最小值	土类	平均值
北京	0.0345	砂浆黑土	0.0083	山地草甸土	0.0195
天津	0.0255	潮土	0.0145	滨海盐土	0.0198
河北	0.0257	褐土	0.0047	碱土	0.0182
山西	0.0215	盐土	0.0031	山地草甸土	0.0127
内蒙古	0.0375	碱土	0.0037	潮土	0.0182
辽宁	0.0474	盐土	0.0057	山地草甸土	0.0269
吉林	0.0402	红黏土	0.0146	火山灰土	0.0281
黑龙江	0.0429	黑钙土	0.0125	火山灰土	0.0334
上海	0.0134	潮土	0.0009	潮土	0.0075
江苏	0.0171	潮土	0.0023	滨海盐土	0.0092
浙江	0.0103	滨海盐土	0.0019	山地草甸土	0.0039
安徽	0.0135	盐土	0.0009	山地草甸土	0.0058
福建	0.0035	赤红壤	0.0012	红壤	0.0023
江西	0.0171	潮土	0.0038	黄棕壤	0.0028
山东	0.021	潮土	0.0055	山地草甸土	0.013
河南	0.0169	潮土	0.0026	石灰（岩）土	0.0076
湖北	0.0068	石质土	0.0012	棕壤	0.0044
湖南	0.0049	沼泽土	0.0012	黄棕壤	0.0028
广东	0.0061	砖红壤	0.0012	紫色土	0.0038
广西	0.0102	滨海盐土	0.0004	新积土	0.0046
海南	0.0081	水稻土	0.0039	风沙土	0.0048
重庆	0.0064	新积土	0.0013	棕壤	0.0044
四川	0.0106	新积土	0.0023	褐土	0.0062
贵州	0.0062	红壤	0.0012	石质土	0.0044
云南	0.0142	砖红壤	0.0054	红壤	0.0087
西藏	0.0159	冷漠土	0.0041	棕壤	0.0113
陕西	0.0157	栗褐土	0.0004	山地草甸土	0.0089
甘肃	0.0253	盐土	0.0004	沼泽土	0.0095
青海	0.0185	灰棕漠土	0.0039	草毡土	0.0092
宁夏	0.016	盐土	0.0057	风沙土	0.0114
新疆	0.0264	棕钙土	0.0012	寒钙土	0.0154

注：暂不包括港澳台数据。

|第4章| 地 形 因 子

地形对土壤侵蚀的影响表现为坡长、坡度和坡形的影响。坡长和坡度的影响分别用坡长因子和坡度因子反映。坡形是沿坡面向下按坡度变化分为不同的类型：坡度不变的是均匀坡或直形坡，先陡后缓的是凹形坡，先缓后陡的是凸形坡。坡长因子是指降雨、土壤、坡度、地表状况等条件一致时，某种坡长的坡面土壤流失量与22.13m坡长坡面土壤流失量的比值（Wischmeier and Smith，1965），值的大小反映了坡长对土壤流失量的影响程度，坡长是指水平投影坡长。坡度因子是指其他条件一致时，某坡度下的坡面土壤流失量与坡度为5.14°时坡面土壤流失量的比值（Wischmeier and Smith，1965），值的大小反映了坡度对土壤流失量的影响程度。

4.1 坡 长 因 子

4.1.1 坡长对土壤侵蚀的影响

坡长是坡面径流的起点到坡度减小至足以发生沉积的位置之间，或者到径流汇集在一个明显沟道之间的水平距离（Wischmeier and Smith，1965）。径流起点常常是山脊线上的一点。地表径流通常流经约100m水平投影坡长就会形成股流或流入沟道，因此100m常作为大多数情况下的坡长阈值。坡长是决定坡面径流能量沿程变化，影响坡面径流与水流产沙过程的重要地貌因素之一。早在1936年Cook就提出坡长是影响侵蚀的重要因素，各国学者就坡长对土壤侵蚀量的影响展开了深入的研究。陈永宗等（1988）认为大致存在以下三种观点：一是随坡长增加，水中含沙量增加，水流能量多消耗于挟运泥沙，导致侵蚀减弱；二是随坡长增加，径流量增加，侵蚀量增加，侵蚀增加以后，含沙量也增加，水体搬运泥沙所消耗的能量加大，侵蚀减弱，两者相互消长，导致坡上到坡下侵蚀没有很大的差异；三是从坡上到坡下，由于水深逐渐增加，侵蚀量相应增大，与坡长之间存在幂函数关系。Zingg（1940）最早给出了坡长与土壤流失量之间的幂函数关系：

$$A = a\lambda^b \tag{4-1}$$

式中，A 是单位面积单位时间的土壤流失量，$t \cdot hm^{-2} \cdot a^{-1}$；$\lambda$ 是水平投影坡长，m；a 和

b 分别是经验系数与指数。USLE (Wischmeier and Smith, 1965, 1978) 和 RUSLE (Renard et al., 1997) 采用标准化到 22.13m 坡长上的坡长因子,其表达式为

$$L = (\lambda/22.13)^m \qquad (4\text{-}2)$$

式中,L 是坡长因子,无量纲;λ 是水平投影坡长,m;m 为坡长因子指数。不同研究者得到的坡长因子指数存在差别。Zingg (1940) 用蒙大拿州 Bethany 站、艾奥瓦州 Clarinda 站、威斯康星州 La Crosse 站、俄克拉马州 Guthrie 站和得克萨斯州 Tyler 站的径流小区资料,以及 Bethany 站径流小区人工降雨资料分析得出:土壤流失量与坡长呈幂指数关系,两种不同来源资料得到的坡长因子指数 m 都为 0.6。Musgrave 等 (1947) 得出的坡长因子指数为 0.35。随后在普渡大学 1956 年的一次工作会议上,根据美国 9 个州 15 个站点观测资料的分析结果,与会专家建议在美国中北部地区坡长因子指数采用 0.5 ± 0.1 (Wishcmeier et al., 1958)。Wischmeier 等 (1958) 对上述资料进行了分析,发现不同地点的坡长指数变化较大,取值范围为 0 ~ 0.74。但在 10% 显著水平下,中北部和东北部 10 个站点的坡长指数平均值没有显著差异。因此他认为 1956 年工作会议上建议的坡长指数取值合理。此外他还认为坡长指数不仅受坡度和坡长交互作用的影响,还与土壤特性、地表植被类型和田间管理措施等有关。USLE 第一版建议坡长指数平均值为 0.5,坡度大于 10% 时取 0.6;在得克萨斯高原灌区,坡度小于 0.5% 的长坡坡长指数取 0.3 (Wischmeier and Smith, 1965)。USLE 第二版对坡长因子指数进行了修正:坡度小于 1%、1% ~ 3%、3.5% ~ 4.5%、大于或等于 5% 时,坡长因子指数分别为 0.2、0.3、0.4 和 0.5。Mutchler 和 Greer (1980) 在密西西比东北部的 Branch 实验站,用人工模拟降雨方法研究了缓坡下的坡长因子指数,结果表明:当坡度小于 0.5% 时,坡长因子指数为 0.15。Meyer 等 (1975) 根据侵蚀动力的差异,将土壤侵蚀过程分为细沟侵蚀和细沟间侵蚀,Foster 和 Meyer (1975) 以此为基础提出坡长因子指数与细沟侵蚀量和细沟间侵蚀量的比值 β 有关,其表达式为

$$m = \frac{\beta}{\beta+1} \qquad (4\text{-}3)$$

β 值越大,坡长因子指数越大。McCool 等 (1989) 根据 Foster (1982a, 1982b) 提出的细沟间和细沟侵蚀公式,推导出标准小区细沟和细沟间侵蚀相等时 β 的计算公式:

$$\beta = (\sin\theta/0.0896)/(3.0\sin^{0.8}\theta + 0.56) \qquad (4\text{-}4)$$

式中,θ 是坡度,(°)。

我国学者对坡长因子进行了研究,由于采用资料和方法不同,所得坡长因子指数有所差异。牟金泽和孟庆枚 (1983) 利用甘肃省天水试验站径流小区资料得到坡长因子指数为 0.2。江忠善和李秀英 (1988) 利用甘肃省天水、陕西省绥德和子洲试验站径流小区资料得出的坡长因子指数为 0.28。张宪奎等 (1992) 利用黑龙江省宾县和克山县径流小区资料得到的坡长因子指数为 0.18。周伏建等 (1995) 利用福建省安溪官桥径流实验场的资

料得出的坡长因子指数为 0.41。林素兰等（1997）利用辽宁省西丰径流小区资料得到的坡长因子指数为 0.5。杨子生（1999b）利用云南省昭通和东川径流小区资料给出的坡长因子指数为 0.24。上述指数的差异，与采用资料坡度的不同有很大关系。此外，上述分析都以水平投影坡长为 20m 所对应的土壤流失量作为参考值，这不符合 USLE 中坡长因子的定义。为了使不同资料得到的结果具有可比性，坡长因子都应标准化到 22.13m 坡长上。为此，Liu 等（2000）利用陕西省安塞、子洲和绥德试验站坡度大于等于 30% 的径流小区资料，以 22.13m 的坡长为标准，得出陡坡地的平均坡长因子指数为 0.44。这与 McCool 等（1989）利用美国不同地点资料得到的 10 个坡长因子指数的平均值 0.46 非常接近。Liu 等（2000）的研究结果与 McCool 等（1993）利用平均坡度 28.4%、最大坡度 56% 的小区资料得到的坡长因子指数也非常接近。Liu 等（2000）的研究还表明，陡坡情况下，如果采用 RUSLE 的坡长因子指数公式，计算值与实测值相差较大，因此陡坡坡长因子指数采用 0.5 更为合理。

4.1.2 坡长因子计算

坡长因子计算公式如下：

$$L = \left(\frac{\lambda}{22.13}\right)^m \tag{4-5a}$$

式中，L 是坡长因子值；λ 是水平投影坡长，m；22.13m 是标准小区水平投影坡长，m；m 是坡长指数，取值如下（Liu et al.，2000）：

$$\begin{aligned}
m &= 0.2 & \theta < 1° \\
m &= 0.3 & 1° \leqslant \theta < 3° \\
m &= 0.4 & 3° \leqslant \theta < 5° \\
m &= 0.5 & \theta \geqslant 5°
\end{aligned} \tag{4-5b}$$

4.2 坡 度 因 子

4.2.1 坡度对土壤侵蚀的影响

早在 1882 年，德国学者 Wollny 就用天然降雨的微小区（80cm×80cm）观测资料，研究了坡度与土壤侵蚀的关系（Baver，1938）。1936 年 Cook 将坡度列为影响土壤水蚀过程的 7 个基本变量之一。第一个提出坡度与土壤流失量关系的是 Zingg（1940），基本形式为

$$A = cs^m \tag{4-6}$$

式中，A 是单位面积上的土壤流失量，$t \cdot hm^{-2} \cdot a^{-1}$；$c$ 是系数；s 是坡度，%；m 是指数，取值 1.4。将该公式标准化到 9% 坡度的形式为

$$S = 0.053s^{1.4} \tag{4-7}$$

式中，S 是坡度因子，无量纲；s 是坡度，%。

此后，许多学者对坡度因子公式进行了大量研究，公式表达形式略有不同（表 4-1）。概括起来有：幂函数形式（Musgrave，1947；McCool et al.，1987b）、二次多项式形式（Smithand Wischmeier，1957；Wishmeierand Smith，1978）和一次线性函数形式（McCool，1987a）等。坡度有直接采用百分比或坡度的三角函数形式。此外，McCool 等（1987b）利用美国西北部太平洋沿岸地区小麦和草地融雪径流形成的细沟侵蚀资料，坡度（θ）为 9%~48%，给出了融雪径流细沟侵蚀量的坡度因子公式：

$$S = (\sin\theta/0.0896)^{0.6} \tag{4-8}$$

表 4-1　国外主要坡度因子公式

序号	公式	资料来源
1	$S = 0.053s^{1.4}$	Zingg（1940）
2	$S = 0.053s^{1.35}$	Musgrave（1947）
3	$S = 0.025 + 0.052s^{1.33}$	Smith 和 Whitt（1947）
4	$S = 0.0065s^2 + 0.0453s + 0.065$	Smith 和 Wischmeier（1957）
5	$S = 65.4\sin^2\theta + 4.56\sin\theta + 0.0654$	Wishmeier 和 Smith（1978）
6	$S = 16.8\sin\theta - 0.50$	McCool（1987a）
7	$S = 10.8\sin\theta + 0.03$	McCool（1987a）
8	$S = 3.0(\sin\theta)^{0.8} + 0.56$	Foster（1982b）
9	$S = (\sin\theta/0.0896)^{0.6}$	McCool 等（1987b）

我国学者对坡度因子也进行了许多研究（表 4-2）。不同研究者采用了不同的坡度作为标准，有 5°、5.07°、8.75° 和 10° 等，导致坡度因子指数存在差异。使用的资料来自不同坡度的径流小区也是造成坡度指数差异的原因之一。

表 4-2　我国主要坡度因子公式

资料来源	公式	试验条件
牟金泽和孟庆枚（1983）	$S = \left(\dfrac{\theta}{5.07}\right)^{1.3}$	甘肃省天水，4°、6°~8°、13°~15°、17°~18° 四个坡度级，每级坡度 3 个共 12 个径流小区。以坡度 5.07° 为标准。θ 为坡度（°）
江忠善和李秀英（1988）	$S = \left(\dfrac{\theta}{10}\right)^{1.45}$	甘肃省天水和陕西省绥德不同坡度径流小区，以坡度 10° 为标准

资料来源	公式	试验条件
张宪奎等（1992）	$S=\left(\dfrac{s}{8.75}\right)^{1.3}$	黑龙江省宾县和克山县径流小区，以坡度 8.75° 为标准。s 为坡度（%）
周伏建等（1995）	$S=\left(\dfrac{\theta}{10}\right)^{0.78}$	福建省安溪径流小区。以坡度 10° 为标准
林素兰等（1997）	$S=0.05+3.60\tan\theta+51.60\tan\theta^2$	辽宁省西丰径流小区。以坡度 6° 为标准
杨子生（1999）	$S=\left(\dfrac{\theta}{5A}\right)^{1.32}$	云南省昭通市和东川市 18 个径流小区。以坡度 5° 为标准。A 是某坡面土壤流失量（$t\cdot hm^{-2}\cdot a^{-1}$）
Liu 等（1994）	$S=21.91\sin\theta-0.96$	甘肃省天水、陕西省安塞和绥德径流小区，以坡度 5.14° 为标准

选用正确的坡度公式十分重要，否则就会带来很大的计算误差。总体来说，Zingg（1940）公式对陡坡预报过高。Smith 和 Whitt（1947）公式在小于 10% 和大于 40% 坡度上的预报效果比 Zingg 公式好，但在 10%～40% 坡度上预报效果不如 Zingg 公式。Smith 和 Wischmeier（1957）公式在大于 20% 坡度上预报过高。Wischmeier 和 Smith（1978）使用了坡度正弦函数（$\sin\theta$）代替了坡度百分比，在陡坡上预报稍好一些，但仍然偏高。McCool 等（1987a）坡度正弦线性关系的公式优于 RUSLE，在大于 20% 的坡度上预报结果明显偏低。

4.2.2　坡度因子公式

根据目前研究成果，坡度因子公式在不同的坡度范围下不同，应选用对应的公式计算：10° 以下的坡度选用 McCool（1987a）的公式（4-9）和（4-10）；10° 以上的坡度选用 Liu 等（1994）的公式（4-11）。

$$S=10.8\sin\theta+0.03 \quad \theta<5° \tag{4-9}$$

$$S=16.8\sin\theta-0.5 \quad 5°\leqslant\theta<10° \tag{4-10}$$

$$S=21.91\sin\theta-0.96 \quad \theta\geqslant10° \tag{4-11}$$

式中，S 为坡度因子；θ 为坡度，（°）。需要注意的是，Liu 等（1994）采用陡坡农地观测资料建立了陡坡情况下的坡度因子公式（4-11），采用的最大坡度为 30°，因此该公式只适用于 10°～30°，大于 30° 以上的坡度依然采用 30° 的结果，将 30° 称为坡度阈值。

上述公式适用于坡长大于 5m 的坡面，当坡长为小于等于 5m 的短坡时，采用下式计算（McCool et al.，1987a）：

$$S=3.0\,(\sin\theta)^{0.8}+0.56 \tag{4-12}$$

4.3　地形因子计算

地形因子是指坡长因子和坡度因子的乘积（LS），表示给定坡长和坡度坡面的土壤流失量与水平投影坡长 22.13m 和坡度 5.14°且其他条件一致坡面的土壤流失量比率。在一个完整坡面上，土壤侵蚀从坡上到坡下各不相同，坡面不规则时差异更大。精确的水土保持措施布设需要计算各坡段土壤流失量。总体而言，采用坡面平均地形因子，会低估凸形坡土壤流失量，或高估凹形坡土壤流失量，因此计算坡面不同坡段土壤流失量和不规则坡的平均地形因子时，需要将坡面分成若干个均匀坡段。本节介绍坡度在整个坡面一致的直形坡及坡度不一致的分段坡地形因子计算方法。

4.3.1　平均地形因子计算

坡面的坡度相同或相差很小时，可视为直形坡计算其平均地形因子。分别以水平投影坡长 5m 和坡度 5°为阈值，将直形坡分为长坡（$\lambda>5$m）和短坡 $\lambda\leqslant5$m、陡坡 $\theta\geqslant5°$和缓坡（$\theta<5°$）。计算时，应根据坡长和坡度组合，选择合适的坡长指数和坡度因子公式，具体组合如下：

（1）当水平投影坡长 $\lambda>5$m 时，用公式（4-5）计算坡长因子，公式（4-9）~公式（4-11）计算坡度因子，m 依据坡度取不同的值：

$$LS=\left(\frac{\lambda}{22.13}\right)^m(10.8\sin\theta+0.03)$$

$$LS=\left(\frac{\lambda}{22.13}\right)^m(16.8\sin\theta-0.5)$$

$$LS=\left(\frac{\lambda}{22.13}\right)^m(21.91\sin\theta-0.96)$$

（2）当水平投影坡长 1m$<\lambda\leqslant5$m，坡度 $\theta\geqslant5°$时，先用坡长公式（4-5）带入坡长 $\lambda=5$m，计算 1m 和 5m 处的坡长因子值，用短坡坡度公式（4-12）计算坡长等于 1m 的坡度因子，用长坡坡度公式（4-10）计算坡长等于 5m 处的坡度因子，分别求出 1m 和 5m 对应各坡度的 LS 值；然后在任一坡度计算 1m 和 5m 两点 LS 值与坡长对数值的线性回归方程；最后用该回归方程插值得到该坡度 1~5m 间的任何 LS 值。

1m 的 LS 值：

$$LS=\left(\frac{5}{22.13}\right)^m(3\sin^{0.8}\theta+0.56)$$

5m 的 LS 值：

$$LS = \left(\frac{5}{22.13}\right)^m (16.8\sin\theta - 0.5)\ (5° \leqslant \theta < 10°)$$

$$LS = \left(\frac{5}{22.13}\right)^m (21.9\sin\theta - 0.96)\ (\theta \geqslant 10°)$$

对任一坡度建立上述两个 LS 值与坡长对数值（ln1 和 ln5）的线性回归方程，据此方程求出该坡度 1~5m 间的 LS 值。

（3）当水平投影坡长 1m<λ≤5m，坡度 θ<5°时，坡长因子公式的坡长 λ 恒取值 5m，坡度因子用式（4-9）计算。不用短坡坡度公式（4-12），是因为在短缓坡情况下，地表径流比较难形成，而短坡公式（4-12）计算的坡度因子值偏大。如该公式计算的 3m 坡长的 LS 值甚至大于 15m 坡长用公式 9 计算的 LS 值，因此在短缓坡情况下，采用了坡长恒定 5m，公式（4-9）计算 LS 值。

$$LS = \left(\frac{5}{22.13}\right)^m (10.8\sin\theta + 0.03)$$

根据以上坡长和坡度组合公式，计算了坡长 1~300m、坡度 0.25°~30°范围直形坡坡面的平均 LS 值（表 4-3）。

4.3.2 分段坡地形因子计算

在平均坡度一致情况下，凸形坡平均土壤流失量比直形坡大 30%，如果凹形坡不发生沉积，其平均土壤流失量比直形坡小，因此应采用分段坡方法计算 LS 值（Foster and Wischmeier，1974）。将单位宽度非直形坡分为若干直形坡，第 i 段单位宽度土壤流失总量用下列公式计算（Foster and Wischmeier，1974）：

$$E_i = RK_iB_iE_iT_iS_i(\lambda_i^{m+1} - \lambda_{i-1}^{m+1})/(22.13)^m \tag{4-13}$$

式中，E_i 是第 i 坡段单位宽度的土壤流失量（t·hm^{-2}）；R 是降雨径流侵蚀力因子（MJ·mm·hm^{-2}·h^{-1}·a^{-1}）；K_i 是该坡段的土壤可蚀性因子（t·hm^2·h·hm^{-2}·MJ^{-1}·mm^{-1}）；S_i 是该坡段的坡度因子；λ_{i-1} 和 λ_i 分别是第 $i-1$ 和 i 段的水平投影坡长（m）。根据地形因子定义，该坡段地形因子值计算公式为

$$LS_i = S_i(\lambda_i^{m+1} - \lambda_{i-1}^{m+1})/[(\lambda_i - \lambda_{i-1})(22.13)^m] \tag{4-14}$$

如果将坡面分为水平投影坡长相等的 n 个坡段，则上式写为

$$LS_i = S_i\{(ix)^{m+1} - [(i-1)x]^{m+1}\}/\{[ix - (i-1)x](22.13)^m\}$$

$$= S_ix^m[i^{m+1} - (i-1)^m]/(22.13)^m \tag{4-15}$$

式中，LS_i 是第 i 坡段的 LS 值；x 是第 i 坡段的水平投影坡长，m。该坡段单位面积土壤流失量为

$$A_i = RK_iB_iE_iT_i\{(ix)^{m+1} - [(i-1)x]^{m+1}\}/(22.13^m x) \tag{4-16}$$

表4-3 不同坡长坡度组合的平均地形因子 LS 值

坡度/(°)	坡长/m																		
	1	2	3	4	5	10	15	20	25	30	35	40	45	50	100	150	200	250	300
0.5	0.07	0.08	0.08	0.09	0.09	0.11	0.11	0.12	0.13	0.13	0.14	0.14	0.14	0.15	0.17	0.18	0.19	0.20	0.21
1	0.12	0.14	0.15	0.16	0.16	0.19	0.20	0.21	0.22	0.23	0.24	0.25	0.25	0.26	0.30	0.32	0.34	0.35	0.37
2	0.16	0.20	0.22	0.24	0.26	0.32	0.36	0.39	0.42	0.45	0.47	0.49	0.50	0.52	0.64	0.72	0.79	0.84	0.89
3	0.24	0.29	0.33	0.36	0.38	0.47	0.53	0.58	0.62	0.65	0.68	0.71	0.74	0.76	0.94	1.06	1.15	1.23	1.30
4	0.23	0.30	0.35	0.40	0.43	0.57	0.67	0.75	0.82	0.88	0.94	0.99	1.04	1.09	1.43	1.68	1.89	2.07	2.22
5	0.28	0.37	0.43	0.49	0.53	0.70	0.83	0.93	1.01	1.09	1.16	1.22	1.28	1.34	1.76	2.07	2.33	2.54	2.73
6	0.27	0.38	0.46	0.53	0.60	0.84	1.03	1.19	1.33	1.46	1.58	1.69	1.79	1.89	2.67	3.27	3.78	4.22	4.62
7	0.33	0.47	0.57	0.66	0.74	1.04	1.27	1.47	1.64	1.80	1.95	2.08	2.21	2.33	3.29	4.03	4.65	5.20	5.70
8	0.39	0.55	0.68	0.78	0.87	1.24	1.51	1.75	1.95	2.14	2.31	2.47	2.62	2.76	3.91	4.78	5.52	6.18	6.77
9	0.45	0.64	0.78	0.90	1.01	1.43	1.75	2.02	2.26	2.48	2.68	2.86	3.03	3.20	4.52	5.54	6.40	7.15	7.83
10	0.60	0.85	1.05	1.21	1.35	1.91	2.34	2.70	3.02	3.31	3.57	3.82	4.05	4.27	6.04	7.40	8.54	9.55	10.46
12	0.76	1.08	1.32	1.53	1.71	2.41	2.96	3.42	3.82	4.18	4.52	4.83	5.12	5.40	7.64	9.35	10.80	12.07	13.23
14	0.92	1.30	1.60	1.84	2.06	2.92	3.57	4.12	4.61	5.05	5.45	5.83	6.18	6.52	9.22	11.29	13.04	14.58	15.97
16	1.08	1.53	1.87	2.16	2.41	3.41	4.18	4.82	5.39	5.91	6.38	6.82	7.24	7.63	10.79	13.21	15.26	17.06	18.69
18	1.23	1.75	2.14	2.47	2.76	3.90	4.78	5.52	6.17	6.76	7.30	7.81	8.28	8.73	12.34	15.12	17.45	19.51	21.38
20	1.39	1.96	2.40	2.78	3.10	4.39	5.38	6.21	6.94	7.60	8.21	8.78	9.31	9.81	13.88	17.00	19.63	21.94	24.04
22	1.54	2.18	2.67	3.08	3.44	4.87	5.96	6.88	7.70	8.43	9.11	9.74	10.33	10.89	15.40	18.86	21.77	24.34	26.67
24	1.69	2.39	2.93	3.38	3.78	5.34	6.54	7.55	8.45	9.25	9.99	10.68	11.33	11.94	16.89	20.69	23.89	26.71	29.26
26	1.84	2.60	3.18	3.67	4.11	5.81	7.11	8.21	9.18	10.06	10.86	11.61	12.32	12.98	18.36	22.49	25.97	29.03	31.81
28	1.98	2.80	3.43	3.96	4.43	6.26	7.67	8.86	9.91	10.85	11.72	12.53	13.29	14.01	19.81	24.26	28.02	31.32	34.31
30	2.12	3.00	3.68	4.25	4.75	6.71	8.22	9.49	10.62	11.63	12.56	13.43	14.24	15.01	21.23	26.00	30.03	33.57	36.77

n 个水平投影坡长相等坡段组成的直形坡坡面单位面积的土壤流失量为

$$A = RKBET (nx)^m/(22.13)^m \qquad (4\text{-}17)$$

假设各坡段的 R、K、B、E 和 T 因子相同，则每个坡段单位面积土壤流失量（A_i）与整个坡面单位面积土壤流失量的比例为

$$A_i/A = \{(ix)^{m+1} - [(i-1)x]^{m+1}/(22.13)^m\} \cdot \{(22.13)^m/(nx)^m\}$$
$$= [i^{m+1} - (i-1)^{m+1}]/(n)^m \qquad (4\text{-}18)$$

表4-4是根据公式（4-18）计算的某个坡面坡段数依次为2、3、4、5时，各坡段单位宽度土壤流失总量占该坡面单位宽度土壤流失总量的比例，排列顺序从坡顶向坡脚序号依次增大。表中不难看出，无论分为多少个坡段，坡下的单位宽度土壤流失总量所占比例总是大于坡上。

表4-4 不同坡段相对于全坡面土壤流失量的比例

总坡段数	分段序号	坡长指数		
		$m=0.3$	$m=0.4$	$m=0.5$
2	1	0.41	0.38	0.35
	2	0.59	0.62	0.65
3	1	0.24	0.21	0.19
	2	0.35	0.35	0.35
	3	0.41	0.43	0.46
4	1	0.16	0.14	0.13
	2	0.24	0.24	0.23
	3	0.28	0.29	0.30
	4	0.31	0.33	0.35
5	1	0.12	0.11	0.09
	2	0.18	0.17	0.16
	3	0.21	0.21	0.21
	4	0.23	0.24	0.25
	5	0.25	0.27	0.28

计算分段坡土壤流失量时，划分的坡段应遵循以下原则：每一坡段的坡度一致。首先从表4-4可查到不同坡段地形因子的权重系数（即该坡段土壤流失量相对于全坡面土壤流失量的比例），然后以此为基础计算，具体步骤如下：

第一步，将坡面按上述原则划分为若干坡段。

第二步，从坡顶至坡脚对坡段依次编号。

第三步，根据每一坡段的坡度和整个坡的坡长计算出每一坡段的 LS 值。

第四步，根据所划分的总坡段数，查表 4-4 得到每一坡段的 LS 权重系数。

第五步，用第三步计算的每一坡段 LS 值乘以相应的权重系数得到每一坡段新的 LS 值。

第六步，对所有坡段的 LS 值求和得到整个坡面的 LS 值。

以下分别给出平均坡度为 5°、全坡长为 122m 的凸形坡、凹形坡和直形坡 LS 值分段计算过程。

表 4-5 为凸形坡计算过程。

第一步，将其按坡度分为三段：列 1 和列 2 分别是从坡顶至坡脚的分段序号和对应的坡度。

第二步，第 1 坡段的坡度 3°，用坡度公式（4-9）计算出该段坡度因子 S 值为 0.59。由坡长因子公式（4-5）可知坡度为 3° 对应的坡长指数 m 取 0.5，用全坡坡长 122m 和坡长指数 0.5 代入公式（4-5a）计算出坡长因子 L 值为 2.34。S 值和 L 值相乘为 1.40，是坡度为 3°、坡长为 122m 的全坡面 LS 值，列入表 4-5 的第 3 列。

第三步，根据第 1 坡段坡度 3° 及其对应的坡长指数 0.5，由表 4-4 可查得或公式（4-18）计算得到第一坡段的权重系数 f_i 为 0.19，列入表 4-5 的第 4 列。

第四步，将列 3 和列 4 相乘，得到第一坡段的地形因子值 0.22，列入第五列。

依照第二至第四步，计算另外两个坡段的 LS 值分别为 0.79 和 1.67，列入第五列。

对第五列各坡段 LS 值求和，得到全坡长 122m 凸形不规则坡的全坡面 LS 值为 2.69。

表 4-5   122m 长凸形不规则坡 LS 值计算过程示例

坡段	坡度/(°)	LS 值	公式（4-18）计算的权重系数 f_i	坡段 LS 值列 3×列 4
1	3	1.18	0.19	0.22
2	5	2.26	0.35	0.79
3	7	3.63	0.46	1.67
不规则坡全坡段 LS 值				2.69

表 4-6 是凹形坡计算过程。列 1 和列 2 分别是从坡顶至坡脚的分段序号和对应的坡度。按照上述步骤，得到全坡面 LS 值为 2.02。

表 4-7 是直形坡计算过程。列 1 和列 2 分别是从坡顶至坡脚的分段序号和对应的坡度。按照上述步骤，得到全坡面 LS 值为 2.26。如果不分段，直接将 122m 代入坡长指数为 0.5 的坡长公式（4-5）、将 5° 代入坡度公式（4-10），得到的地形因子 LS 值也是 2.26。但通过分段可以看到，坡上至坡下的土壤流失量比例不同，下坡流失量明显大于上、中坡。

表 4-6 122m 长凹形不规则坡 LS 值计算过程示例

坡段	坡度/(°)	LS 值	权重系数 f_i	坡段 LS 值列 3×列 4
1	7	3.63	0.19	0.69
2	5	2.26	0.35	0.79
3	3	1.18	0.46	0.54
不规则坡全坡段 LS 值				2.02

表 4-7 122m 直形坡分段 LS 值计算过程示例

坡段	坡度/(°)	LS 值	权重系数 f_i	坡段 LS 值列 3×列 4
1	5	2.26	0.19	0.43
2	5	2.26	0.35	0.79
3	5	2.26	0.46	1.04
全坡段 LS 值				2.26

比较表 4-5、表 4-6 和表 4-7 可以发现：①其他条件相同的情况下，凸形坡的土壤流失量比直形坡大 19%，比凹形坡大 42.5%；直形坡土壤流失量比凹形坡大 11%。②从不同坡段的情况看，凸形坡的最大土壤流失量出现在坡的最底端，而凹形坡的最大流失量出现在坡的中段。

4.4 基于 DEM 的地形因子估算与精度评价

数字高程模型（digital elevation model，DEM）以网格形式表达各个网格的高程，是计算地形因子的基础数据。DEM 的精度高低用分辨率表示，是指 DEM 栅格的大小。如果 DEM 通过数字化地形图的等高线插值而成，其分辨率与地形图比例尺密切相关。即使相同比例尺地形图生成的 DEM，其分辨率不同也会影响地形因子的计算结果。本节主要介绍地形图比例尺和分辨率对计算地形因子的影响。

4.4.1 DEM 网格地形因子 LS 值计算

采用 DEM 计算土壤流失量时，实质是将坡面分解为网格。网格是分段坡的一种特殊形式，每一个网格的坡度因子按该网格的坡度，采用坡度公式［式（4-9）~式（4-11）］

计算，不能用短坡坡度公式 [式 (4-12)]。每一个网格根据汇流关系可以看成是一个分段，因此坡长因子采用分段坡坡长因子公式计算：

$$L_i = \frac{\lambda_{out}^{m+1} - \lambda_{in}^{m+1}}{(\lambda_{out} - \lambda_{in})(22.13)^m} \tag{4-19}$$

式中，L_i 是第 i 个网格坡长因子值；λ_{out}、λ_{in} 分别是网格出口及入口对应的坡面水平投影坡长，m；m 是坡长指数，根据坡度按式 (4-9) ~ 式 (4-11) 取值 (Liu et al., 2000)。

4.4.2 地形图比例尺对 LS 值的影响

地形图比例尺大小与提取的坡度和坡长关系一般为：比例尺越小，提取的坡度越缓，坡长越长，但影响较为复杂。Wang 等 (2016) 用北京东台沟小流域 1∶2000、1∶10 000 和 1∶50 000 三种不同比例尺地形图提取了坡度和坡长，研究了它们对土壤侵蚀量的影响，结果表明：1∶50 000 比例尺地形图会导致大坡度 (>25°) 的分布面积减小 [图 4-1 (a)]，长坡长 (>50m) 的分布面积增加 [图 4-1 (b)]。二者相比，地形图比例尺对坡长的影响更大，最终导致小比例尺地形图计算的大 LS 值分布面积较大，从而使土壤侵蚀量大值的分布面积增大 (图 4-2)，即会高估土壤侵蚀量。1∶2000 和 1∶10 000 比例尺地形图计算的坡度和坡长因子无显著差别，土壤侵蚀量的计算结果也无显著差别。因此，应采用 1∶10 000 比例尺地形图生成的 DEM 计算地形因子。采用小于该比例尺地形图生成的 DEM 计算地形因子会导致较大的误差，误差大小与地形有关，地形起伏越大，误差越大。

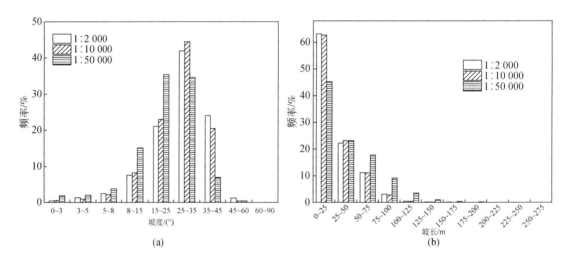

图 4-1　不同比例尺 DEM 提取的坡度 (a) 和坡长 (b) 组成 (10m 栅格)

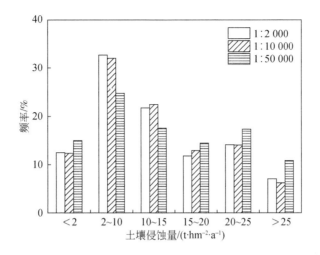

图 4-2　不同比例尺 DEM 计算的土壤侵蚀分级组成（10m 栅格）

4.4.3　DEM 分辨率对 LS 值的影响

不同 DEM 分辨率得到的 LS 值大小差异显著，对土壤侵蚀量计算结果影响明显。Fu 等（2015）用北京东台沟小流域 1∶2000 地形图分析了不同 DEM 分辨率对提取的坡度、坡长、坡度因子和地形因子 LS 的影响。结果表明：分辨率越小，即栅格越大，计算的平均坡度越小 ［图 4-3 （a）］；当栅格小于 15m 时，平均坡长随栅格增加的变化不显著；当栅格大于 15m 时，平均坡长随栅格增加而增大 ［图 4-3 （b）］。平均 LS 值随栅格增加有减小的趋势 ［图 4-4 （a）］。从 LS 值分级构成看 ［图 4-4 （b）］，25m 和 30m 栅格计算的 LS

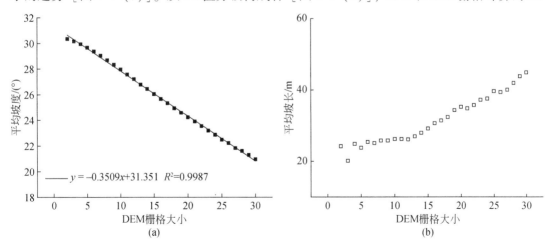

图 4-3　DEM 分辨率提取的平均坡度（a）和平均坡长（b）

值各级别分布明显不同于2m栅格的计算结果；但5m与10m单元格计算的LS值各级别分布，基本与2m单元格计算结果一致。因此当采用1:10000比例尺地形图生成的DEM时，建议采用小于或等于10m的栅格计算LS值。

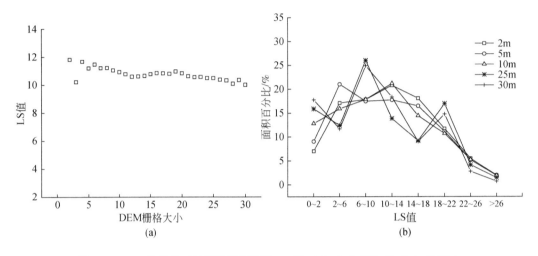

图4-4　DEM单元格对计算的流域平均LS值（a）和分级构成（b）的影响

4.4.4　中断因子对坡长的影响

基于DEM网格计算坡长时，采用非累计流量坡长计算方法（Hickey et al., 1994；Hickey, 2000），即从水流起点开始基于每个网格在流向上的有效长度沿流向累加计算长度，当出现坡度减小情况时，会因流速降低导致泥沙沉积，坡长的计算也应到此终止。因此采用中断因子进行坡长累加控制，其含义为在水流方向上流入栅格坡度与当前计算栅格坡度的比值，即坡度变化率的临界值，该值在0~1范围内时，说明坡度沿程降低，会出现泥沙沉积。Hickey等（1994）和Hickey（2000）建议陡坡（坡度>5%）中断因子取值0.5，缓坡（坡度≤5%）取值0.7。

采用福建长汀流域、陕西大南沟流域以及黑龙江鹤北2号流域5m分辨率的DEM资料，对比分析了陡坡和缓坡不同中断因子组合下提取坡长的分布频率（罗来军，2011）。当把陡坡中断因子固定为0.5时，缓坡中断因子按0.3、0.5、0.7、0.8变化，比较坡长提取结果对缓坡中断因子的敏感性；把缓坡中断因子固定为0.7时，比较陡坡中断因子为0.1、0.3、0.5时三组的坡长提取结果分布（图4-5）。通过坡长计算结果累计频率发现中断因子取值对坡长提取结果的敏感性不高，因此采用陡缓坡中断因子（0.5，0.7）这一组合。

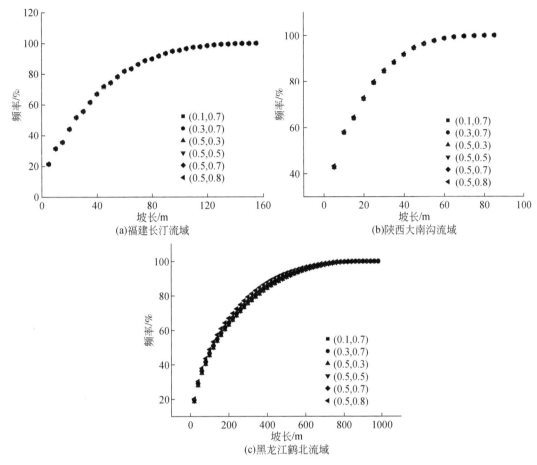

图 4-5　不同中断因子组合提取的坡长分级频率

4.4.5　汇流面积阈值对沟道提取及坡长因子值的影响

　　沟道是坡长中断的限制条件之一，它的提取结果受汇流面积阈值影响。汇流面积阈值是判断栅格是否为沟道的条件：当栅格汇流面积大于汇流面积阈值时，则判断该栅格为沟道，否则为坡面。该值大小对沟道提取和坡长因子计算有很大的影响。以陕西大南沟流域和黑龙江鹤北 2 号流域为例，采用 5m 分辨率 DEM 分析结果表明：随汇流面积阈值增加，沟道密度降低（图 4-6）。如果汇流面积阈值设置过小，会导致流域内沟道密度过高，使一部分坡面也变成了沟道。如果汇流面积阈值设置过大，无法提取沟道。以这两个流域为例，如将汇流面积阈值设置为 600 000m²，上述两个流域提取的沟道密度均为 0。

　　汇流面积阈值小，提取的沟道密度过大，会使坡长出现中断的频率高，短坡长多，小坡长因子值多，平均坡长因子值较小；反之汇流面积阈值大，提取的沟道密度小，甚至没有沟

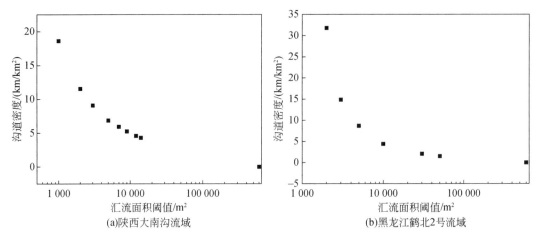

图 4-6 汇流面积阈值对沟道提取的影响

道，会使长坡面积比例增加，大坡长因子值比例也相应增加，平均坡长因子值较大（表 4-8 和表 4-9）。陕西大南沟流域汇流面积阈值在 10 000 ~ 20 000m² 时，流域平均坡长因子和各级别坡长因子的面积比例几乎没有变化。黑龙江鹤北 2 号流域汇流面积阈值在 30 000 ~ 50 000m² 时，流域平均坡长因子和各级别坡长因子的面积比例无明显变化。说明汇流面积阈值的取值在某些范围时，对流域坡长因子影响不显著。不同区域地形特征不同，汇流面积阈值及其对坡长影响不显著的范围会有所不同，应根据当地地形特征选择不同的汇流面积阈值。

表 4-8　陕西大南沟流域不同汇流面积阈值对坡长因子的影响

L	汇流面积/m²								
	1 000	2 000	3 000	5 000	7 000	9 000	12 000	20 000	600 000
0 ~ 0.95	48.35	45.09	44.01	42.78	42.52	42.19	41.89	41.60	40.03
0.95 ~ 1.35	13.16	13.21	13.13	13.26	13.17	13.18	13.19	13.29	13.48
1.35 ~ 1.65	10.00	9.99	10.04	10.06	10.06	10.07	10.07	10.08	10.20
1.65 ~ 1.90	8.09	8.07	8.13	8.15	8.15	8.15	8.16	8.17	8.26
1.90 ~ 2.13	7.29	9.36	10.24	11.23	11.52	11.79	12.05	12.23	12.99
>2.13	13.10	14.27	14.45	14.53	14.58	14.62	14.64	14.64	15.04
均值	1.18	1.26	1.28	1.31	1.32	1.32	1.33	1.33	1.37

表 4-9　黑龙江鹤北 2 号流域不同汇流面积阈值对坡长因子的影响

L	汇流面积/m²							
	1 000	2 000	3 000	5 000	10 000	30 000	50 000	600 000
0 ~ 0.95	43.17	20.65	12.18	9.12	7.00	5.81	5.53	4.78
0.95 ~ 1.35	5.21	5.23	5.24	5.25	5.27	5.28	5.29	5.31
1.35 ~ 1.65	5.97	5.98	5.99	5.99	6.00	6.01	6.01	6.02

续表

L	汇流面积/m^2							
	1 000	2 000	3 000	5 000	10 000	30 000	50 000	600 000
1.65 ~ 1.90	5.44	5.48	5.48	5.49	5.49	5.50	5.50	5.51
1.90 ~ 2.13	5.46	5.52	5.55	5.56	5.57	5.57	5.57	5.37
2.13 ~ 3.00	18.88	27.22	31.94	33.62	34.87	35.73	35.96	36.57
3.00 ~ 3.68	11.04	15.01	15.32	15.55	15.69	15.70	15.70	15.70
3.68 ~ 4.25	2.88	9.34	12.62	13.66	14.30	14.56	14.60	14.70
>4.25	1.94	5.57	5.69	5.76	5.82	5.83	5.83	5.83
均值	1.44	2.23	2.50	2.60	2.66	2.70	2.70	2.72

4.5　地形因子计算工具

考虑到基于 DEM 计算地形因子的算法较为复杂，尤其是目前通用的 ArcGIS 软件生成的坡长与模型中的坡长算法不同，不能采用该模块直接生成的坡长计算坡长因子，研发了以 DEM 网格数据为基础的分段坡地形因子计算工具。坡长因子采用公式（4-5）及分段坡方法，坡度公式采用公式（4-9）~公式（4-12）。该工具的开发环境为 Visual Studio 2010，算法由 C++语言实现，软件界面使用 C#语言实现，文件读写用开源库 GDAL 实现。图形显示不依赖任何第三方图形库。本软件 64 位版本一次性可完成 4 万行×4 万列的 LS 计算，如计算的栅格大小为 10m，一次能计算 160 000km² 的区域。

4.5.1　用户界面

鼠标左键双击"LS 计算工具"按钮后，首先弹出如图 4-7 所示的程序起动界面。

图 4-7　程序起动界面

在起动界面上任意位置单击鼠标左键，弹出"LS 计算工具"主界面（图4-8），该界面包含菜单栏、工具栏、图形显示栏和输出窗口栏四部分。

图4-8　LS 计算工具主界面

工具栏仅包含了文件打开的快捷按钮"📂"。图形显示栏用于显示打开的图像文件。输出窗口栏用于显示命令执行情况的相关信息。菜单栏包括参数设置、窗口和符号三个菜单项，各项含义如下：

（1）参数设置，设置本工具计算 LS 的基本参数。

（2）窗口，控制主界面中"输出窗口"栏在界面中是否显示。

（3）符号，图形文件的色彩选择，以及设置数值的显示方式。

（4）关于，显示本软件的版权所属（图4-9）。

图4-9　版权显示界面

4.5.2 参数设置

鼠标左键点击参数设置菜单栏下的【参数设置】按钮，弹出以下对话框（图4-10）。

图4-10　参数设置窗口

需要用户在该界面设置文件路径、阈值、坡长因子计算方法和模型选项四方面的内容。

1. 文件路径

是指需输入DEM所在的文件路径，同时也要设定输出结果路径。DEM文件格式为栅格文件 *.aux、*.xml 或 *.tif。输出结果文件格式为 *.tif。

2. 阈值设定

坡度阈值：当坡度大于该阈值时，用坡度阈值计算坡度因子。默认的坡度阈值是30°，即所有大于30°的坡度，均按30°计算坡度因子。

坡长阈值：当坡长大于该阈值时，坡长因子值取其入口单元格坡长因子值最大值。该值大小因地形特征而异，如黄土高原地形破碎，坡长较短，阈值可设为100m，东北黑土漫岗丘陵区，坡长较长，阈值可设为300m。

汇流面积：是提取沟道时设定的沟道汇流面积上限。取值原则是提取的沟道与地形图上沟道一致，该值越大，提出来的沟道密度越低，坡长越长。该值大小因地形特征、地形图比例尺和栅格分辨率而异，如黄土高原地形破碎，当采用 1∶1 万地形图 10m 分辨率 DEM 时，阈值可设为 1000m²，东北黑土漫岗丘陵区，地形平缓，阈值可设为 3000m²。

去短枝：用于去掉提取的短沟道。用户可根据需求设置。

缓坡中断因子：判断坡度从陡坡变化到缓坡，累加坡长是否发生中断的阈值。默认的中断因子值为 0.7。

陡坡中断因子：同上。与缓坡相比，陡坡不易发生沉积，因此该阈值比缓坡中断因子值小，默认的中断因子值为 0.5。

3. 坡长因子计算方法

本工具提供了计算坡长因子的两种方法——坡长法和汇流面积法，用户可根据需求选择。

4. 模型选项

如果计算时选中"只进行子流域划分"选项，需在阈值设定中设置合适的汇流面积阈值，用于进行区域的子流域划分。

当计算区域过大时，可先进行子流域划分，然后在子流域的基础上进行 LS 计算。

4.5.3 输出文件及显示

1. 输出文件

本软件输出文件格式为 *.tif，保存在用户指定的文件目录中，文件可用本软件或 ArcMap 软件打开查看。具体的输出文件及变量说明见表 4-10。

表 4-10 LS 计算工具输出文件

序号	文件名	单位	变量说明
1	dem_水流方向.tif	—	栅格水流方向
2	dem_坡度.tif	°	栅格坡度
3	dem_汇流累计值.tif	—	单元格入口的累计栅格个数,用于计算入口的汇流面积
4	dem_NSCLm.tif	m	单元格最长流路有效长度
5	dem_单元格入口坡长.tif	m	根据水流方向计算的栅格入口坡长

续表

序号	文件名	单位	变量说明
6	dem_单元格出口坡长.tif	m	根据水流方向计算的栅格出口坡长(考虑坡长阈值影响)
7	dem_单元格出口坡长_无阈值.tif	m	根据水流方向计算的栅格出口坡长(不考虑坡长阈值影响)
8	dem_坡度因子.tif	—	栅格坡度因子
9	dem_坡长因子_坡长法.tif	—	用坡长法计算的栅格坡长因子
10	dem_坡长因子_汇流面积法.tif	—	用汇流面积法计算的栅格坡长因子
11	dem_沟道.tif	—	根据汇流面积阈值提取的沟道
12	dem_沟道_去短枝.tif	—	在 dem_沟道.tif 图层基础上去掉了小于阈值的沟道
13	dem_沟道编码.tif	—	对不同级别的沟道进行编码

2. 图像显示

用本软件查看计算结果时,点击工具栏里的文件打开快捷按钮 "",会出现 "打开" 窗口 (图4-11),选中需要打开的文件,点击【打开】按钮,即可打开文件。

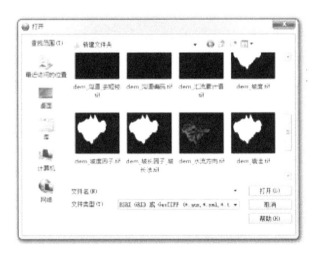

图 4-11　文件打开窗口

打开的图形文件,显示在图形显示栏中。根据显示图形的数据类型 (整型或浮点型),用户可以用菜单中【符号】下拉菜单中的 "拉伸方式显示栅格"、"分级方式显示栅格" 或 "独立值方式显示栅格" 显示,可进行图形颜色调整 (图4-12、图4-13 和图4-14)。界面的左侧显示图形,右侧显示左侧鼠标 "+" 附近的数据。在左侧图形显示部分,按鼠

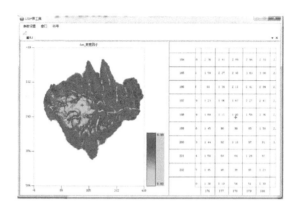

图 4-12　拉伸方式显示栅格

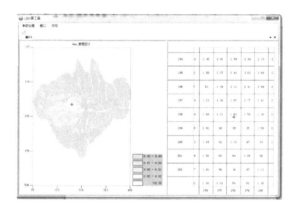

图 4-13　分级方式显示栅格

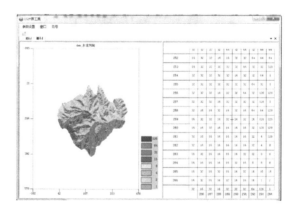

图 4-14　独立值方式显示栅格

标右键可以移动"+",右侧显示的数据随之移动。对于水流方向图,当图像显示放大到一定程度时,界面左侧直接显示水流方向的箭头(图4-15)。

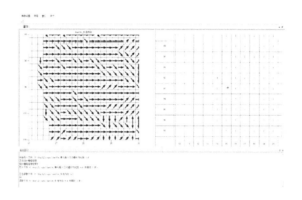

图4-15　水流方向的箭头显示

第5章 覆盖与生物措施因子

覆盖与生物措施因子包括枯枝落叶、残茬、生物结皮、砾石、植物覆盖以及植树种草等生物措施形成的覆盖对侵蚀的影响。Smith 在 1941 年首次将植被的作用引入土壤流失方程。随后，Browning 于 1947 年在植被影响作用中引入了管理因子，考虑了耕作措施的土壤保持作用。Van Doren 等（1950）在量化植被的影响作用时，分别考虑了作物轮作因子和管理水平因子对土壤侵蚀的影响。1956 年在普度大学（Purdue University）召开的土壤侵蚀联合工作会议上，专家们提出了与 USLE 形式类似的土壤流失方程，其中包含了植被覆盖、田间管理、水土保持措施 3 个因子。后鉴于作物轮作和管理因子相互作用，不可截然分开，Wischmeier 和 Smith（1960）建议将轮作因子和管理因子合并，于是在 USLE 及以后的 RUSLE 中，用覆盖和管理因子 C（cover and management factor）表征植被覆盖及田间管理活动对水土流失的影响，是指一定条件下有植被覆盖或实施田间管理的小区土壤流失量与同等条件下（降水、土壤、坡度和坡长等相同）清耕连续休闲（裸地）小区的土壤流失量之比（Wischmeier and Smith，1978）。尽管 USLE 或 RUSLE 等不同版本中，对 C 因子命名有所差异，但本质含义未变，反映了有关覆盖和管理对土壤侵蚀的综合作用，其取值取决于具体的作物覆盖、轮作顺序及管理措施的综合作用，以及作物不同生长期侵蚀性降雨的分布状况。C 因子易受人类活动影响而发生变化，取值变化幅度最大（可相差 $2\sim3$ 个数量级），被认为是模型中的一个关键因子。

我国习惯上将水土保持措施划分为工程措施、生物措施和耕作措施。在 CSLE 中，覆盖与生物措施因子不包括作物轮作和管理的影响，只针对林地、草地、枯枝落叶、结皮、地衣苔藓和砾石等地表覆盖的影响，将作物轮作和管理的影响放到耕作措施因子中。因此本模型的覆盖与生物措施因子（biological factor）是指采取某种覆盖与生物措施的坡面土壤流失量与同等条件连续休耕对照裸地上坡面土壤流失量之比（简称 B），无量纲，取值范围 $0\sim1$。裸露情况下，B 为 1，采取某种覆盖与生物措施未导致土壤流失时，B 为 0，B 越小表示覆盖越好。由于类型多样，覆盖状况有别，B 因子大小与植被类型和盖度有密切关系。当土地利用为园地、林地（包括灌木林地）和草地时，B 值由植被类型和盖度决定，取值小于 1。当土地利用为农地时，B 为 1，其覆盖作用体现在耕作措施因子中。植被覆盖季节分布与降雨季节分布的耦合关系对土壤侵蚀有重要影响，因此计算覆盖与生物措施因子时，应考虑降雨侵蚀力的季节变化。

精确的覆盖与生物措施因子值利用径流小区测定，即在相同坡度和坡长情况下，实施植被覆盖与生物措施径流小区年土壤流失量与裸露径流小区年土壤流失量的比值。观测资料年限越长，得到的因子值越稳定。高大乔木林地和园地，往往无法采用 20m 左右水平投影坡长、几米宽、面积 100m² 左右的典型径流小区观测，需要在面积足够大、能体现这些措施水土保持特征的大型径流场观测，面积一般在 1000 ~ 10 000m²。

5.1 覆盖与生物措施因子的观测

覆盖与生物措施主要通过减少降雨动能、截留降雨、增加入渗等保护土壤，不同的植被类型、覆盖与管理方式等对土壤侵蚀的影响各异，植被冠层高度越低，越贴近地表，水土保持效果越好。计算覆盖与生物措施因子 B 值，既要考虑不同植被类型和盖度的差异，又要考虑盖度季节变化与降雨季节变化的配合。因此年平均 B 值是一年内各盖度下土壤流失比率与对应时段降雨径流侵蚀力占年降雨径流侵蚀力的加权平均，计算公式为

$$B = \frac{1}{n} \sum_{i=1}^{n} \left(\frac{\sum_{j=1}^{k} (R_{ij} \cdot \mathrm{SLR}_{ij})}{\sum_{j=1}^{k} R_{ij}} \right) \tag{5-1}$$

式中，R_{ij} 是 i 年 j 时段降雨径流侵蚀力；$i=1，2，\cdots，n$ 是观测年数；$j=1，2，\cdots，k$ 是一年的不同时段，可以是等间隔时段，如半月，也可以是植物的不同生长阶段；SLR_{ij} 是对应时段的土壤流失比率（soil loss ratio，SLR），是该时段内某覆盖下的坡面土壤流失量与相同条件裸露坡面土壤流失量的比值。它是根据当地覆盖与生物措施特点，选择不同的覆盖类型，观测某种类型不同盖度下的土壤流失量获得。SLR 随盖度发生变化，相同盖度下不同高度植被类型如乔木林、灌木林、草地等的 SLR 明显不同。

目前我国针对不同植被类型的土壤流失量观测数据较少，本模型涉及的各类植被类型的 SLR 主要基于有限的径流小区观测结果和已发表的研究成果，给出计算公式。

5.1.1 SLR 观测

为了观测计算 SLR，需要选择当地主要植被类型来布设对应的植被径流小区。布设和管理径流小区时应遵循以下原则：

（1）植被类型与品种选择。选择在当地有代表性的植被类型包括人工或天然乔木和灌木林地、人工或天然牧草地、各类园地等，具体树种或草种及种植方式要根据当地植树造林或种植特点。总之，不求类型全，而求代表性。

（2）径流小区位置和面积确定。确定植被类型和品种后，应根据其种植位置和表现面积选择小区位置和面积。位置主要指坡度，应体现该类型植被分布的主要坡度，面积是指径流小区宽度和水平投影坡长。草地一般按典型小区宽 5m、水平投影坡长 20m，如果是大型乔木、灌木和园地，应考虑适当增加宽度，确保沿等高线方向至少 3~5 株、垂直等高线方向至少 6~10 株树木（尤其考虑成熟期后）的全株冠层均位于径流小区内。如果是天然林或草，应在天然坡面加围挡围成径流小区。

（3）配备裸地径流小区。同时配备裸地径流小区，尺寸可按典型小区宽 5m、水平投影坡长 20m。管理方式按当地大田进行苗床准备、除草、中耕等。通过除草剂和人工清除结皮方法，确保全年植被盖度和生物及物理结皮小于 5%。

（4）径流小区管理。同种植被类型至少有三种盖度：好、中、差，且在生长季尽量维持该状况。如果是放牧草地，中和差可通过放牧实现，而非人工除草。如果是乔木林或乔木园地，应按以下两种方法或选其一管理：一种是对林下盖度加以人工控制，给定某个盖度；一种是按自然变化，建议按照前者，否则难以区分冠层郁闭度和林下盖度的影响。

（5）径流小区观测。径流小区最好安装物候相机自动拍照，每天拍照一次。如果是人工拍照，每 10 天和每次产流后拍照一次。如果是乔木林或园地，林下盖度应采用人工照相，或在乔木冠层下也安装物候相机。

根据每次产流观测结果，计算 SLR：

$$SLR_{ij} = \frac{A_{ij}}{A_{0ij}} \tag{5-2}$$

式中，A_{ij} 是覆盖与生物措施小区 i 年 j 次降雨产生的土壤流失量，$t \cdot hm^{-2}$；A_{0ij} 是对照裸地小区 i 年 j 次降雨产生的土壤流失量，$t \cdot hm^{-2}$；$i = 1, 2, \cdots, n$ 是观测年数；$j = 1, 2, \cdots,$ k 是某年发生侵蚀的次数。

如果措施小区和裸地小区的坡度或坡长不同，需要进行坡度和坡长修订，此时，SLR 的计算公式为

$$SLR_{ij} = \frac{A_{ij}}{A_{0ij}} \cdot \frac{L}{L_B} \cdot \frac{S}{S_B} \tag{5-3}$$

式中，L 和 S 分别是裸地径流小区的坡长因子和坡度因子，如果裸地小区按标准小区的水平投影坡长（22.13m）和坡度（5.13°）修建，则 L 和 S 为 1；L_B 和 S_B 分别是实施覆盖与生物措施径流小区的坡长因子和坡度因子。其他各项意义同公式（5-2）。坡度因子和坡长因子公式详见第 4 章。

通过若干年观测后，可以得到两个结果：一是基于每年的 SLR_i 观测结果，利用公式（5-1），计算每年该径流小区 B 值，并求多年平均值，代表该植被类型的 B 值。二是建立该植被类型 SLR 与植被盖度的回归关系，作为该植被类型的 SLR 计算公式。实际应用时，对于与该类型相同植被，可按其盖度季节变化，利用建立的 SLR 与盖度的关系，计算不同

时段的 SLR，然后利用公式（5-1）计算该植被类型的年平均 B 值。

5.1.2 SLR 计算

1. 草地和灌木林地 SLR

草地包括天然草地和人工草地，它们对土壤侵蚀的影响有明显差别，具有不同的 SLR。天然草地的水土保持作用主要在于植株较高的草本冠层对降水的截留作用、伏地草本和地面枯落物的蓄水保土作用，以及植物根系的固土作用。由于自然界草地会与灌木、乔木等共生，估计草地 B 值时，应同时考虑冠层和地面植被覆盖的影响。目前我国缺乏不同类型天然草地的直接观测资料，采用美国农业部农业手册 537（Wischmeier and Smith，1978）给出的天然草地和荒草地 SLR（表 5-1）。

表 5-1　天然草地和荒草地 SLR[1]

植被类型		地表植被类型[2]	地表植被盖度/%					
类型和高度	冠层盖度/%		0	20	40	60	80	>95
无植被冠层		G	0.45	0.20	0.10	0.042	0.013	0.003
		W	0.45	0.24	0.15	0.091	0.043	0.011
高秆杂草或矮灌丛，平均高度 50cm	25	G	0.36	0.17	0.09	0.038	0.013	0.003
		W	0.36	0.20	0.13	0.083	0.041	0.011
	50	G	0.26	0.13	0.07	0.035	0.012	0.003
		W	0.26	0.16	0.11	0.076	0.039	0.011
	75	G	0.17	0.10	0.06	0.032	0.011	0.003
		W	0.17	0.12	0.09	0.068	0.038	0.011
灌木，平均高度 2m	25	G	0.40	0.18	0.09	0.040	0.013	0.003
		W	0.40	0.22	0.14	0.087	0.042	0.011
	50	G	0.34	0.16	0.08	0.038	0.012	0.003
		W	0.34	0.19	0.13	0.082	0.041	0.011
	75	G	0.28	0.14	0.08	0.036	0.012	0.003
		W	0.28	0.17	0.12	0.078	0.040	0.011

续表

植被类型		地表植被类型[2]	地表植被盖度/%					
类型和高度	冠层盖度/%		0	20	40	60	80	>95
乔木，林下无灌木，平均高度4m	25	G	0.42	0.19	0.10	0.041	0.013	0.003
		W	0.42	0.23	0.14	0.089	0.042	0.011
	50	G	0.39	0.18	0.09	0.040	0.013	0.003
		W	0.39	0.21	0.14	0.087	0.042	0.011
	75	G	0.36	0.17	0.09	0.039	0.012	0.003
		W	0.36	0.20	0.13	0.084	0.041	0.011

1 引自美国农业部农业手册 No.537，（Wischmeier and Smith，1978）；2 指草地类型，G 表示针叶草本或类似草本植物、正在腐烂的草或至少 5cm 厚的枯落物；W 表示阔叶草本植物（如根系不发达的野草），或没有腐烂的枯落物，或二者兼有。

　　人工草地从播种、苗期直至生长发育期到枯萎时，覆盖度变化大，开始种植时土壤也有一定程度的扰动，与天然草地 SLR 不同，随后则趋于稳定。张岩等（2003）对黄土高原的人工草地研究表明，2 年以上人工草地的盖度基本保持稳定，土壤扰动也很少，B 因子基本稳定，给出了几种人工草地的 SLR（表5-2）。

表5-2　人工草地 SLR

人工草地	红豆草	苜蓿	一年生草木樨	二年生草木樨
SLR	0.174	0.264	0.377	0.083

　　为了估算不同盖度的人工草地 B 值，根据小区试验资料估计的人工草地土壤流失比率，以及江忠善等（1996）的研究结果，给出了 SLR 与人工草地盖度间的指数关系（图5-1）。

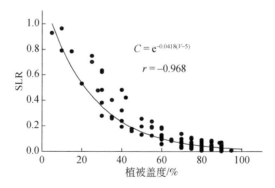

图5-1　SLR 与植被盖度的关系（据江忠善等，1996）

2. 林地 SLR

林地包括天然林和人工林，二者的水土保持效益差异显著，尤其在人工林种植初期，差异更为明显。天然林地表大部分或全部被枯枝落叶覆盖，土壤免受雨滴打击，并增加了入渗，对防止土壤侵蚀非常有效。人工林尤其是经济林和果园等，林下植被覆盖少，会导致较强的侵蚀。由于林地径流小区观测资料很少，给出 USLE 天然林（表5-3）和人工林（表5-4）的 SLR（Wischmeier and Smith，1978）。

表5-3　天然林 SLR

郁闭度和林下覆盖/%	至少5cm厚的枯落物覆盖/%	SLR
100～75	100～90	0.0001～0.001
75～45	85～75	0.002～0.004
40～20	70～40	0.003～0.009

表5-4　人工林 SLR

扰动方式	残茬覆盖/%	土壤特性[1]和地表覆盖[2]							
		很好		好		一般		差	
		NC	WC	NC	WC	NC	WC	NC	WC
压、耙[3]	0	0.52	0.2	0.72	0.27	0.85	0.32	0.94	0.36
	10	0.33	0.15	0.46	0.20	0.54	0.24	0.60	0.26
	20	0.24	0.12	0.34	0.17	0.40	0.20	0.44	0.22
	40	0.17	0.11	0.23	0.14	0.27	0.17	0.30	0.19
	60	0.11	0.08	0.15	0.11	0.18	0.14	0.20	0.15
	80	0.05	0.04	0.07	0.06	0.09	0.08	0.10	0.09
烧荒[4]	0	0.25	0.10	0.26	0.10	0.31	0.12	0.45	0.17
	10	0.23	0.10	0.24	0.10	0.26	0.11	0.36	0.16
	20	0.19	0.10	0.19	0.10	0.21	0.11	0.27	0.14
	40	0.14	0.09	0.14	0.09	0.15	0.09	0.17	0.11
	60	0.08	0.06	0.09	0.07	0.10	0.08	0.11	0.08
	80	0.04	0.04	0.05	0.04	0.05	0.04	0.06	0.05
砍伐[5]	0	0.16	0.07	0.17	0.07	0.20	0.08	0.29	0.11
	10	0.15	0.07	0.16	0.07	0.17	0.08	0.23	0.10
	20	0.12	0.06	0.12	0.06	0.14	0.07	0.18	0.09

扰动方式	残茬覆盖/%	土壤特性[1]和地表覆盖[2]							
		很好		好		一般		差	
		NC	WC	NC	WC	NC	WC	NC	WC
砍伐[5]	40	0.09	0.06	0.09	0.06	0.10	0.06	0.11	0.07
	60	0.06	0.05	0.06	0.05	0.07	0.05	0.07	0.05
	80	0.03	0.03	0.03	0.03	0.03	0.03	0.04	0.04

1 与土壤接触的残留物覆盖的表面百分比。2 不同的土壤条件：很好，表示土壤表层团聚体十分稳定，有乔木须根和枯落物混合；好，表示土壤表层团聚体中等稳定，或亚表层团聚体十分稳定（由于耙地使表土层下移），只能看到枯落物痕迹；一般，表示表土层团聚体很不稳定，或亚表层团聚体中等稳定，无枯落物混合；差，表示无表层土，亚表层容易侵蚀，无枯落物混合。3 NC，表示没有活体植物；WC，表示75%草本植物覆盖，高度50cm，中间盖度用NC和WC两列内插。4 需要根据地表粗糙度和林龄修订表中的SLR：第一年，粗糙地表（洼地深超过15cm），SLR×0.4；中等粗糙地表，SLR×0.65；光滑地表（洼地深小于5cm），SLR×0.9。1～4年，SLR×0.7。4年以上用当地降雨侵蚀力比例修订SLR。5 3年用本表值；3年以上用当地降雨侵蚀力比例修订SLR。

Zhang等（2003）对黄土高原主要林地SLR的研究表明：有些幼林地2年以后SLR基本保持稳定，有些林地则在3年或4年以后基本保持稳定。一般造林初期SLR变化较大，一方面是由于植被自身的特征，如盖度、高度、叶面积以及根系密度等对土壤的保护作用还很小；另一方面是植物栽种时对土壤的扰动程度不同，根据小区观测资料给出了主要人工乔木林和灌木林SLR（表5-5）。

表5-5 黄土高原部分人工林地SLR

人工林地	刺槐	柠条	沙打旺	沙棘	沙棘+杨树	沙棘+油松
SLR值	0.004	0.058	0.071	0.083	0.144	0.164

注：沙棘+杨树和沙棘+油松的林龄在三年以上，其他乔灌林龄二年以上。

3. 基于土地利用的SLR汇总

通过总结表5-1～表5-5，参考已发表研究成果（卢宗凡等，1995；侯喜禄等，1996；江忠善等，1996）和观测资料，将草地、灌木林和乔木林不同郁闭度和盖度下的SLR汇总为表5-6，根据植被类型和盖度得到任一郁闭度/盖度对应的SLR，计算相应时段的降雨径流侵蚀力比例后，利用公式（5-4）可计算出B值。

为了方便计算，本模型综合表5-6结果，分别建立了草、灌木和乔木的SLR计算公式如下。

表 5-6 不同植被郁闭度/盖度对应的 SLR

覆盖度/%	草	灌木	乔木 郁闭度/%																			
			0	5	10	15	20	25	30	35	40	45	50	55	60	65	70	75	80	85	90	95	100
0	0.516	0.614	0.450	0.444	0.438	0.432	0.426	0.420	0.414	0.408	0.402	0.396	0.390	0.384	0.378	0.372	0.366	0.360	0.354	0.348	0.342	0.336	0.330
5	0.418	0.410	0.388	0.382	0.377	0.372	0.367	0.362	0.357	0.352	0.347	0.342	0.337	0.332	0.327	0.322	0.317	0.312	0.307	0.302	0.297	0.292	0.287
10	0.345	0.310	0.325	0.321	0.317	0.313	0.309	0.305	0.301	0.297	0.293	0.289	0.285	0.280	0.276	0.272	0.268	0.264	0.260	0.256	0.252	0.248	0.244
15	0.267	0.250	0.263	0.259	0.256	0.253	0.250	0.247	0.244	0.241	0.238	0.235	0.232	0.229	0.226	0.223	0.219	0.216	0.213	0.210	0.207	0.204	0.201
20	0.242	0.200	0.200	0.198	0.196	0.194	0.192	0.190	0.187	0.185	0.183	0.181	0.179	0.177	0.175	0.173	0.171	0.169	0.166	0.164	0.162	0.160	0.158
25	0.200	0.180	0.176	0.174	0.172	0.171	0.169	0.167	0.165	0.163	0.162	0.160	0.158	0.156	0.154	0.152	0.151	0.149	0.147	0.145	0.143	0.142	0.140
30	0.170	0.150	0.152	0.150	0.149	0.147	0.146	0.144	0.143	0.141	0.140	0.138	0.137	0.135	0.134	0.132	0.131	0.129	0.128	0.126	0.125	0.123	0.122
35	0.140	0.130	0.128	0.127	0.126	0.124	0.123	0.122	0.121	0.119	0.118	0.117	0.116	0.114	0.113	0.112	0.111	0.109	0.108	0.107	0.106	0.104	0.103
40	0.110	0.105	0.104	0.103	0.102	0.101	0.100	0.099	0.098	0.097	0.096	0.095	0.095	0.094	0.093	0.092	0.091	0.090	0.089	0.088	0.087	0.086	0.085
45	0.100	0.095	0.089	0.088	0.087	0.086	0.085	0.085	0.084	0.083	0.082	0.082	0.081	0.080	0.079	0.079	0.078	0.077	0.076	0.076	0.075	0.074	0.073
50	0.073	0.065	0.073	0.072	0.072	0.071	0.071	0.070	0.070	0.069	0.068	0.068	0.067	0.067	0.066	0.066	0.065	0.064	0.064	0.063	0.063	0.062	0.062
55	0.058	0.053	0.058	0.057	0.057	0.056	0.056	0.056	0.055	0.055	0.054	0.054	0.054	0.053	0.053	0.052	0.052	0.052	0.051	0.051	0.051	0.050	0.050
60	0.042	0.040	0.042	0.042	0.042	0.041	0.041	0.041	0.041	0.041	0.040	0.040	0.040	0.040	0.040	0.039	0.039	0.039	0.039	0.039	0.038	0.038	0.038
65	0.035	0.033	0.035	0.035	0.034	0.034	0.034	0.034	0.034	0.034	0.033	0.033	0.033	0.033	0.033	0.033	0.033	0.032	0.032	0.032	0.032	0.032	0.032
70	0.028	0.027	0.028	0.027	0.027	0.027	0.027	0.027	0.027	0.027	0.027	0.026	0.026	0.026	0.026	0.026	0.026	0.026	0.026	0.025	0.025	0.025	0.025
75	0.020	0.020	0.020	0.020	0.020	0.020	0.020	0.020	0.020	0.020	0.020	0.020	0.019	0.019	0.019	0.019	0.019	0.019	0.019	0.019	0.019	0.019	0.019
80	0.013	0.013	0.013	0.013	0.013	0.013	0.013	0.013	0.013	0.013	0.013	0.013	0.013	0.013	0.013	0.012	0.012	0.012	0.012	0.012	0.012	0.012	0.012
85	0.010	0.010	0.010	0.010	0.010	0.010	0.010	0.010	0.010	0.009	0.009	0.009	0.009	0.009	0.009	0.009	0.009	0.009	0.009	0.009	0.009	0.009	0.009
90	0.006	0.006	0.006	0.006	0.006	0.006	0.006	0.006	0.006	0.006	0.006	0.006	0.006	0.006	0.006	0.006	0.006	0.006	0.006	0.006	0.005	0.006	0.006
95	0.003	0.003	0.003	0.003	0.003	0.003	0.003	0.003	0.003	0.003	0.003	0.003	0.003	0.003	0.003	0.003	0.003	0.003	0.003	0.003	0.003	0.003	0.003
100	0.003	0.003	0.003	0.003	0.003	0.003	0.003	0.003	0.003	0.003	0.003	0.003	0.003	0.003	0.003	0.003	0.003	0.003	0.003	0.003	0.003	0.003	0.003

草地 SLR_i 计算公式：

$$SLR_i = 1/(1.25 + 0.788\,45 \times 1.059\,68^{100 \times FVC_i}) \tag{5-4}$$

式中，FVC 是草的盖度，取值范围为 0~1。

灌木 SLR_i 计算公式：

$$SLR_i = 1/(1.176\,47 + 0.862\,42 \times 1.059\,05^{100 \times FVC_i}) \tag{5-5}$$

式中，FVC 是灌木植被盖度，取值范围为 0~1。

乔木 SLR_i 计算公式：

$$SLR_i = 0.444\,68 \times \exp(-3.200\,96 \times GD_i) - 0.040\,99 \times \exp(FVC_i - FVC_i \times GD_i) + 0.025 \tag{5-6}$$

式中，FVC 是乔木冠层郁闭度，取值范围为 0~1；GD 是乔木林下植被盖度，取值范围为 0~1，包括乔木林冠下所有植被（灌木、草本和枯落物）构成的林下盖度，按实地调查或经验取值。

为了确保土壤侵蚀在各类土地利用分布的连续性，将非乔木、灌木和草地的土地利用类型，按经验给出相应的 B 因子参考取值（表 5-7）。

表 5-7　非园地、林地、草地的 B 因子值

土地利用（一级类）	土地利用（二级类）	土地利用代码	B 因子值	说明
耕地	水田	011	1	水保效益通过 T 反映
耕地	水浇地	012	1	水保效益通过 T 反映
耕地	旱地	013	1	水保效益通过 T 反映
居民点及工矿用地	城镇居民点	051	0.01	相当于 80% 的植被覆盖
居民点及工矿用地	农村居民点	052	0.025	相当于 60% 的植被覆盖
居民点及工矿用地	独立工矿用地	053	1	相当于无植被覆盖
居民点及工矿用地	商服及公共用地	054	0.01	相当于 80% 的植被覆盖
居民点及工矿用地	特殊用地	055	0.01	相当于 80% 的植被覆盖
交通运输用地		06	0.01	相当于 80% 的植被覆盖
水域及水利设施用地		07	0	强制为 0，使得侵蚀量等于 0
其他土地	沼泽地、盐碱地、沙地、垃圾场、养殖场、未知地等	08	0	忽略其流失量，但如果注明裸土，取值为 1

在应用式（5-4）~公式（5-6）时，需要注意以下问题：

（1）公式中的 FVC 可以是地面观测值，也可利用遥感影像获得，当是乔木植被类型

时，遥感获得的 FVC 实际上包括了冠层盖度和部分林下盖度，对此，目前的公式没有考虑。

（2）乔木林下的 GD 无法通过遥感影像获得，需要进行实地调查，或建立典型乔木植被类型的林下盖度曲线。

（3）严格意义上说，草地和灌木式（5-4）和式（5-5）中的 FVC，以及乔木公式（5-6）中的 GD，除包括绿色植被覆盖外，还应包括枯枝落叶、地衣苔藓、砾石等的地面覆盖。如果是地面实地调查，应是绿色植被覆盖和上述地面覆盖全部包括在内的总盖度，如果是利用遥感影像数据计算，目前还没有更好的办法计算地面盖度。

5.2　盖度的观测与计算

遥感技术已成为及时、快速获取区域植被覆盖信息最有效的方法。覆盖与生物措施因子与覆盖密切相关，遥感资料成为区域 B 因子值估算的基本数据源，弥补了径流小区监测低效和高成本的不足。基本步骤包括：首先依据遥感资料估算植被盖度，然后基于径流小区监测获取的植被盖度与 SLR 的关系式或关系表估算各种植被盖度下的 SLR，最后以各时段降雨径流侵蚀力占年降雨径流侵蚀力比例为权重系数，对年内不同时段的 SLR 加权平均得到 B 因子值。显然，高时空分辨率遥感数据的获取、植被盖度与 SLR 关系的建立是利用遥感资料估算 B 因子值的两个关键。需要注意的是，基于遥感数据估算 B 因子值目前主要面临以下问题：

（1）遥感数据反演的植被盖度是冠层覆盖和地表覆盖的综合，当冠层盖度较高时，难以反映其下的地表植被覆盖。

（2）目前反演植被盖度多利用归一化差分植被指数（normalized difference vegetation index，NDVI），反映的是绿色植被特征。实际上，覆盖地表的枯枝落叶等对抑制土壤侵蚀有很重要的意义，也必须计入覆盖。

（3）计算植被盖度应该采用高时间和高空间分辨率的遥感数据，时间分辨率至少能反映 24 个半月植被盖度变化，空间分辨率至少是 30m。从目前卫星传感器获得的遥感数据看，如果确保时间分辨率，空间分辨率就难以保证，反之亦然。因此如何通过融合方法同时获得高时间和高空间分辨率遥感数据是基于遥感方法计算 B 因子值的前提。

针对上述三方面问题，以下分别介绍解决方法。

5.2.1　盖度地面观测

为了区分不同覆盖类型对土壤侵蚀的影响，将其分为三种类型：郁闭度、盖度和地面盖度。郁闭度是指乔木冠层垂直投影面积与其所在面积的比值。盖度是指草、灌或二者混合的地上部分垂直投影面积与其所在面积的比值。地面盖度是指枯枝落叶、苔藓、残茬、砾石等的覆盖面积与其所在面积的比值。地面观测盖度的方法主要有三种：目估法、样线针刺法和照相法，建议优先选择照相法。近年来发展的无人机拍照法成为比卫星遥感影像更为精确、比地面观测更为快速的方法。目估法是依靠人的经验目视判定郁闭度、盖度和地面盖度。对于乔木植被而言，郁闭度是仰望天空，目视判定冠层面积占天空面积的比例，相同地点目视判定林下绿色植被盖度与地面盖度的总盖度，一个地块至少判断 3 ~ 5 个样点，或沿 5 ~ 10m 样线每隔一定距离向上和向下目估判断。样线法适合草本或灌木植被，选择一条样线，每隔一定距离判断草或地面覆盖物相接触的状况：接触算有植被，不接触算无植被。计算与植被或地面覆盖物相接触的点数占总点数的比值，即为植被和地面总盖度。草本样线一般 1 ~ 2m，灌木一般 2 ~ 5m。照相法是采用照相机垂直向地面（盖度）或天空（郁闭度）方向拍照。将拍摄的相片通过专门的图像处理软件获得植被盖度和郁闭度。

1. 典型乔木植被郁闭度和林下盖度拍照

本模型在全国选择代表性流域，进行了为期 3 年的乔木林郁闭度和林下植被盖度观测，获得代表性乔木林的郁闭度和林下植被盖度季节变化曲线（表5-8）。假设植被覆盖度的季节变化曲线特征固定，依据某地已知调查时间节点获取的调查盖度，对该曲线进行地域订正可获得季节变化曲线，具体方法如下：调查盖度除以调查时段对应的曲线盖度得到的比值，分别乘以原曲线 24 个半月盖度，得到的新曲线即为订正后的曲线，如果乘积结果大于 100 则取 100。

在全国选择典型小流域代表性果园、有林地和其他林地进行植被盖度实地调查观测。

表5-8 典型小流域有林地和果园林下植被盖度季节曲线监测

地点	流域名称	有林地		园地		合计
		树种	个数	树种	个数	
黑龙江省宾县	孙家沟	云杉、落叶松、樟子松	4	无	0	4
黑龙江省海伦市	光荣	杨树	3	无	0	3
内蒙古自治区扎兰屯	周家窝棚	樟子松、蒙古栎	3	苹果	1	4
黑龙江省鹤山农场	鹤北	落叶松	2	无	0	2
内蒙古自治区奈曼旗	小井	油松	3	无	0	3
辽宁省西丰县	泉河	杉树	2	梨树	2	4
北京市门头沟区	田寺	杨树（1）、松树（3）	4	无	0	4
辽宁省朝阳县	东大道	榆树刺槐混交林	2	枣树（3）、杏树（1）	4	6

续表

地点	流域名称	有林地		园地		合计
		树种	个数	树种	个数	
山西省平顺县	白马	侧柏‖山桃（2）、黄刺梅‖山桃（1）、山桃（1）	4	山桃‖核桃	2	6
山东省莱城区	栖龙湾	刺槐	1	桃树（1）、板栗（1）	2	3
河南省陕县	金水河	刺槐	2	苹果（2）、杏树（1）	3	5
安徽省霍山县	江子河	白杨（1）、松树（3）、毛竹（1）	5	茶园（2）、板栗（1）	3	8
宁夏回族自治区彭阳县	杨寨	杨树	3	无	0	3
甘肃省安定区	安家沟	红柳（1）、侧柏（1）	2	无	0	2
陕西省绥德县	桥沟	槐树‖杨树（1）、侧柏（1）	2	枣树（1）、杏树（1）	2	4
陕西省安塞县	纸坊沟	刺槐	2	苹果	3	5
陕西省绥德县	罗玉沟	刺槐（1）、白杨（1）	2	苹果（1）、樱桃（1）	2	4
甘肃省西峰区	王家沟	柏树等	1	枣树（1）、核桃（1）	2	3
甘肃省西峰区	南小河沟	榆树‖杨槐‖柳树‖油松（1）、油松‖柳树（1）	2	核桃	2	4
江西省兴国县	蕉溪	马尾松等	6	李树	2	8
湖南省衡东县	龙堰	杉树	2	无	0	2
福建省长汀县	朱溪河	松树	5	板栗（1）、杨梅（1）	2	7
湖北省秭归县	王家桥	马尾松（1）、柏树（1）	2	柑桔（2）、核桃（1）、柑桔/核桃（1）	4	6
安徽省歙县	三阳坑	松树（1）、杉树（1）、杂树林（2）	4	山核桃（2）、茶园（2）	4	8
江西省德安县	江西水土保持生态科技园	樟树（2）、湿地松（2）	4	桃树	2	6
四川省盐亭县	盐亭观测小流域	松树	2	核桃	2	4
四川省南部县	李子口	柏树-桤木（3）、柏树-灌草（1）	4	核桃‖小麦-玉米（1）、枇杷‖小麦-玉米（1）	2	6
重庆市万州区	刘家沟	松树	1	板栗（2）、桃（1）	3	4
贵州省关岭布依族苗族自治县	蚂蝗	桑树（2）、松树（1）	3	柑橘	3	6
贵州省龙里县	龙里羊鸡冲	杨树（1）、柏树（1）、杨树‖柏树（1）	3	桃树（1）、梨树（1）、杨梅（1）	3	6
云南省宣威市	摩布	柳杉（2）、华山松（2）	4	油桃（1）、梨树（1）	2	6
合计			89		57	146

注："‖"表示间作或间种，"-"表示轮作，"/"表示套作或套种。

植被盖度曲线采用便携型植被覆盖度摄影测量仪（专利号：ZL 2008 2 0114817.1）进行照相法观测。把一年划分为 24 个半月，在每个半月的末尾对所选择的地块进行一次植被盖度和植被的调查观测。主要流程如下：

（1）确定当前地块的照相测量位置。

（2）在照相测量位置附近随机选择 6 个点分别测量植被最大高度。

（3）地块标识照相，拍摄记录表，标识照相存储卡记录的起始位置。

（4）照相点位的选择：在地块中间沿着两条相互垂直的十字交叉线选择 5 个点位照相，采用分层照相的原则，每个点位向上、向下各照相一次，每个地块获取共计 10 张照片；每个点位相距 5~10m。

2. 典型乔木植被郁闭度和林下盖度提取

对拍摄的照片进行质量复核，剔除有下面三个问题之一的照片：一是拍摄过程中相机晃动引起的照片模糊、发虚；二是图像非垂直拍摄；三是由于拍摄位置和拍摄高度导致的拍摄面积过小，不能反映真实情况。对检查的照片采用植被盖度自动计算系统（PCOVER，计算机软件著作权登记号 2008SR12421）处理数码照片，自动计算出植被盖度。该系统采用 C++Builder 开发，运行环境为 Windows 2000 或 Windows XP，系统安装要求约 30M 硬盘空间。包括两个部分：一是图像预处理，包括图像浏览、图像放大缩小、图像旋转、图像开窗剪切、图像格式转换等，为计算植被盖度做准备；二是图像植被盖度的计算及其中心投影校正，针对经过预处理的植被图像，采用自动判读模型计算植被盖度，并对结果完成中心投影的误差校正，剔除图像边缘变形较大的区域。

利用植被盖度自动计算系统（PCOVER）计算植被盖度的流程如下：

（1）导入照片和图像格式转换。当前版本 PCOVER 只支持各种类型的位图格式图像（＊.BMP），如果采用其他格式图像，需要进行图像格式的转换。数码相机拍摄的相片格式一般为 JPG 格式，所以在图像处理前，需要将＊.JPG 格式图像转换为＊.BMP 格式图像。

（2）图像自动剪切。方法是以原图像中心为中心，剔除图像边缘变形较大的部分，只保留原图像宽的 2/3，原图像高的 8/9，面积为原图像的 59%（图 5-2）。

（3）自动计算植被盖度。该模块除了根据自动判别模型计算植被盖度本身外，还包括对结果图像的滤波、对计算的植被盖度进行中心投影误差校正、以及最终图像植被盖度的自动记录和保存等，计算界面如下（图 5-3）。

PCOVER 软件中的植被覆盖自动判读模型是根据植被图像的真彩色特征以及不同颜色空间的色调（H）、亮度（I）、饱和度（S）颜色分量图像，采用逐步判别法建立。针对植被向上和向下拍摄时的不同颜色特征，PCOVER 软件设置了不同的计算模型，如果是非林

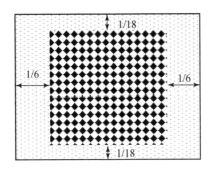

图 5-2　图像边缘剔除

图中 1/6 是指相对原图像宽的比例，1/18 指相对原图像高的比例，中间部分为开窗剪切后的保留部分

图 5-3　PCOVER 软件自动计算植被盖度对话框

地植被，选择采用默认的"判别公式 2"，如果为林地植被，选择采用"判别公式 1"，"判别公式 2"可以很好地识别裸土信息，"判别公式 1"可以更好地识别林地植被的枝干等信息（图 5-4），结果图像是黑白二值图像。

其他参数按照拍照时的实际情况输入，对输出的结果图像进行滤波，统一按默认设置采用"3×3 窗口"，可以将结果图像（即植被盖度图像）中判别错误的零散点过滤掉。结果图像的命名统一采用软件的自动命名：在原输入的植被图像名称前添加两个字母"JG"，其他与原输入的植被图像名称一致，并将结果图像存储在 5 级文件夹"植被盖度图"中。

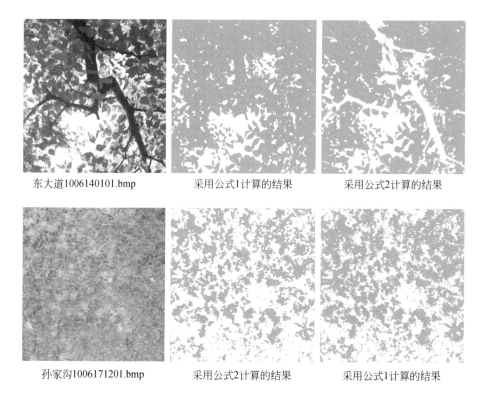

东大道1006140101.bmp　　　采用公式1计算的结果　　　采用公式2计算的结果

孙家沟1006171201.bmp　　　采用公式2计算的结果　　　采用公式1计算的结果

图 5-4　不同计算模型计算植被盖度的差异

得到某个图像最终的植被盖度后，可以将结果输出到列表框，可进一步将列表框中内容输出到文本格式文件（＊.txt）。该文本文件以逗号分隔，包括编号、图像文件名、校正前植被盖度、校正后植被盖度、计算日期和计算时间等字段。

（4）进一步调整计算结果。垂直照相过程中可能因为一些野外因素使得图像质量下降，如曝光过度使得部分植被呈现白色，会使自动判读结果在个别地方出现明显偏差，此时，需要作手动调整，工具栏中有 3 个按钮进行此项操作，分别是橡皮填充、多边形填充和橡皮擦除，最后点击对话框（图 5-3）中的按钮〈调整计算〉，重新计算植被盖度。

另外，也可以借助图像处理软件帮助进行照片大小、曝光度等的调整，使图像尽可能接近真实情况再进行计算（图 5-5），本次处理采用的是 Adobe Photoshop CS3 版本。

3. 有林地郁闭度与林下盖度季节变化曲线

有林地的乔木高度一般大于 3m，在监测时采取了分层照相的监测方法。郁闭度就是指林冠垂直投影面积相对同一地表水平面积的比例，通过垂直向上照相得到，相机与树冠相距一定高度，拍摄面积较大，能够很好地反映林地的郁闭度，进而反映树冠的水土保持效应。不同地区有林地郁闭度季节变化曲线有差异（图 5-6）：南方红壤区和西南土石山

(a)原照片：北京门头沟田寺 001105261003　　　　　(b)PS调整亮度、对比度后照片

图 5-5　Photoshop 在处理植被照片时的应用

区等南方地区的 9 条曲线在所有土地利用类型中变化幅度最小，基本上呈现"一"字形形状；在东北黑土区、北方土石山区和黄土高原区多呈现"几"字形，但东北黑土区比西北黄土高原区的变化幅度小，北方土石山区兼具"一"字形和"几"字形两种曲线形状，总的来说，有林地郁闭度随季节变化幅度南北差异明显，主要是受自然条件的影响。

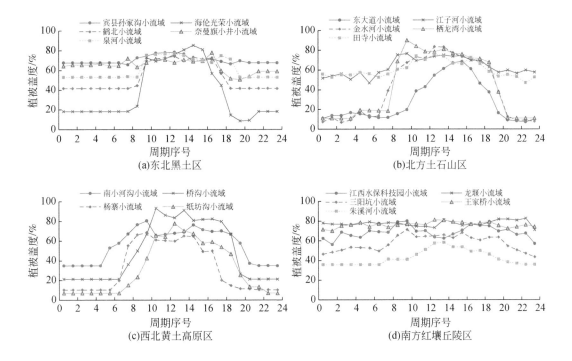

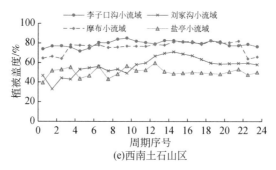

(e)西南土石山区

图 5-6　有林地郁闭度季节变化曲线

　　有林地的林下植被盖度分布与其他土地利用类型的盖度情况有很大不同（图 5-7），南方的植被盖度的变化幅度仍然比北方要小，南北方夏季最大林下植被盖度的差异较小。

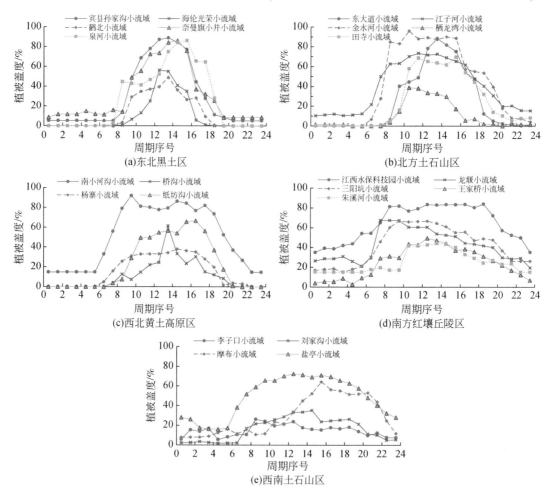

图 5-7　有林地林下植被盖度季节变化曲线

4. 其他林地郁闭度与林下盖度季节变化曲线

其他林地包括疏林地［指乔木郁闭度在［0.1，0.2）的林地］、未成林地、迹地、苗圃等。甘肃安定安家沟、陕西绥德桥沟、山西平顺白马、云南宣威摩布和内蒙古扎兰屯周家窝棚 5 个小流域的其他林地，由于乔木高度较小，只有向下拍摄的盖度值，其结果同时包括了林下植被和冠层植被的信息，总体看来季节变化曲线呈现"几"字形，最大植被盖度都>40%（图 5-8）。它们之间的主要差别在于植被盖度的最大值和生长期的长短，云南摩布小流域的生长期最长，植被覆盖也最好；黄土高原区的甘肃安家沟和陕西桥沟植被生长期短且最大植被盖度也最低。

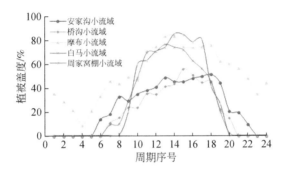

图 5-8 其他林地植被冠层和林下植被盖度综合季节变化曲线

5. 果园郁闭度与林下盖度季节变化曲线

果园受人类活动干扰大，果树的剪枝等会影响果树郁闭度的季节变化。果树下除草等也会影响植被盖度变化。由于果园地块少，所得曲线也少。西南土石山区没有果园观测，东北黑土区果园郁闭度曲线"几"字形顶部最窄，其他三个水土流失类型区的都比较宽，果园郁闭度的最大值比有林地的最大值要小（图 5-9）。

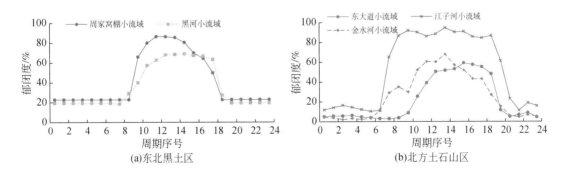

(a)东北黑土区 (b)北方土石山区

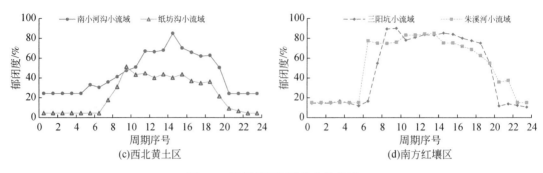

图 5-9　果园郁闭度季节变化曲线

北方土石山区和西南土石山区的果园林下植被盖度季节变化曲线较一致，东北黑土区两个小流域的林下植被盖度季节变化曲线呈现明显的"几"字形（图 5-10）。西北黄土高

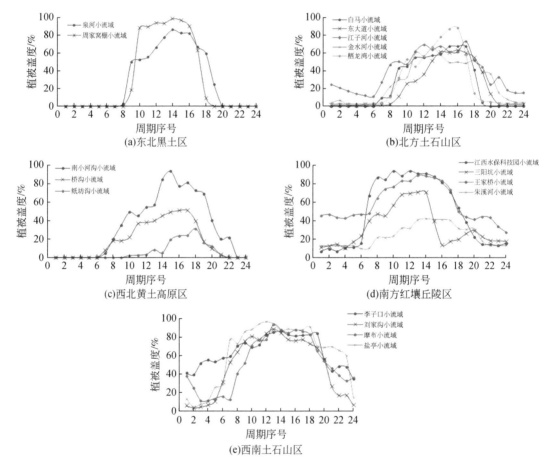

图 5-10　果园林下植被盖度季节变化曲线

原的果园盖度最高值与其他地区相差很大，陕西纸坊沟小流域果园植被盖度最大值只有35%左右，受人类活动影响最大。另外，西南土石山区由于果树较矮，在拍摄盖度时既包括果树的树冠也包括林下盖度，4个流域的植被盖度的最高值都在90%以上。

5.2.2 基于遥感数据计算植被盖度

覆盖与生物措施因子 B 反映的是全年植被盖度变化对土壤侵蚀的综合影响，因此基于遥感数据计算植被盖度时，应该有反映植被覆盖季节变化的遥感影像，最好每半月一次，一年有 24 期遥感影像。从空间看，分辨率越高，混合像元越少，越能更加真实地呈现植被盖度的变化。然而，遥感影像的空间分辨率高，则对应的时间分辨率就低。通过对目前各类遥感产品，从经费、质量、时空分辨率融合等方面的综合分析，采用以下遥感数据计算一年 24 期的 NDVI 和植被盖度：

（1）空间分辨率为 30m 左右的 HJ-1 多光谱影像或 TM/ETM+的多光谱影像（也可采用国产卫星的高分 1 号或资源 3 号的多光谱影像，其分辨率为 8/16m 或 6m），每年至少收集冬季（12～2 月）、春季（3～5 月）和夏季（6～8 月）的 3 期代表性影像。

（2）空间分辨率为 250m、时间分辨率为 16 天的 MODIS 植被指数产品 MOD13Q1（一种全球植被网格数据产品，投影为 Sinusoidal，空间分辨率为 250m），为消除气候波动和云雾覆盖影响，更好地反映当地植被覆盖的季节变化，一般要求下载最近连续 5 年的植被指数产品 MOD13Q1，如果处在多云雾地区如我国云贵地区，要求下载最近连续 10 年的植被指数产品 MOD13Q1。

（3）融合过程中需要考虑植被类型，应收集比例尺不小于 1∶10 万的近期土地利用数据。

植被盖度计算包括三个步骤：时间序列 NDVI 生成，将 NDVI 转换为植被盖度，生成24 个半月植被覆盖度栅格图。以 HJ-1 数据与 MODIS 数据为例介绍计算步骤。

利用传感器观测目标物辐射或反射的电磁能量时，遥感器本身的光电系统特征、地形、太阳高度等都会引起光谱亮度的失真，导致传感器得到的测量值与目标物的光谱反射率或光谱辐亮度等物理量的不一致。为了能够正确地评价目标物的反射特征以及辐射特征，必须尽可能地消除这些失真，这个过程称为辐射校正（赵英时，2003）。完整的辐射校正包括传感器校正、大气校正、太阳高度和地形校正。

NDVI 计算公式如下：

$$\text{NDVI} = \frac{\rho_{\text{NIR}} - \rho_{\text{R}}}{\rho_{\text{NIR}} + \rho_{\text{R}}} \tag{5-7}$$

式中，ρ_{NIR} 为近红外波段的反射率值；ρ_{R} 为红外波段的反射率值。

Bradley（2002）用 NDVI 和植被盖度进行了线性相关分析，结果表明，NDVI 与植被盖度之间的相关性很好。植被指数 NDVI 适用于像元二分法，计算植被盖度的公式如下：

$$f_c = \frac{\text{NDVI} - \text{NDVI}_{\text{soil}}}{\text{NDVI}_{\text{veg}} - \text{NDVI}_{\text{soil}}} \tag{5-8}$$

式中，f_c 为植被盖度；NDVI_{veg} 为纯植被覆盖像元的 NDVI 值；$\text{NDVI}_{\text{soil}}$ 为纯裸土像元的 NDVI 值。

此方法不依赖实测数据，并且相对于回归模型来说更具有普遍意义，但结果值对模型中参数取值很敏感，不同地区不同时相的影像，参数取值是不一样的，因此参数确定成为像元二分模型应用的关键。图像中不可避免地存在着噪声，这使得图像上的 NDVI 极值不一定是 NDVI_{max} 与 NDVI_{min}，所以选择一定置信区间内的 NDVI 最大值和最小值，置信度的确定主要由图像范围的大小和影像的空间分辨率等情况来决定。

选择 2010 年 1 月、4 月、7 月、10 月的上半月 4 个时相的植被覆盖度图来反映冬、春、夏、秋 4 个季节的植被盖度分异（图 5-11），我国不同季节的植被盖度差异明显，夏

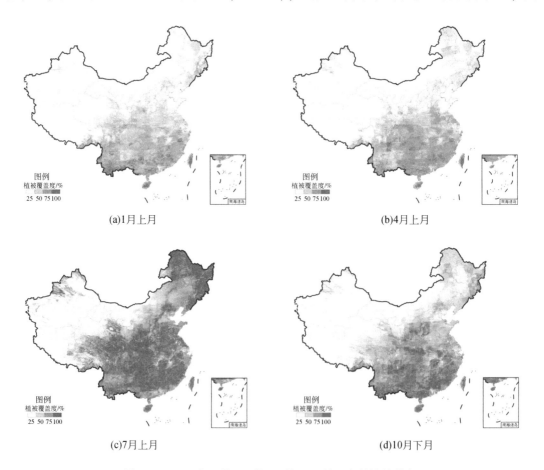

(a)1月上月

(b)4月上月

(c)7月上月

(d)10月下月

图 5-11　2010 年 1 月、4 月、7 月、10 月上半月植被盖度

季植被盖度最大，冬季最小。我国东北林区、新疆天山等地区的寒带针叶林一直保持比较高的植被盖度，西南和东南地区的常绿植被在冬天的植被盖度也明显较高。夏季，我国东部地区植被盖度普遍比较高，西部特别是西北的干旱沙漠地带全年四季植被盖度都很低。

5.3　覆盖与生物措施因子计算

对于一个地块或小流域而言，可以实地调查其土地利用和对应的覆盖与生物措施，B 因子值依据调查信息计算。如果是面积很大的区域，主要依据遥感数据反演的植被盖度，结合典型植被盖度曲线计算。以下分别说明。

5.3.1　基于地面调查盖度计算 B 因子值

假设地块或小流域可以通过实地调查获得其土地利用和对应的覆盖与生物措施，如果该生物措施因子有观测值，可直接赋值。如果没有观测值，需要利用公式（5-4）计算。基本步骤如下：

（1）收集降雨数据，计算 24 个半月降雨径流侵蚀力占年降雨径流侵蚀力比例。

（2）通过植被盖度插补或融合计算得到 24 个半月植被盖度。

（3）根据 24 个半月植被盖度，查表 5-6，获得各盖度情况下的 SLR。

（4）如果是乔木果园、有林地和其他林地，需要找到邻近地区对应该土地利用的林下植被盖度季节曲线，用调查的林下盖度修正该曲线，将该曲线的 24 个半月盖度作为乔木林的林下盖度，将遥感反演的植被盖度作为乔木林郁闭度。

（5）代入公式（5-4）计算 B 因子值。

考虑到上述计算过程的复杂，开发了计算机程序可实现上述计算步骤，其中 24 个半月降雨径流侵蚀力比例和 24 个半月植被盖度融合计算可通过软件实现。其存储方式为 1∶25 万地形图标准分幅，基于地块或流域位置，可自动找到对应范围的降雨径流侵蚀力比例和植被盖度。现以 2010～2012 年第一次全国水利普查土壤侵蚀普查为例，说明计算过程。24 个半月降雨径流侵蚀力比例计算过程详见第 2 章，24 个半月植被盖度及林下盖度季节变化曲线详见 5.3 节。

（1）根据调查单元中心点坐标或调查单元编码获取所在 1∶1 万地形图的图幅号，再用该图幅号反推所在 1∶25 万的地形图图幅号。

（2）根据 1∶25 万图幅号，以调查单元边界面文件（bjmpa）裁剪该 25 万分幅 30m 分辨率的 24 个植被盖度栅格文件，并重采样成 10m 分辨率，得到调查单元 24 个半月的植被盖度栅格文件，依次命名为 FVC_{01}、FVC_{02}……FVC_{24}，格式为 GRID，WGS84- ALBERS

投影（栅格盖度文件，像元取值 0 ~ 100 之间），存储在调查单元目录下的"raster"目录内。

（3）根据调查单元"raster"目录内 24 个半月植被盖度栅格文件，获取每个地块 24 个植被盖度数值，并在地块面文件（dkmpa）属性表中，增加 24 个字段，分别命名为 FVC_{01}、FVC_{02}……FVC_{24}，存储各地块 24 个半月植被盖度数值。

（4）根据调查单元"raster"目录内 24 个半月降雨径流侵蚀力比例栅格文件，获取每个地块 24 个半月降雨径流侵蚀力比例数值，并在地块面文件（dkmpa）属性表中，增加 24 个字段，分别命名为 RBL_{01}、RBL_{02}……RBL_{24}，存储各地块 24 个半月降雨径流侵蚀力比例数值。

（5）打开地块属性表，遍历每个地块，读取字段"土地利用代码（TDLYDM）"获得土地利用信息，根据土地利用类型，选择 B 因子的计算方法。

（6）如果土地利用类型为耕地、居民点及工矿用地、交通运输用地、水域及其设施用地或其他土地类型，依据表 5-7 对的每个地块 B 因子字段（BYZZ）赋值。

（7）如果土地利用类型为茶园、其他园地、灌木林地和草地（只有盖度、郁闭度字段取值等于 0），调用系统参数数据库中的基于盖度的 B 因子赋值表（表 5-6），根据调查单元地块属性表中 24 个植被盖度字段取值，结合地块植被类型是草还是灌木，赋值计算得到 24 个时段的土壤流失比率 SLR_i 因子值（i=1，2，…，24），利用公式（5-4）计算得到该地块最终的 B 因子值。

（8）如果土地利用类型为乔木果园、有林地和其他林地（同时有盖度和郁闭度取值）：

①根据地块属性表中字段（DCSJ）获取当前地块的调查日期并判断所属的半月时段（该时段当作基准时段），根据字段（GD）读取当前地块实地调查的盖度信息。

②结合本调查单元经纬度位置和土地利用类型，在系统参数数据库中的基准地块信息表查找出与该调查单元土地利用类型相同且空间距离最近的基准流域，以及该基准流域中同类型的植被盖度季节分布曲线。

③根据得到的植被盖度季节分布曲线，结合地块的实地调查盖度，计算基准时段外的其他 23 个半月时段的盖度。

④将调查单元地块属性表中 24 个植被盖度字段取值（来源于 25 万分幅植被盖度）当作植被郁闭度，结合植被盖度季节分布曲线计算的 24 个林下植被盖度，调用系统参数数据库中的基于盖度/郁闭度的植物措施因子赋值表（表 5-6），赋值计算得到 24 个时段的 SLR_i 因子值（i=1，2，…，24）。利用公式（5-4）计算得到该地块最终的 B 因子值。

5.3.2　基于遥感反演盖度计算 B 因子值

区域 B 因子值计算是指对较大范围按不低于 30m 空间分辨率的精度进行全覆盖网格

计算，要求的数据源除前述 24 个半月降雨径流侵蚀力比例和 24 个半月植被盖度外，还要求比例尺不低于 1 : 5 万的土地利用图。以县域 B 因子值计算为例，具体过程如下：

（1）收集区内及区外邻近气象或水文站点日降雨资料，利用公式（2-19）和公式（2-20）计算站点 24 个半月降雨径流侵蚀力和年降雨径流侵蚀力，分别通过空间插值生成 30m 或更高分辨率栅格图层，计算 24 个半月降雨径流侵蚀力比例。

（2）收集区内不小于 30m 空间分辨率影像 2～3 期和调查期近 5 年 MODIS 影像，根据 5.3 节介绍的方法融合生成的 24 个半月植被盖度，生成 30m 或更高分辨率栅格图层。

（3）根据全县不低于 1 : 5 万比例尺土地利用图，按不同土地利用类型分别计算 B 因子值，与地块或流域 B 因子计算的步骤（6）至（9）相同。

全国 B 因子值计算采用数据和方法如下：①利用 2010～2012 年第一次全国水利普查土壤侵蚀普查收集的 2678 个气象站和水文站 1981～2010 年 30 年逐日大于 12mm 侵蚀性日雨量资料，计算了各站 24 个半月降雨径流侵蚀力和年降雨径流侵蚀力，通过空间插值生成了 30m 空间分辨率栅格图层，按 1 : 25 万地形图标准图幅存放。②利用 HJ-1 三期遥感影像、2006～2010 年 MODIS 反射率和 2004 年分类产品、以及全国 1 : 10 万土地利用图，通过融合生成了 24 个半月 30m 空间分辨率植被盖度栅格图层，也按 1 : 25 万地形图标准图幅存放。③利用全国 1 : 10 万土地利用图，通过查表 5-6 和表 5-7 得到 24 个半月土壤流失比率后，利用公式（5-4）计算出全国 B 因子栅格图，按 1 : 25 万标准分幅存放。

根据表 5-7，沙漠、冰川、水域等（除裸土以外）地区，B 因子值赋值为 0，裸土和耕地的 B 因子赋值为 1。其他地区依据植被盖度计算得到的 B 因子值变化于 0～1。不考虑沙漠、冰川、水域等集中分布区域（B 因子值为 0），覆盖与生物措施因子 B 空间分布呈现以下基本规律（图 5-12）：①耕地分布区的 B 因子值最大，这些地区集中在东北平原、华北平原、长江中下游平原、四川盆地和新疆绿洲等地区，B 因子值为 1；②辽宁省和内蒙古自治区接壤区、西北黄土高原区和西藏西部高寒区，由于植被覆盖较差，B 因子值相对较大，多在 0.2～0.4；③内蒙古高原、南方红壤丘陵区、西南紫色土丘陵区和青海省南部高寒区，B 因子值多在 0.1～0.2；④除上述地区之外的山地集中区，如东北大小兴安岭和长白山地、太行山、鄂西和湘西山地、川西山地和横断山脉等，植被覆盖好，B 因子值一般小于 0.1。

东北黑土区 B 因子值平均为 0.17。中部及东北部的东北平原是我国主要商品粮基地，耕地 B 因子值在 0.4～1，西北部、北部的大、小兴安岭和东南部的长白山等植被覆盖好，B 因子值在 0～0.05。

北方土石山区 B 因子值平均为 0.32。耕地分布广泛，B 因子值区间在 0.2～0.4 和 0.4～1 的分布较为广泛。辽宁西南部、河北北部、北京西北部以及山西西部等区域，山区分布较多，B 因子值多在 0.01～0.05 或 0.05～0.1。

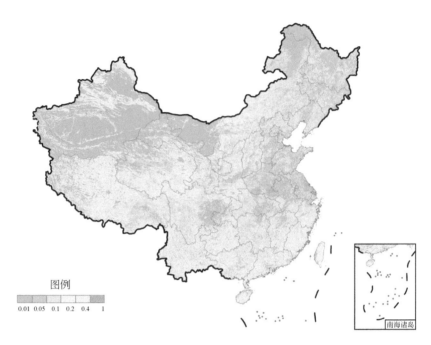

图 5-12　全国 B 因子值图

西北黄土高原区 B 因子值平均为 0.25。因植被覆盖较差，B 因子值区间在 0.2~0.4 和 0.4~1 的分布较为广泛。东北部及榆林以西的 B 因子值相对较小，B 因子值集中分布在 0.1~0.2 和 0.05~0.1，吕梁山区的 B 因子值也较小，取值多在 0.01~0.05 或 0.05~0.1。

南方红壤丘陵区 B 因子值平均为 0.23。耕地分布广泛，长江中下游平原的耕地分布集中，B 因子值多为 1，鄂西和湘西以山地为主，B 因子取值多为 0.01~0.05 或 0.05~0.1，福建、广东、广西等地 B 因子值多在 0.05 以上，区间 0.05~0.1、0.1~0.2 和 0.2~1 在空间上交错分布。

西南土石山区 B 因子值平均 0.21，中北部的四川盆地耕地分布集中，B 因子值为 1，西部的川西山地和横断山脉植被覆盖好，B 因子值多为 0.01~0.05 或 0.05~0.1，南部区域贵州和云南等，B 因子值多在 0.05 以上，区间 0.05~0.1、0.1~0.2 和 0.2~1 在空间上交错分布。

青藏高原区 B 因子值平均为 0.22。B 因子值多为 0.05~0.1、0.1~0.2 和 0.2~1，北部的局部区域如海西附近等 B 因子值则较小。

分别给出代表春、夏、秋、冬四个季节的 1 月、4 月、7 月、10 月上半月的全国植被盖度情况下的 SLR（图 5-13）。春季植被覆盖较差，裸土和耕地的 SLR 赋值为 1，因此全国的 SLR 相对较大，SLR 多为 0.2~0.4 或 0.4~1；沙漠、冰川、水域等（除裸土以外）

的地区，生物措施因子 SLR 为 0，因此在西北部地区如塔里木沙漠等 SLR 很小，取值多为 0 ~ 0.01，此外东北部的大兴安岭和小兴安岭等 SLR 也较小，取值多为 0.01 ~ 0.05、0.05 ~ 0.1、或 0.1 ~ 0.2。夏季植被覆盖最好，SLR 也最小；除耕地外，全国大部分地区 SLR 都小于 0.1，山地 SLR 多数小于 0.05。秋季植被覆盖明显次于夏季，但好于春季，全国 SLR 多为 0.1 ~ 0.2、0.2 ~ 0.4 或 0.4 ~ 1。冬季植被覆盖最差，SLR 相对最大，多为 0.1 ~ 0.2、0.2 ~ 0.4 或 0.4 ~ 1。春夏秋冬四季的 SLR 空间分布格局与全年的 B 因子值空间分布格局都有较好的近似性，其中夏季 SLR 与年 B 因子值空间分布最相似，这是因为我国各地降雨都集中在夏季，年 B 因子值是各季节 SLR 值按降雨径流侵蚀力进行加权平均计算得到，年 B 因子值大小主要受夏季 SLR 的影响。春季、秋季和冬季 SLR 的空间分布规律具有很好的相似性。

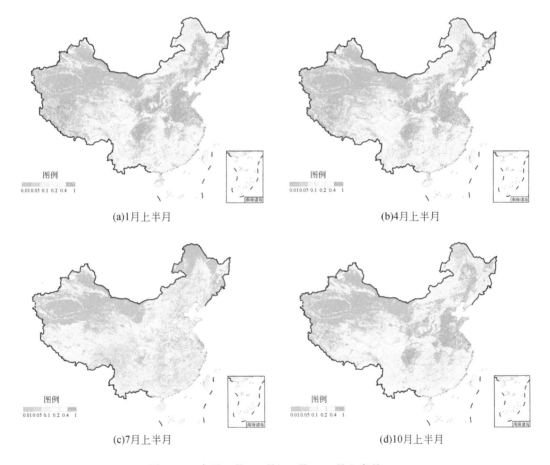

图 5-13　全国 1 月、4 月、7 月、10 月上半月 SLR

第6章 工程措施因子

6.1 工程措施与工程措施因子

工程措施是指通过工程建设，改变坡地起伏或沟道状况，降低径流集中程度，从而减少土壤侵蚀的措施。需要用推土机、挖掘机或人工修筑进行，无法通过耕作完成，如梯田、谷坊、鱼鳞坑等。工程措施主要通过改变地形和汇流方式增加地表入渗，减小径流量、水流流速和水流挟沙力，达到减小土壤侵蚀的目的（辛树帜和蒋德麒，1982）。

6.1.1 主要工程措施及其对土壤侵蚀的影响

我国农业活动历史悠久，在长期的农业生产实践中，劳动人民总结出十分丰富的水土保持措施经验，在不同地区采取各类不同的工程措施。坡面上采取的主要工程措施类型有梯田、水平阶、水平沟、竹节沟、鱼鳞坑、大型果树坑、坡面小型蓄排工程；沟道采取的主要工程措施类型有路旁和沟底的小型蓄引工程、沟头防护、谷坊、淤地坝、引洪漫地、工程护路等（刘宝元等，2013b），此外，埋设地下管道可同时适用坡面和沟道。下面介绍几个常用和分布较广的工程措施。

梯田。我国梯田建设历史悠久。相传3000年前长江流域就有水稻梯田，2000年前，黄河流域有了旱作梯田（唐克丽等，2004）。修建梯田的目的：一是拦蓄降水，控制水土流失；二是改善农业生产条件。梯田的种类很多，按建筑取材分为土坎梯田、石坎梯田，按田面形态分为水平梯田、坡式梯田、隔坡梯田、窄梯田和软埝。梯田是将一定坡度的长坡分成水平或坡度很小的几个短坡，通过坡长和坡度的明显减小，削弱流量和流速，减小和细沟侵蚀，并使侵蚀泥沙在梯田内淤积。当梯田的田面水平或坡度较小时，水土保持效益更为显著（刘宝元等，2010），对拦泥蓄水保肥有显著作用。

水平阶。水平阶与梯田相似，坡面修成台阶状，阶面宽1.0~1.5m，具有3°~5°反坡，具有蓄水保土的作用，也称反坡梯田，主要适用于造林整地。

鱼鳞坑。鱼鳞坑为半圆形坑，长径0.8~1.5m，短径0.5~0.8m，坑深0.3~0.5m。各坑沿等高线布设，上下2行呈"品"字形错开排列，形如鱼鳞。坑两端开挖宽、深各

0.2~0.3m、呈倒"八"字形的截水沟。鱼鳞坑通过拦蓄坡面径流、沉积侵蚀泥沙，实现蓄水保土保肥，主要用于造林整地。

大型果树坑也称树盘，多在土层很薄的土石山区或丘陵区种植果树时采用。坡面开挖大坑，深 0.8~1.0m，圆形直径 0.8~1.0m，方形各边长 0.8~1.0m，取出坑内石砾或生土，将附近表土填入坑内。通过改变地面状况，增加水流阻力，减小水流流速，增加坡面水流入渗时间，实现径流量减少和拦蓄侵蚀泥沙的目的。

6.1.2　工程措施因子定义与观测

工程措施因子是指采取某种工程措施条件下，坡面土壤流失量与其他条件相同但未实施工程措施坡面土壤流失量的比值，用 E 表示，无量纲，取值范围为 0~1。它反映了工程措施对土壤流失的影响，值越小表明措施的保土效益越大。当未采取工程措施时，E 为 1，当采取工程措施后无土壤侵蚀发生时，E 为 0。如果采取多项工程措施，E 应是各工程措施因子值之积。

工程措施因子值利用径流小区观测资料获得，在相同坡度、坡长和管理情况下，实施措施径流小区年土壤流失量与未实施措施径流小区年土壤流失量的比值。观测资料年限越长，得到的因子值就更为稳定。利用径流小区观测和计算工程措施因子时，应注意以下问题：

（1）确保两个对比小区除实施措施与未实施措施的差别外，其他条件均一致，此时，E 的计算公式为

$$E = \frac{\sum_{i=1}^{n} A_{Ei}}{\sum_{i=1}^{n} A_i} \tag{6-1}$$

式中，A_{Ei} 是实施工程措施小区的土壤流失年总量，$t \cdot hm^{-2} \cdot a^{-1}$；$A_i$ 是未实施工程措施小区的土壤流失年总量，$t \cdot hm^{-2} \cdot a^{-1}$；$i = 1, 2, \cdots, n$ 是观测年数。

（2）如果对比小区的坡度、坡长或管理条件不同，需要利用坡度因子、坡长因子或相应的覆盖、耕作措施因子修订，此时，E 的计算公式为

$$E = \frac{\sum_{i=1}^{n} A_{Ei}}{\sum_{i=1}^{n} A_i} \cdot \frac{L}{L_E} \cdot \frac{S}{S_E} \cdot \frac{B}{B_E} \cdot \frac{T}{T_E} \tag{6-2}$$

式中，A_{Ei} 是实施工程措施小区的土壤流失年总量，$t \cdot hm^{-2} \cdot a^{-1}$；$A_i$ 是未实施工程措施小区的土壤流失年总量，$t \cdot hm^{-2} \cdot a^{-1}$；$i = 1, 2, \cdots, n$ 是观测年数；L、S、B、T 分别是未

实施工程措施小区的坡长因子、坡度因子、覆盖与生物措施因子和耕作措施因子，如果是标准小区，则各项值均为 1；L_E、S_E、B_E、T_E 分别是实施工程措施小区的坡长因子、坡度因子、覆盖与生物措施因子和耕作措施因子。坡度因子和坡长因子公式详见第 4 章。如对比小区均为园地，一个采取了鱼鳞坑措施，另一个无措施，坡度、坡长与实施鱼鳞坑措施的小区一致，但种植的果树和管理方式与之不同，此时只保留上式的第一和第四项，即不需要进行坡长因子 L、坡度因子 S 和耕作措施因子 T 的订正，只进行覆盖与生物措施因子 B 修订，分别采用二个小区的园地因子值，详见第 5 章。

（3）有些规模较大的工程措施如梯田、水平阶等，往往无法采用坡长 20m、5m 宽、面积 100m² 的典型径流小区观测，需要在面积足够大、能体现梯田或水平阶水土保持特征的大型径流场观测，面积一般在 1000～10 000m²。

6.2 主要工程措施因子取值

我国学者利用径流小区天然降雨和人工降雨等方法研究了不同地区工程措施因子值，尤其在评价各种工程措施的水土保持效益方面取得了大量成果。由于标准不一，对比对象的差异，虽然不能将研究结果直接作为工程措施因子值，但可通过数据处理获得因子值。根据这一思想，本模型收集已有观测资料和研究成果，采用统一可比的数据处理方法，确定主要工程措施因子值。

6.2.1 资料收集与处理

搜集的资料包括：已发表期刊论文、会议论文、学位论文和学术著作，各地区及流域径流泥沙测验资料汇编，本模型团队布设的径流小区实测资料等。共收集到各类论文（著）186 篇，纸质监测数据汇编和专著等 11 册，基本涵盖了我国大部分地区的主要工程措施类型。

对收集资料的数据按以下步骤处理：

（1）数据摘录。摘录信息包括：径流小区土壤流失量、实施的工程措施类型、坡度、坡长、面积、土壤类型、土地利用、植被类型、观测年限等，位置参考数据出处和文献信息。其中对工程措施规格、形态等进行详细描述，确保措施类型的准确判断和归类。

（2）因子值确定与计算。按以下原则确定和计算因子值：一是参考资料直接给出工程措施因子值的，直接摘录；二是参考资料给出工程措施因子值范围的，取其平均值摘录；三是参考资料给出减沙效益的，摘录的因子值为 1 与减沙效益值之差；四是参考资料没有给出工程措施因子值，但可以获得实施工程措施小区土壤流失量以及对照小区土壤流失量的，根据前述计算方法，得到工程措施因子值。

（3）因子值遴选。对上述摘录的工程措施因子值 E 进行遴选，剔除有问题结果。遴选判别方法如下：如果参考资料对工程措施描述或介绍不清楚，无法判断具体的工程措施类型，将该记录剔除；采用年限较长的径流小区观测资料计算结果，避免因观测年限短带来的误差；同一措施下，如果天然降雨与人工降雨结果差异较大，以天然降雨结果为准；将所有因子值按照同一地域范围内（省、市）的同一工程措施因子值归类，由大到小排序，将明显偏大或偏小的异常值剔除。遴选后的最终结果共有 112 条记录，包括了 9 类坡面工程措施，分布于 18 个不同地区（表 6-1）。

表 6-1　计算工程措施因子收集的已发表文献记录或观测资料

类型	分区	省份	参考文献或观测资料
土坎水平梯田	东北黑土区	黑龙江	张宪奎等（1992）
	北方土石山区	北京	水利部监测中心流域径流泥沙测验资料汇编
		北京	毕小刚等（2006）
		北京	符素华等（2001，2009）
		辽宁	水利部监测中心流域径流泥沙测验资料汇编
		辽宁	刘海潮（1992）
	西北黄土高原区	甘肃	牟金泽和孟庆枚（1983）
		内蒙古黄土区	尉恩凤等（2002）
		内蒙古黄土区	史培军等（1999）
		内蒙古黄土区	高科等（2001）
		陕西	江忠善等（1996）
		陕西	秦伟等（2009）
	西南土石山区	安徽	夏岑岭等（2000）
		云南	杨子生（2002）
	南方红壤丘陵区	浙江	杨一松等（2004）
		福建	周伏建等（1997）
		福建	聂碧娟（1995）
		江西	刘士余等（2007）
		江西	张贤明等（2001）
		江西	何长高（1995）
		南方红壤区	王学强等（2007）

类型	分区	省份	参考文献或观测资料
石坎水平梯田	北方土石山区	北京	实测数据
		北京	符素华等（2001）
		山东	水利部监测中心流域径流泥沙测验资料汇编
	西北黄土高原区	山西	水利部监测中心流域径流泥沙测验资料汇编
		山西	山西省水土保持科学研究所（1982）
		山西	符素华等（2001）
	西南土石山区	安徽	张辛未（1984）
		安徽	夏岑岭等（2000）
		湖北	黄丽等（1998）
坡式梯田	北方土石山区	辽宁	刘海潮（1992）
	西北黄土高原区	山西	山西省水土保持科学研究所（1982）
		陕西	实测数据
		陕西	江忠善等（1996）
隔坡梯田	西北黄土高原区	山西	水利部监测数据流域径流泥沙测验资料汇编
	南方红壤丘陵区	湖南	赵辉等（2008）
窄梯田	北方土石山区	北京	吴敬东和李永贵（1998）
		山东	郑应茂等（2001）
水平阶	北方土石山区	北京	符素华等（2009）
		北京	刘宝元等（2010）
		山东	郑应茂等（2001）
	西北黄土高原区	内蒙古黄土区	尉恩凤等（2002）
		山西	水利部监测中心流域径流泥沙测验资料汇编
		山西	山西省水土保持科学研究所（1982）
	南方红壤丘陵区	福建	水利部监测中心流域径流泥沙测验资料汇编
水平沟	北方土石山区	辽宁	刘海潮（1992）
		辽宁	水利部监测中心流域径流泥沙测验资料汇编
	西北黄土高原区	山西	水利部监测中心流域径流泥沙测验资料汇编
		山西	王占礼（2000）
		山西	山西省水土保持科学研究所（1982）
		山西	水利部监测中心流域径流泥沙测验资料汇编
		陕西	1982 陕西径流测验
		陕西	林和平（1993）
		陕西	杨开宝等（1990）

续表

类型	分区	省份	参考文献或观测资料
水平沟	西北黄土高原区	陕西	实测数据
		陕西	杨开宝等（1990）
	南方红壤丘陵区	浙江	杨一松等（2004）
		江西	黄欠如等（2001）
鱼鳞坑	北方土石山区	北京	符素华等（2009）
		北京	刘宝元等（2010）
		辽宁	刘海潮（1992）
	西北黄土高原区	山西	山西省水土保持科学研究所（1982）
		山西	水利部监测中心流域径流泥沙测验资料汇编
		陕西	秦伟等（2009）
		陕西	实测数据
树盘	北方土石山区	北京	实测数据
		北京	符素华等（2001）

6.2.2 工程措施因子值的确定

剔除后异常数据后，不同研究结果和不同地区各主要工程措施因子值在一定范围内变化（图6-1），其中窄梯田、坡式梯田、隔坡梯田和树盘因子值数据较少，未统计其频率分布。水平阶因子值的分布最为集中，分布在0~0.05。土坎和石坎水平梯田的因子值变化于0~0.3，集中在0~0.15之间。水平沟的因子值变化于0~0.9，主要集中在0.1~0.3，其因子值随坡度增大而增大（马超飞等，2001）。鱼鳞坑因子值变化于0~0.5，相对集中在0~0.1和0.2~0.3。

由于工程措施因子值的观测较少，为了尽可能利用已有研究成果，采用以下方法确定最终的因子值：首先，考虑到各地区自然条件和人为活动不同所形成的土壤侵蚀与水土保持措施具有地域差异，按辛树帜和蒋德麒（1982）提出的土壤侵蚀类型区，将收集的工程措施因子值对应到相应的类型区，分别为北方土石山区、东北黑土区、西北黄土高原区、西南土石山区和南方红壤丘陵区（表6-1）。其次，在各类型区内求某种工程措施因子值的平均值，同一类型工程措施在5个类型区内各有一组，共计5组。然后检验某侵蚀类型区因子值与总体平均值之间是否存在显著差异，如果无显著差异，就认为该工程措施因子值在各侵蚀区之间无差异，全国采用平均值。由于窄梯田和大型果树坑（树盘）只有北方土石山区的因子值，不参与差异显著性检验。各工程措施类型在不同侵蚀类型区之间的差

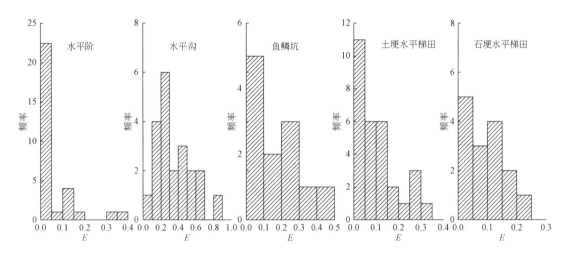

图 6-1 工程措施因子值（E）频率分布

异性显著检验结果见表 6-2。

表 6-2 工程措施因子值多重比较结果

侵蚀类型区	土坎水平梯田	石坎水平梯田	隔坡梯田	水平阶	水平沟	坡式梯田	鱼鳞坑*
东北黑土区	0.029b						
北方土石山区	0.148a	0.091a		0.041a	0.366a	0.5a	0.092a
西北黄土高原区	0.05ab	0.074a	0.139a	0.147a	0.351a	0.347a	0.27a
西南土石山区	0.141a	0.159a					
南方红壤丘陵区	0.087a		0.246a	0.156a	0.26a		

注：置信水平为 0.05，同一列数字具有相同字母表示无显著差异，具有不同字母表示有显著差异。

*是对相同地点鱼鳞坑因子值平均后再检验。

　　坡式梯田和隔坡梯田因子值只分布在两个侵蚀区，且其中一个分区只有一个值，选用单样本 t 检验方法，坡式梯田和隔坡梯田的 P 值分别为 0.182 和 0.323，大于显著水平 0.05，因此认为它们的因子值在不同侵蚀类型区无显著差异，采用全国平均值。

　　鱼鳞坑也只出现在北方土石山区和西北黄土高原区两个侵蚀类型区，但有多样本，采用独立样本 t 检验方法，检验两个侵蚀类型区的均值是否有差异。结果显示有显著差异，P 值为 0.033。进一步分析二区的因子值发现，北京鱼鳞坑的因子值明显小于其他地区，且北京所获得的鱼鳞坑记录多，会对总体检验产生影响。将相同地点的因子值平均后再进行检验，结果显示两个侵蚀类型区鱼鳞坑的因子值无显著差异，P 值为 0.706，大于显著水平 0.05。因此同一地点鱼鳞坑因子值平均后，再按两个侵蚀类型区平均的因子值，作为全国统一的鱼鳞坑因子值。

石坎水平梯田、水平阶和水平沟三种工程措施因子值分布于三个侵蚀类型区，且样本较多，采用单因子方差分析检验各侵蚀类型区之间平均值的差异。三种措施因子值的检验结果均为因子值之间无显著差异。进一步采用 Tamhane 方法进行多重检验，每种措施的三个侵蚀类型区的因子值之间均无显著差异，其中石坎水平梯田三个区的统计量数值分别为 0.937、0.583、0.445；水平阶三个区的统计量数值分别为 0.424、0.071、0.999；水平沟三个区的统计量数值分别为 0.099、0.083、0.063，均大于其统计量的临界值。

土坎水平梯田因子值在五个侵蚀类型区均有分布，其中在东北黑土区只有一个值，首先采用单因子方差分析检验其他四个侵蚀类型区因子值平均值之间是否有显著差异，结果没有通过方差齐性检验。再采用 Tamhane 方法进行多重检验，结果四个侵蚀类型区因子值间无显著差异。再采用单样本 t 检验分析东北黑土区因子值与其他四个侵蚀类型因子值的平均值是否有显著差异，结果表明有显著差异，P 值为 0.000，小于 0.05 的显著水平。进一步采用独立样本 t 检验方法，检验土坎水平梯田与石坎水平梯田两组因子值间是否有显著差异，结果表明两组因子值方差非齐性，即无显著差异，P 值为 0.772，大于显著水平 0.05，于是将这两种措施的因子值合并为一组。

综上，主要工程措施因子的区域差异不显著，可在全国采用一个值，最终得到我国主要工程措施因子值（表 6-3）。

表 6-3　主要工程措施因子值 E

工程措施	水平梯田	坡式梯田	隔坡梯田	窄梯田	水平阶	水平沟	鱼鳞坑	树盘（大型果树坑）
因子值	0.1	0.423	0.193	0.081	0.114	0.309	0.181	0.063

需要说明的是，由于受资料限制，无论是工程措施类型，还是覆盖的区域范围，以及分析采用的资料年限等都十分有限，无疑会影响因子值的精度。我国目前对工程措施因子值的观测还十分薄弱，而各类措施会有相应的适用条件。随着坡度和坡长增加，措施的效益会发生改变，因子值也会有很大不同，因此十分有必要在今后加强观测和深入研究。

第7章 耕作措施因子

7.1 耕作措施与耕作措施因子

7.1.1 主要耕作措施及其对土壤侵蚀的影响

耕作措施是指通过农事活动改变微地形、增加地表覆盖、增加土壤入渗等，提高土壤抗蚀性能、保水保土，防治土壤侵蚀的方式（蒋德麒，1984）。从防治水土流失机理角度，耕作措施通过两种方式发挥作用：一是改变微地形，减少坡度或坡长，如等高耕作、沟垄种植［含水平沟种植又名套犁沟播、垄作区田（含平播培垄、中耕换垄）、蓄水聚肥耕作、坑田（或叫掏钵种植）］；二是增加地表覆盖，如免耕、残茬覆盖、砂田覆盖、地膜覆盖、轮作等。也有二者兼顾，如等高带状耕作。本模型针对中国农业生产种植和水土保持特点，将所有农地的耕作措施单独归为一类，与生物措施和工程措施一并构成我国三大水土保持措施类型（表 1-12，刘宝元等，2013），与 USLE（Wischmeier and Smith，1965，1978）将耕作措施分别体现在作物管理与覆盖因子 C 和水土保持措施因子 P 不同。这样，本模型的覆盖与生物措施只针对林地、园地和草地，不需考虑耕地，农地只需考虑耕作措施，不需考虑覆盖与生物措施，方便应用。

耕作措施中通过轮作方式反映覆盖的影响，包括多熟制情况下不同作物的年内分季节轮作，以及多熟制或单熟制情况下不同年间不同作物的轮作。前者反映的是作物覆盖季节变化与降雨季节变化组合产生的影响，如我国季风气候降雨集中在 6～8 月，如果这期间处于整地、播种等裸露或出苗期，就会造成很大的土壤流失量。后者反映的是不同作物覆盖差异与年降水量组合产生的影响，如玉米和小麦在生长过程中的覆盖差异较大，如果连年种植玉米，土壤侵蚀会明显高于种植小麦的情形。多熟制农区上述年内和年际间的轮作都产生影响。如黄土高原丘陵区以二年三熟制为主，当地群众在 20 世纪中期及后期多采用以下轮作方式（刘善建，1953）：前一年秋季撒播冬小麦，当年收割后休闲一段时间，秋季再撒播荞麦，收割荞麦后再休闲一段时期；第二年春季玉米与黄豆间作；第三年播种扁豆，收割后休闲一段时间后，秋季撒播冬麦，三年收获四次完成一个轮作循环。由于冬小麦收获后到荞麦撒播之间为该地区降雨较多时段，休闲和整地恰逢雨量集中时期，增加土壤侵蚀。将该耕作制度改良：冬小麦由撒播改为条播，收获后撒播荞麦改为套播黑豆，玉米和黄豆间作采用垄作区田，侵蚀量减少 67.5%。如 100m 长、15°坡度农地采用原耕作方式，多年平均土壤流失量为 44.14t·hm^{-2}·a^{-1}），实施改良措施后，多年平均土壤流失量为 14.34t·hm^{-2}·a^{-1}）（牟金泽和孟庆枚，1983）。目前冬季主要是冬小麦，收获后种植夏玉米，6~8 月雨季赶上玉米覆盖达到最大，也使侵蚀大大降低。

我国幅员辽阔，气候多样，多种类型的农作物及其空间和时间组合方式，形成了从南到北复杂的农作物耕作制度。农作物主要包括粮食作物和经济作物、工业原料作物、饲料作物和药用作物等。统计的主要粮食作物有水稻、玉米、小麦、豆类、薯类、青稞等，主要经济作物有油料、麻类、棉花、烟叶、蔬菜等。2012 年全国粮食作物播种面积占农作物总播种面积的 68.1%，其他各类农作物占 31.9%。粮食作物按播种和收获季节不同分为夏粮或夏收粮食和秋粮或秋收粮食，夏粮是指上年秋、冬季和本年春季播种，夏季收获的粮食作物，如冬小麦、夏收春小麦、大麦、元燕麦、蚕豆、豌豆、夏收马铃薯等。秋粮是指本年春、夏季播种，秋季收获的粮食作物，如中稻、晚稻（一季晚稻和双季晚稻）、玉米、高粱、谷子、甘薯、大豆等。目前在我国种植面积最大的农作物有水稻（*Oryza sativa* L.）、小麦（*Triticum aestivum* L.）、玉米（*Zea mays* L.）、谷糜（*Setaria italic* L.）、高粱（*Sorghum bicolor* L.）、大豆（*Glycine max* L.）、花生（*Arachis hypogaea* L.）、油菜（*Brassica campestris* L.）、薯类（*Solanum tuberosum* L.）和棉花（*Gossypium hirsutum* L.）等。2012 年这 10 种作物种植面积占我国农地面积的 70.8%，其中水稻、小麦和玉米分别占农地面积的 18.4%、14.9% 和 21.4%（国家统计局，2013）。水稻分为生长期较长的粳稻（*Oryza sativa* L. subsp. *japonica* Kato）和生长期较短的籼稻（*Oryza sativa* L. subsp. *sativa*），前者主要种植在北方地区，后者主要种植在南方地区，由于南方热量充足，又可分为一年两熟或三熟。小麦分为播种于秋季、收获于春夏季节的冬小麦，广泛分布于中国各地，以及播种于春季、收获于秋季的春小麦，主要分布在新疆、内蒙古和黑龙江等北方省份。

种植制度是指一个地区或生产单位作物布局与种植方式的总体。作物布局包括作物结构、熟制和配置等，如一个地区或田间内的作物安排、一年中作物种植的次数和先后顺序。种植方式包括轮作、连作、间作、套作、混作和单作等。刘巽浩和韩湘玲（1987）对我国农业种植制度进行了分区（图 7-1 和表 7-1）：首先按熟制分为一熟、二熟和三熟三个大区，年内分别收获一季、二季和三季作物；然后将 3 个大区分为 12 个一级区；每个一级区内又根据地形影响进一步分为二级区，全国共有 38 个二级区；在每个二级区内确定了 1~4 种作物种植制度，包括时间上的年内、年际或多年轮作，空间上的套作和间作。一熟区主要位于我国东北、西北和青藏高原地区，共有 5 个一级区；二熟区（II）主要位于华北、长江中下游和西南地区，共有 4 个一级区，同时兼有部分一熟制。三熟区（III）主要位于华南地区，共有 3 个一级区，以一年两季水稻和冬小麦或油菜为主，山区有二熟制旱地作物轮作。

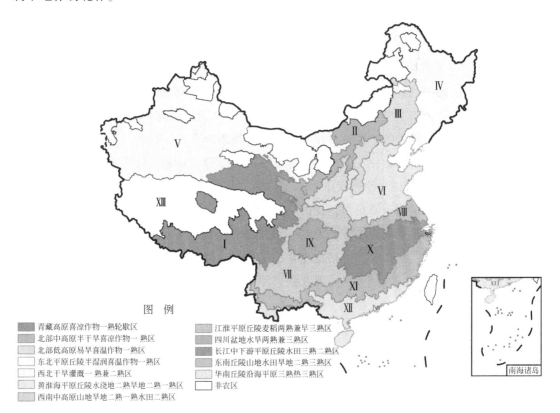

图 例

- ■ 青藏高原喜凉作物一熟轮歇区
- 北部中高原半干旱喜凉作物一熟区
- 北部低高原易旱喜温作物一熟区
- □ 东北平原丘陵半湿润喜温作物一熟区
- 西北干旱灌溉一熟兼二熟区
- 黄淮海平原丘陵水浇地二熟旱地二熟一熟区
- 西南中高原山地旱地二熟一熟水田二熟区

- 江淮平原丘陵麦稻两熟兼三熟区
- 四川盆地水旱两熟兼三熟区
- ■ 长江中下游平原丘陵水田三熟二熟区
- 东南丘陵山地水田旱地二熟三熟区
- 华南丘陵沿海平原三熟热三熟区
- □ 非农区

图 7-1　全国耕作制度分区图

依据刘巽浩，韩湘玲（1987）编著的《中国耕作制度区划》绘制（暂无港澳台数据）

表 7-1　全国轮作制度区划及轮作措施三级分类

一级区	一级区名	二级区	二级区名	代码	名称
I	青藏高原喜凉作物一熟轮歇区	I 1	藏东南川西河谷地喜凉一熟区	031401A	春小麦→春小麦→春小麦→休闲或摺荒
				031401B	小麦→豌豆
				031401C	冬小麦→冬小麦→冬小麦→休闲
		I 2	海北甘南高原喜凉一熟轮歇区	031402A	春小麦→春小麦→春小麦→休闲或摺荒
				031402B	小麦→豌豆
				031402C	冬小麦→冬小麦→冬小麦→休闲

续表

一级区	一级区名	二级区	二级区名	代码	名称
II	北部中高原半干旱喜凉作物一熟区	II 1	后山坝上晋北高原山地半干旱喜凉一熟区	031403A	大豆→谷子→糜子
		II 2	陇中青东宁中南黄土丘陵半干旱喜凉一熟区	031404A	春小麦→荞麦→休闲
				031404B	豌豆（扁豆）→春小麦→马铃薯
				031404C	豌豆（扁豆）→春小麦→谷麻
III	北部低高原易旱喜温一熟区	III 1	辽吉西蒙东南冀北半干旱喜温一熟区	031405A	大豆→谷子→马铃薯→糜子
		III 2	黄土高原东部易旱喜温一熟区	031406A	小麦→马铃薯→豆类
				031406B	豆类→谷子→高粱→马铃薯
				031406C	豌豆扁豆→小麦→小麦→糜子
				031406D	大豆→谷子→马铃薯→糜子
		III 3	晋东半湿润易旱一熟填闲区	031407A	玉米‖大豆→谷子
		III 4	渭北陇东半湿润易旱冬麦一熟填闲区	031408A	豌豆→冬小麦→冬小麦→冬小麦→谷糜
				031408B	油菜→冬小麦→冬小麦→冬小麦→谷糜
IV	东北平原丘陵半湿润喜温作物一熟区	IV 1	大小兴安岭山麓岗地喜凉一熟区	031409A	春小麦→春小麦→大豆
				031409B	春小麦→马铃薯→大豆
		IV 2	三江平原长白山地凉温一熟区	031410A	春小麦→谷子→大豆
				031410B	春小麦→玉米→大豆
				031410C	春小麦→春小麦→大豆→玉米
		IV 3	松嫩平原喜温一熟区	031411A	大豆→玉米→高粱→玉米
		IV 4	辽河平原丘陵温暖一熟填闲区	031412A	大豆→高粱→谷子→玉米
				031412B	大豆→玉米→玉米→高粱
				031412C	大豆→玉米→高粱→玉米
V	西北干旱灌溉一熟兼二熟区	V 1	河套河西灌溉一熟填闲区	031413A	春小麦→春小麦→玉米→马铃薯
				031413B	春小麦→春小麦→玉米（糜子）
				031413C	小麦→小麦→谷糜→豌豆
		V 2	北疆灌溉一熟填闲区	031414A	冬小麦→冬小麦→玉米
		V 3	南疆东疆绿洲二熟一熟区	031415A	冬小麦-玉米
				031415B	棉→棉→棉→高粱→瓜类
				031415C	冬小麦→玉米→棉花→油菜/草木樨

一级区	一级区名	二级区	二级区名	代码	名称
VI	黄淮海平原丘陵水浇地二熟旱地二熟一熟区	VI1	燕山太行山山前平原水浇地套复二熟旱地一熟区	031416A	小麦-夏玉米
				031416B	小麦-大豆
				031416C	小麦/花生
				031416D	小麦/玉米
		VI2	黑龙港缺水低平原水浇地二熟旱地一熟区	031417A	小麦-玉米
				031417B	小麦-谷子
		VI3	鲁西北豫北低平原水浇地粮棉二熟一熟区	031418A	小麦-玉米
		VI4	山东丘陵水浇地二熟旱坡地花生棉花一熟区	031419A	甘薯→花生→谷子
				031419B	棉花→花生
				031419C	小麦-玉米→小麦-玉米
				031419D	小麦-玉米
		VI5	黄淮平原南阳盆地旱地水浇地二熟区	031420A	小麦-大豆
				031420B	小麦-玉米
				031420C	小麦-甘薯
		VI6	汾渭谷地水浇地二熟旱地一熟二熟区	031421A	小麦-玉米
				031421B	小麦-甘薯
		VI7	豫西丘陵山地旱地坡地一熟水浇地二熟区	031422A	马铃薯/玉米
				031422B	小麦-夏玉米→春玉米
				031422C	小麦-谷子→春玉米
VII	西南中高原山地旱地二熟一熟水田二熟区	VII1	秦巴山区旱地二熟一熟兼水田二熟区	031423A	小麦/玉米
				031423B	油菜-玉米
				031423C	小麦-甘薯
		VII2	川鄂湘黔低高原山地水田旱地二熟兼一熟区	031424A	油菜-甘薯
				031424B	小麦-甘薯
				031424C	油菜-花生
				031424D	小麦-玉米
		VII3	贵州高原水田旱地二熟一熟区	031425A	小麦-甘薯
				031425B	油菜-甘薯
				031425C	小麦-玉米
		VII4	云南高原水田旱地二熟一熟区	031426A	小麦-玉米
				031426B	冬闲-春玉米‖豆
				031426C	冬闲-夏玉米‖豆
		VII5	滇黔边境高原山地河谷旱地一熟二熟水田二熟区	031427A	马铃薯/玉米两熟
				031427B	马铃薯/大豆
				031427C	小麦/玉米

续表

一级区	一级区名	二级区	二级区名	代码	名称
Ⅷ	江淮平原丘陵麦稻二熟区	Ⅷ1	江淮平原麦稻二熟兼旱三熟区	031428A	小麦–玉米
				031428B	小麦–甘薯
				031428C	小麦–大豆
		Ⅷ2	鄂豫皖丘陵平原水田旱地二熟兼旱三熟区	031429A	小麦–玉米
				031429B	小麦–花生
				031429C	小麦–甘薯
				031429D	小麦–豆类
Ⅸ	四川盆地水旱二熟兼三熟区	Ⅸ1	盆西平原水田麦稻二熟填闲区	031430A	小麦–玉米
				031430B	小麦–甘薯
				031430C	油菜–玉米
				031430D	油菜–甘薯
		Ⅸ2	盆东丘陵低山水田旱地二熟三熟区	031431A	小麦–玉米
				031431B	小麦–甘薯
				031431C	油菜–玉米
				031431D	油菜–甘薯
Ⅹ	长江中下游平原丘陵水田三熟二熟区	Ⅹ1	沿江平原丘陵水田旱三熟二熟区	031432A	小麦–甘薯
				031432B	小麦–玉米
				031432C	小麦–棉
				031432D	油菜–甘薯
		Ⅹ2	两湖平原丘陵水田中三熟二熟区	031433A	小麦–甘薯
				031433B	小麦–玉米
				031433C	小麦–棉
				031433D	油菜–甘薯
Ⅺ	东南丘陵山地水田旱地二熟三熟区	Ⅺ1	浙闽丘陵山地水田旱地三熟二熟区	031434A	甘薯–小麦
				031434B	甘薯–马铃薯
				031434C	玉米–小麦
				031434D	玉米–马铃薯
		Ⅺ2	南岭丘陵山地水田旱地二熟三熟区	031435A	春花生–秋甘薯
				031435B	春玉米–秋甘薯
		Ⅺ3	滇南山地旱地水田二熟兼三熟区	031436A	低山玉米‖豆一年一熟

续表

一级区	一级区名	二级区	二级区名	代码	名称
Ⅻ	华南丘陵沿海平原晚三熟热三熟区	Ⅻ1	华南低丘平原晚三熟区	031437A	花生（大豆）-甘薯
				031437B	玉米-油菜
				031437C	玉米/黄豆
				031437D	玉米-甘薯
		Ⅻ2	华南沿海西双版纳台南二熟三熟与热作区	031438A	玉米-甘薯

注：表中"名称"栏符号意义："-"表示年内作物的轮作顺序；"→"表示年际或多年的轮作顺序；"/"表示套作；"‖"表示间作。本表依据刘巽浩，韩湘玲等（1987）编著的《中国耕作制度区划》制定。

7.1.2 耕作措施因子定义与观测

耕作措施因子是指采取某种耕作措施的坡面土壤流失量与同等条件无耕作措施的坡面土壤流失量之比（简称 T），无量纲，取值范围 $0 \sim 1$。未采取耕作措施的顺坡种植时，T 为1，采取某种耕作措施未导致土壤流失时，T 为0，T 越小表示某种耕作措施的保土效益越好。只有当土地利用为农地时，考虑该因子，其对应的 B 值为1。当土地利用为园地、林地和草地时，T 为1。

耕作措施因子值的测定与工程措施因子类似，利用径流小区观测资料获得：在相同坡度、坡长和管理情况下，实施耕作措施径流小区年土壤流失量与未实施耕作措施径流小区年土壤流失量的比值。观测资料年限越长，得到的因子值就更为稳定。具体计算如下：

（1）确保两个小区除实施措施和未实施措施的差别外，其他条件均一致，此时，T 的计算公式为

$$T = \frac{\sum_{i=1}^{n} A_{Ti}}{\sum_{i=1}^{n} A_i} \tag{7-1}$$

式中，A_{Ti} 是实施耕作措施小区的土壤流失年总量，$t \cdot hm^{-2} \cdot a^{-1}$。如果测定反映作物覆盖影响的作物轮作措施因子值，$A_i$ 是按传统方式管理的裸地小区的土壤流失年总量；如果测定除轮作措施外的其他耕作措施因子值，A_i 是实施传统耕作小区的土壤流失年总量，$t \cdot hm^{-2} \cdot a^{-1}$。传统耕作根据当地作物或种植习惯不同，一般有三种：顺坡行播或平播、撒播、顺坡垄作。$i = 1, 2, \cdots, n$ 是观测年数。

（2）如果两个小区的坡度和坡长不同，需要进行坡度和坡长修订，此时，T 的计算公式为

$$T = \frac{\sum\limits_{i=1}^{n} A_{Ti}}{\sum\limits_{i=1}^{n} A_i} \cdot \frac{L}{L_T} \cdot \frac{S}{S_T} \qquad (7\text{-}2)$$

式中，A_{Ti} 是实施耕作措施小区的土壤流失年总量，$t \cdot hm^{-2} \cdot a^{-1}$；$A_i$ 是实施传统耕作小区的土壤流失年总量，$t \cdot hm^{-2} \cdot a^{-1}$；$i=1, 2, \cdots, n$ 是观测年数；L 和 S 分别是实施传统耕作小区的坡长因子和坡度因子，如果是标准小区，则 L 和 S 均为 1；L_T 和 S_T 分别是实施耕作措施小区的坡长因子和坡度因子。坡度因子和坡长因子公式详见第 4 章。如计算免耕大豆的耕作措施因子，在东北地区对比小区的传统耕作方式是顺坡垄作，其他地区是顺坡行播。如果两个小区的坡度和坡长一致，则只保留第一项；如果两个小区的坡度和坡长不同，需要保留后面的订正项。

（3）有些规模较大的耕作措施如等高耕作、等高垄作、等高带状耕作等，往往无法采用 20m 长、5m 宽、面积 100m² 的典型径流小区观测，需要在面积足够大、能体现这些措施水土保持特征的大型径流场观测，面积一般在 1000 ~ 10 000m²。

（4）由于耕作措施还包括了作物覆盖的影响，在测定某种耕作措施时，应注意作物种类、轮作及其田间管理的一致，否则由于不同作物的覆盖、种植过程中对地面扰动不同等，会导致测定的耕作措施因子不能反映实际情况。如要测定免耕措施因子，两个对比小区必须是相同作物，不能是两种不同的作物，如玉米免耕与玉米传统耕作对比。如果要测定某种轮作措施因子，应该是轮作措施小区与裸地小区对比，但应注意裸地小区地面扰动次数与方式应与轮作小区一致，但不种植作物。

（5）由于我国种植制度多样，应在不同地区根据耕作制度特点和传统耕作特点，布设各类耕作措施小区测定当地耕作措施因子。目前这方面研究尚很薄弱。

7.2 主要耕作措施因子值的确定

本部分耕作措施是指除反映覆盖影响外的其他整地和养地措施，通过收集已发表文献和径流小区观测资料计算。

7.2.1 资料收集与处理

共搜集各类发表文献 186 篇，水利部和省（市）水土保持监测汇编数据 11 册。资料形式不一，归纳为三类：①径流小区实测数据，可直接计算得到耕作措施因子值；②耕作措施水土保持效益评价数据，提供了与对照小区相比的某种耕作措施的水土保持效益值，即保土或减沙比例或百分比，根据对照小区情况确定是否需要修订，1 减去效益比例即为耕作措施因子；③提供顺坡耕作和某种耕作措施小区土壤流失量及径流小区信息，可计算出该种耕作措施因子值。在对三类资料处理时，判断耕作措施小区与对比的传统耕作措施小区坡度和坡长是否一致，如果不一致，需要根据坡度因子和坡长因子订正到相同水平后，再求两个小区的比值。

为了确保结果的合理性，对收集的资料和计算结果进行遴选：一是比较同一区域相同措施因子值，如果个别值与总体相差太大，作为异常值剔除；二是尽可能采用观测年限长的资料。共计整理得到53条记录（表7-2）。数量最多的是等高沟垄种植，有33条，涉及东北黑土区、北方土石山区、西北黄土高原区、西南土石山区和南方红壤丘陵区等所有水蚀类型区。垄作区田9条，涉及东北黑土区、西北黄土高原区和西南土石山区三个侵蚀类型区。免耕记录7条，涉及东北黑土区、北方土石山区、西北黄土高原区和南方红壤丘陵区四个水蚀类型区。剔除样本少的措施类型，最终计算等高沟垄种植、垄作区田、掏钵（穴状）种植、抗旱丰产沟和免耕共5种耕作措施因子值。

表7-2　计算耕作措施因子收集的已发表文献记录或观测资料

措施类型	水力侵蚀区	省份	数据来源
等高沟垄种植	东北黑土区	内蒙古	陈光等（2006）
		吉林	陈光等（2006）
		黑龙江	陈光等（2006）
		黑龙江	张宪奎等（1992）
	北方土石山区	辽宁	孙景华等（1997）
		辽宁	陈光等（2006）
		内蒙古	尉恩凤等（2002）
	西北黄土高原区	内蒙古	史培军等（1999）
		内蒙古	尉恩凤等（2002）
		陕西	绥德站（1981）
		甘肃	李志军（2003）
		陕西	江忠善等（1996）
		陕西	刘昌红（2009）
		甘肃	
	西南土石山区	四川	刘刚才等（1996）
		云南	付斌（2009）
		云南	杨子生（1999）
	南方红壤丘陵区	浙江	李凤和张如良（2000）
		安徽	夏岑岭等（2000）
		江西	武艺等（2008）

续表

措施类型	水力侵蚀区	省份	数据来源
垄作区田	东北黑土区	黑龙江	赵雨森和魏永霞（2009）
		黑龙江	王宝桐和丁柏齐（2008）
		黑龙江	杨爱民等（1994）
	西北黄土高原区	甘肃	蒋德麒（1984）
		陕西	绥德站（1981）
		陕西	刘昌红（2009）
	西南土石山区	四川	吕甚悟等（2000）
免耕	东北黑土区	黑龙江	赵雨森和魏永霞（2009）
		黑龙江	水利部监测中心
	北方土石山区	北京	符素华等（2001）
		河北	吕惠明等（1996）
	西北黄土高原区	山西	李笑容和李新荣（2005）
	南方红壤丘陵区	江西	王兴祥等（1998）
		浙江	李凤和张如良（2000）
掏钵种植	西北黄土高原区	山西	山西水保所（1981）
抗旱丰产沟	东北黑土区	吉林	于志纯和史晓峰（1992）
	西北黄土高原区	山西	史观义（1982）
		山西	黄占斌和张锡梅（1992）

7.2.2　主要耕作措施因子值的确定

等高沟垄种植、垄作区田和免耕三种耕作措施在全国分布较广，资料比较丰富，因此对其进行统计分析（表7-3）。结果表明，等高沟垄种植在5个水蚀类型区都有分布，共有33条记录，T值变化于0.035～0.776，平均为0.402，标准差为0.205。其中，记录 T 值大于0.7的有3条记录：1条记录位于四川盐亭，明显高于同篇文献中的乐至、内江和仁寿（孙景华等，1997），作者提到土壤母质有所不同；2条记录分别出现在辽宁的铁岭（孙景华等，1997）和阜新（陈光等，2006），均位于辽宁省北部。T 值小于0.1的有2条，分别出现在甘肃省庆阳（夏岑岭等，2000）和黑龙江宾县（陈光等，2006）。垄作区田主要位于东北黑土区和西北黄土高原区，共有9条记录，T值变化于0～0.16，平均为0.196，标准差为0.161。免耕除西南土石山区外都有分布，共有7条记录，T值变化于0～0.2，平均为0.207，标准差为0.12。

表7-3　主要耕作措施因子值计算结果统计

耕作措施类型	记录数	均值	标准差	最大值	最小值	中位数
等高沟垄种植	33	0.402	0.205	0.776	0.035	0.372
垄作区田	9	0.196	0.161	0.413	0.000	0.160
免耕	7	0.207	0.120	0.399	0.000	0.200

　　三种措施相比，垄作区田和免耕 T 值比较稳定，水土保持效益接近，且明显好于等高沟垄种植。这与耕作措施机理有关：免耕对土壤扰动很小，且秸秆覆盖降低雨滴击溅作用，不仅保土，且有助于保墒，改善土壤结构，提高土壤肥力，增强土壤抗侵蚀性（李笑容和李新荣，2005；王礼先，1995）。垄作区田能就地蓄水保肥，有效降低径流量和流失量（杨爱民等，1994；王礼先，1995）。等高沟垄种植主要依靠改变微地形特征，改变径流方向，减缓土壤侵蚀，但如果垄台被冲毁，又会加剧侵蚀。加之自然界地形复杂，难以保证起垄完全沿等高线方向，遇到较大降雨也可能会产生侵蚀，因而其水土保持效益相比前两者会差一些（江忠善等，1996）。

　　掏钵种植（穴状种植）和抗旱丰产沟主要分布在北方旱地农业区，掏钵种植仅有山西省离石（山西省水土保持科学研究所，1981）1 条记录，T 值为 0.499，抗旱丰产沟有吉林省 1 条（于志纯和史晓峰，1992）和山西省（史观义，1982；黄占斌和张锡梅，1992）2 条 T 值记录，分别为 0.409 和 0.05、0，需要丰富观测。

　　为了进行全国范围的应用，对 5 个水蚀类型区主要耕作措施因子 T 值进行差异显著性检验：如果差异不显著，可以直接采用均值，如果差异显著，需要分区赋值。由于等高沟垄种植、垄作区田和免耕 3 类措施的 T 值记录较多，对其分别在 0.01 和 0.05 两个置信水平进行均值差异显著性检验。结果表明：0.01 水平下所有耕作措施的地区差异均不显著。0.05 水平下只有等高沟垄种植 T 值在东北黑土区和北方土石山区之间有显著性差异，与其他水蚀类型区均无显著性差异；垄作区田和免耕 T 值均无显著性地区差异（表7-4）。说明这 3 种耕作措施可以在全国范围内采用统一的均值（表7-5）。如果要提高计算精度，可以将等高沟垄种植按三个水蚀类型区分别取值：东北黑土、北方土石山区和其他地区分别为 0.251、0.549 和 0.435。掏钵（穴状）种植和抗旱丰产沟 T 值记录数少，暂时直接采用其平均值（表7-5），有必要丰富观测，进行深入研究。

　　5 种耕作措施的 T 值表明（表7-5）：全国范围内垄作区田水土保持效益最好，减少 83.8% 土壤流失量，其次是免耕和抗旱丰产沟，能减少 79.1% 的土壤流失量，等高沟垄耕作和掏钵（穴状）种植可以减少 50% 以上的土壤流失量。

　　总体来看，有关耕作措施因子的研究成果和观测资料有限，无疑会影响因子取值精度，尤其是耕作措施类型少、覆盖区域有限、观测时段较短，都大大限制了因子值的精度。其中掏钵（穴状）种植和抗旱丰产沟的 T 值直接采用已有结果，未能进行区域比较。今后应不断加强区域耕作措施类型收集，对比较成熟、应用较广并有明显水土保持效益的耕作措施应及时进行径流小区对比观测，获得相应的因子值，定量评价其水土保持效益。

表 7-4　不同水蚀类型区耕作措施因子 T 值差异显著性检验（0.05 置信水平）

耕作措施	T 值				
	东北黑土区	北方土石山区	西北黄土高原区	西南土石山区	南方红壤丘陵区
等高沟垄种植	0.251[a]	0.549[b]	0.367[ab]	0.437[ab]	0.377[ab]
垄作区田	0.184[a]		0.142[a]	0.160[a]	
免耕	0.200[a]	0.244[a]	0.200[a]		0.181[a]

注：同一种耕作措施若任意两个水力侵蚀区含有相同字母，则说明该措施均值在这两个区差异不显著。

表 7-5　主要耕作措施因子 T 值

耕作措施	等高沟垄种植	垄作区田	掏钵（穴状）种植	抗旱丰产沟	免耕
T 值	0.396	0.162	0.499	0.217	0.206

7.3　主要农作物轮作措施因子值的确定

除整地和养地外，耕作措施对土壤侵蚀的另一方面影响是农作物覆盖，既有单一农作物在生长过程中覆盖变化的影响，也有不同农作物在年内及年际覆盖组合变化的影响。覆盖与降雨季节变化的配合才能体现其对土壤侵蚀的影响。本节介绍如何确定反映作物覆盖变化影响的耕作措施因子值，包括两种情况：一是基于典型农作物径流小区观测资料确定多年平均作物覆盖因子；二是基于已发表文献和观测资料确定我国农作物轮作制度分区的轮作措施因子值。

7.3.1　多年平均农作物覆盖措施因子值

农作物盖度的季节变化很大，休闲期和苗床期可低至裸露，即盖度等于或接近 0，达到最大覆盖时的盖度可在 90% 以上。如果在低覆盖情况下恰好遭遇大降雨，无疑会产生很大的流失量，而高覆盖下遭遇同样降雨流失量就会明显降低。因此，反映农作物覆盖变化的耕作措施因子值需要与降雨径流侵蚀力的季节变化相对应。本节以黄土高原主要农作物径流小区观测资料为基础，采用以下方法计算多年平均农作物覆盖措施因子值：首先确定反映作物覆盖变化的农作期，然后计算作物不同农作期不同覆盖对应的 SLR，即种植某种作物与相同条件下的裸地 SLR，最后根据当地降雨径流侵蚀力季节分布，以各农作期降雨径流侵蚀力占年降雨径流侵蚀力比例为权重，对各农作期 SLR 求加权平均，得到多年平均或作物生长周期耕作措施因子值。黄土高原地区粮食作物以旱作为主，主要农作物有冬小麦、玉米、高粱、谷子、糜子、马铃薯、大豆等，以下主要针对这些作物计算。

1. 不同作物农作期的划分

划分农作期，即作物生长期，是估算作物耕作措施因子的前提。Wischmeier 和 Smith（1965）依据作物生长时间划分 5 个农作期，后来又按照作物盖度的变化划分为 6 个期（Wischmeier and Smith，1978）：休闲期（翻地至准备苗床）、苗床期（准备苗床至 10% 盖度）、定苗期（10%~50% 盖度）、生长期（50%~75% 盖度）、成熟期（75% 盖度至收割）和残茬期（收割至翻地）。张岩等（2001）据此根据黄土高原作物生长过程中的盖度变化，结合播种期和收割期确定了各种作物从准备苗床到收获的整个生长阶段不同的农作期，共给出黄土高原地区 7 种农作物的农作期（表 7-6）。

表 7-6　黄土高原主要农作物的农作期划分

划分指标	苗床期 准备苗床至 10% 盖度	定苗期 10%~50% 盖度	发育期 50%~ 75% 盖度	成熟期 75% 盖度 至收割	残茬期 收割至 翻地	休闲期 翻地至 准备苗床
谷子	整地至播后30 天	播后 31~60 天	播后 61~90 天	播后 91 天至收割	收割至翻地	翻地至整地
黄豆	整地至播后30 天	播后 31~60 天	播后 61~90 天	播后 91 天至收割	收割至翻地	翻地至整地
马铃薯	播种至播后30 天	播后 31~60 天	播后 61~90 天	播后 91 天至收割	收割至翻地	翻地至播种
荞麦	播种至播后30 天	播后 31~45 天	播后 46~60 天	播后 61 天至收割	收割至翻地	翻地至播种
玉米+黄豆	播种至播后30 天	播后 31~60 天	播后 61~90 天	播后 91 天至收割	收割至播种	无
冬麦	播种至播后30 天	播后 31~180 天	播后 181~210 天	播后 211 天至收割	收割至播种	无
扁豆	播种至播后30 天	播后 31~80 天	播后 81 天~收割	无*	收割至翻地	翻地至播种

*因扁豆长势差，盖度低，从盖度 50% 到收割都算发育期，而没有划分成熟期。

黄土高原地区一般从准备苗床到播种之间的时间很短，所以在划分农作期时，苗床期从播种日期算起。由于玉米黄豆间作（玉米+黄豆）和冬麦收割后一般保留残茬，直到下一次播种前才翻地，因此收割日期到下一次播种算作残茬期，无休闲期。另外，由于作物长势差等原因使盖度不能达到 75% 时，从抑制土壤侵蚀的作用来说，盖度达 50% 后直到收割都算发育期，无成熟期，如扁豆。

2. 各农作期 SLR 计算

农作期 SLR 是一个农作期内耕种作物农地与相同条件下的清耕休闲地土壤流失量之比。因此用小区观测资料计算 SLR 时，作为对照的同期休闲裸露小区观测资料至关重要。应确保该休闲裸露小区与耕作小区实施同样的翻耕方式和次数，否则就会形成计算误差。如本模型采用的对比裸露小区只在春季翻耕一次，此后，由于土壤的固结作用，单位降雨径流侵蚀力产生的土壤流失量随时间减小。为了消除这种变化对土壤流失比率计算的影响，应按以下方法修正对照的裸地径流小区观测的土壤流失量：首先将观测时段共 49 次降雨形成的裸地土壤流失量按翻耕后的时间排序，再分别求得每次降雨的裸地土壤流失量与该次降雨径流侵蚀力的比值，然后计算裸地翻耕后每个月总土壤流失量与该月总降雨径流侵蚀力的比值。裸地春翻后的 6 个月内，该比值随时间明显呈线性降低（图 7-2）。以 6 个月的平均值作为基准值，将该平均值除以每月土壤流失量得到第 1~6 个月的修正系数分别为 0.68、0.79、0.94、1.16、1.51、2.17。将每次降雨产生的土壤流失量乘以所在月份的修正系数，得到修正后的裸地土壤流失量，由于修正过程中会使个别土壤流失比率的计算值略大于 1，按 1 处理。对于没有布设休闲裸地的情况，可采用近似方法估算裸地土壤流失量。下面以天水试验站历史资料为例说明：用农家制播种后 20 天内的玉米+黄豆、荞麦、冬麦小区以及收割 2 个月以后的夏收作物扁豆小区作为对比的裸地小区，计算土壤流失比率。所谓农家制是指冬麦、荞麦撒播，扁豆、玉米和黄豆套作采用等高条播，播种前掀翻，不采取水土保持措施及抗旱保墒措施。根据以往黄土高原的研究结果（江忠善等，1996）和对现有资料的分析，农家制播种后 20 天内的作物地土壤流失量与裸地接近。因为播种后 20 天以内作物盖度一般小于 5%，最大不超过 10%，可忽略覆盖度的影响。收割后的农地，只有在翻耕条件下才和苗床期一样接近裸地侵蚀量。从扁豆收割后不同时期的土壤流失量与其他小区的对比情况来看，扁豆收割 63 天以后的小区土壤流失量接近作物苗床期的平均状况。所以，将收割 60 天以后的扁豆休闲小区作为对照"准裸地"，由此得到农家制作物成熟期土壤流失率小于 0.2，具有一定的合理性。天水试验站大部分小区都是玉米和黄豆套作—扁豆—冬麦—荞麦 4 种作物的 3 年轮作，在不同季节都有这种"准裸地"存在，玉米和黄豆套作的"准裸地"一般在春季 5 月下旬到 6 月上旬，荞麦"准裸地"一般在 7 月下旬到 8 月上旬，冬麦"准裸地"一般在 10 月，扁豆"准裸地"在 9 月上、中旬。所以，"准裸地"基本可以涵盖降雨发生的所有时段，可用来估算不同作物各农作期的土壤流失比率。采用天水试验站 12 个小区、4 个坡度组作物径流小区数据，按不同作物、不同农作期分类，以同一坡度组同一次降雨"准裸地"小区土壤流失量作对照，则某种农作物某农作期各坡度组作物小区各次土壤流失量之和除以对照"准裸地"小区土壤流失量之和，得到对应的土壤流失比率（表7-7）。同一作物不同农作期的 SLR 变化很大，最小值出现在农作物对土壤提供最佳保护的阶段，即成熟期，最大值出现在无植被覆盖并且土壤表面受到扰动的阶段，如休闲期和苗床期。

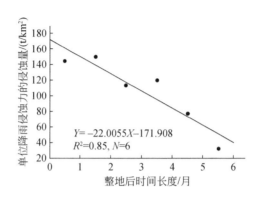

图 7-2　黄土高原裸露农地侵蚀强度随时间的变化（张岩等，2001）

表 7-7　黄土高原主要农作物各农作期 SLR

作物	苗床期	定苗期	生长期	成熟期	残茬期	休闲期	作物产量水平/(斤·亩$^{-1}$)	植株高/cm
荞麦	0.71	0.54	0.19	0.21	0.53	1.00	568	90~100
马铃薯	1.00	0.53	0.47	0.30	0.71	1.00	376	40~50
谷子	1.00	0.57	0.52	0.52	0.96	a	628	90~100
大豆	1.00	0.92	0.56	0.46	0.53	a	478	60~70
冬小麦	1.00	a	a	0.17	0.19*	b	302	50~60
玉米+大豆	1.00	0.40*	0.26	0.03	a	b	420/57	190~200/50~60
扁豆	1.00	0.70	0.46	c	0.52	1.00	88	90~100

注：1 斤＝500g，1 亩≈666.7m^2。表中所列农作物的耕作都是当地的传统方法，即玉米+大豆、扁豆为等高条播；冬麦、荞麦、谷子为撒播；马铃薯、黄豆穴播；扁豆收后休闲；荞麦、马铃薯、谷子和大豆锄翻；冬小麦、玉米+大豆、扁豆掀翻。

a 少雨季节，资料不足。b 无翻地日期记录，从收割到下一次播种算作残茬期。* 冬小麦残茬期 SLR 是天水冬麦小区和"裸地"上单位降雨径流侵蚀力产生的平均侵蚀量的比值。c 因扁豆长势差，盖度低，从盖度50%到收割都算生长期，因此没有得到成熟期土壤流失比率。

3. 多年农作物耕作措施因子确定

多年平均农作物耕作措施因子用该农作物各农作期降雨径流侵蚀力占年降雨径流侵蚀力百分比作为权重，对各农作期土壤流失比率加权平均得到。表7-8以陕西省安塞3年4种作物的一个完整轮作期为例，给出了计算多年平均农作物耕作措施因子值的过程和结果，具体步骤如下：

（1）收集农作物播种期、中耕时间、收获期等信息，以及盖度分别达到 10%、50%、75% 和最大值的日期，建立如表 7-6 的信息表，填入表 7-8 第二列。

（2）确定农作物每个农作期的起讫时间，填入表 7-8 第三列。

（3）计算每个农作期降雨径流侵蚀力占年降雨径流侵蚀力百分比，建议采样 EI_{30} 指标，填入表 7-8 第四列。

（4）计算每个农作期土壤流失比率 SLR 值（表 7-7），填入表 7-8 第五列。

（5）对每个农作期降雨径流侵蚀力占年降雨径流侵蚀力百分比为权重，计算每个农作期 SLR 的加权平均值，填入表 7-8 第六列。

按此方法的计算结果与实测多年平均土壤流失比率基本一致（表 7-8 最后一列）。林素兰等（1997）在辽北用径流小区资料计算的玉米和大豆轮作平均 T 值为 0.47 ~ 0.53，与本方法得到结果 0.58 非常接近。

表 7-8 黄土高原主要农作物多年平均耕作措施因子计算过程

作物	农作期	起讫时间	农作期 EI_{30} 百分比	农作期 SLR	作物年 T 值	实测多年平均 SLR
荞麦	休闲期	4.16 ~ 7.19	33	1	0.74	0.74
	苗床期	7.19 ~ 8.18	45	0.71		
	定苗期	8.18 ~ 9.02	15	0.54		
	生长期	9.02 ~ 9.17	5	0.19		
	成熟期	9.17 ~ 10.10	2	0.21		
	残茬期	10.10 ~ 4.21	0	0.53		
马铃薯	休闲期	4.21 ~ 5.21	1	1	0.47	0.5
	苗床期	5.21 ~ 6.20	2	1		
	定苗期	6.20 ~ 7.20	32	0.53		
	生长期	7.20 ~ 8.19	44	0.47		
	成熟期	8.19 ~ 10.05	21	0.3		
	残茬期	10.05 ~ 4.20	0	0.71		
大豆	苗床期	4.20 ~ 5.20	2	1	0.51	0.53
	定苗期	5.20 ~ 6.10	1	0.92		
	生长期	6.10 ~ 7.19	30	0.56		
	成熟期	7.19 ~ 9.29	66	0.46		
	残茬期	9.29 ~ 4.13	1	0.53		

作物	农作期	起讫时间	农作期 EI$_{30}$百分比	农作期 SLR	作物年 T 值	实测多年平均 SLR
谷子	苗床期	4.13 ~ 5.13	1	1	0.53	0.55
	定苗期	5.13 ~ 6.12	2	0.57		
	生长期	6.12 ~ 7.12	19	0.52		
	成熟期	7.12 ~ 10.04	78	0.52		
	残茬期	10.04 ~ 4.15	0	0.96		

采用上述方法计算了黄土高原地区主要农作物 T 值（表7-9），其中人工牧草地红豆草和沙打旺的生长过程也可看作不同覆盖的变化过程，采用相同方法计算，但作为覆盖与生物措施因子 B 值也列入表中。根据农作物 T 值或草地 B 值，可直接评价农作物或草地盖度对土壤侵蚀的影响：荞麦 T 值最大，最易发生水土流失，因为荞麦是夏播作物，其苗床期恰好是降雨最为集中的季节。冬小麦 T 值最小，因为冬小麦生长期从10月到次年7月，不仅避开了降雨的主要集中期，而且在雨季初期 6~7 月时，其盖度已经很大。玉米和大豆套作的 T 值也很小，是因为降雨集中期对应其盖度最大时期。人工牧草在第一年对土壤侵蚀的抑制作用很低，但从第二年后水土保持作用十分明显，其 B 值远远小于农作物的 T 值。

表7-9 黄土高原主要农作物多年平均 T 值及人工牧草多年平均 B 值

农作物多年平均 T 值							人工牧草多年平均 B 值			
荞麦	扁豆	谷子	大豆	马铃薯	玉米大豆套作	冬麦	第1年红豆草	2~6年红豆草	第1年沙打旺	2~6年沙打旺
0.74	0.57	0.53	0.51	0.47	0.28	0.23	0.97	0.14	0.94	0.06

7.3.2 轮作措施因子计算

1. 资料收集与处理

根据中国种植制度区划（刘巽浩和韩湘玲，1987），整理了12个一级区共88种主要作物轮作制度（表7-10）。利用全国1352个农业气象站的物候数据（张福春等，1987），确定了每个一级区主要作物的播种和收获时间，作为其农作期。由于提供的数据为作物播种期和收获期所跨的时间段，选择其时段中间日期作为该作物的播种或收获日期（表7-10）。如Ⅲ-1区，冬小麦播种时段为11月1日至11日，收获时段为次年5月1日至

21 日，则该区域冬小麦播种和收获日期分别记为 11 月 5 日和 5 月 11 日，用以计算作物生长期内降雨径流侵蚀力占全年降雨径流侵蚀力百分比。

表7-10 不同耕作区主要农作物播种和收获日期及轮作制度*

耕作区	作物播种及收获时间	轮作制度	轮作制度
I-1 东北平原区	SW：4.11，8.7；JR：4.21，9.15；	I1-1Sb→Ma→Sg→Ma	I1-5SW→Po→Sb
	Mi，Sg，Po：5.1，9.15；	I1-2Sb→Sg→Mi→Ma	I1-6SW→SW→Sb
	Ma，Sb：5.1，10.1	I1-3SW→Ma→Sb	I1-7SW→SW→Sb→Ma
		I1-4SW→Mi→Sb	I1-8 C. JR
I-2 北部低高原区	SW：3.21，8.1；Ma：4.25，9.25；	I2-1 Ma‖Sb→Mi	I2-7Sb→SW→SW→Mi
	Mi，Po，Sg，Sb：5.1，10.1；	I2-2Mi→Mi→Ma	I2-8SW→Po→Sb
	BW：7.1，10.1；Cl：4.11，7.15	I2-3Mi→Mi→Sg	I2-9SW→Sb→Ma→Ma
		I2-4Sb→Mi→Po→Mi	I2-10Sb→SW→SW→BW
		I2-5Sb→Mi→Sg	I2-11Cl→SW→SW→SW→BW
		I2-6Sb→Mi→Mi	I2-12Cl→SW→SW→SW→Mi
I-3 西北黄土高原区	SW：4.1，8.5；Ma：4.21，10.1；	I3-1Sb→SW→Mi	I3-4SW→BW→Fa
	Sb，Mi：5.5，9.25；BW：7.1，10.1	I3-2Sb→SW→Po	I3-5Sb→BW→Po
		I3-3Sb→Mi→Mi	
I-4 青藏高原区	SW：3.25，9.11；Sb：4.11，9.5	I4-1SW→Sb	I4-2SW→SW→SW→Fa
I-5 西北绿洲灌溉农业区	SW：3.25，8.5；Cl：4.15，7.15；	I5-1Co→Co→Co→Sg	I5-4SW→SW→Ma→Mi
	Co：4.15，10.15；JR：4.21，9.25；	I5-2SW→Ma→Co→Cl	I5-5SW→SW→Mi→Po
	Ma，Sg，Mi，Po：5.1，9.21	I5-3SW→SW→Ma→Po	I5-6R→R→R→R→So
II-1 华北平原及山地丘陵区	Co：5.1，10.15；Ma：4.21，9.11；	III1-1 WW-Ma	III1-6Co→Co→Co→WW-SP
	SP，Pe：5.5，9.15；Mi：5.15，9.1；	III1-2 WW-SP	III1-7Co→Co→Sb→WW→Mi
	Sb：6.1，10.1；Cl：9.15，5.15；	III1-3 WW-Pe	III1-8 WW-Mi
	WW：10.1，6.11	III1-4 WW-Sb	III1-9 Cl-Ma
		III1-5Ma→Mi→Pe	
II-2 淮河平原和丘陵地区	IR：4.5，9.11；Ma：5.1，9.1；	II2-1 WW-Pe	II2-5 WW-IR
	SP，Pe：5.15，10.15；Sb：6.1，10.1；	II2-2 WW-Sb	II2-6 Cl-IR
	Cl：10.15，5.15；WW：10.21，6.1	II2-3 WW-Ma	II2-7 Cl-SP
		II2-4 WW-SP	II2-8 Cl-Pe
II-3 云贵高原区	Ma：4.1，8.5；Pe：4.15，9.1；	II3-1 WW-Ma	II3-5 WW-JR
	JR：4.25，9.21；SP：6.1，10.15；	II3-2 WW-SP	II3-6 Cl-JR
	Cl：9.15，5.15；WW：10.21，6.1	II3-3 Cl-Ma	II3-7 WW-Pe
		II3-4 Cl-SP	II3-8 Cl-Pe

耕作区	作物播种及收获时间	轮作制度	轮作制度
II-4 四川盆地	Ma: 3.25, 8.20; IR: 4.5, 9.1;	II4-1 Cl-Ma	II4-5 WW-IR
	Sb: 5.1, 9.1; SP: 6.1, 11.1;	II4-2 Cl-SP	II4-6 Cl-IR
	Cl: 10.1, 5.1; WW: 11.1, 5.5	II4-3 WW-Ma	II4-7 WW-Sb
		II4-4 WW-SP	
III-1 长江中下游平原和丘陵区	EIR: 3.11, 7.15; Ma: 3.15, 7.5;	III1-1 Cl-SP	III1-5 WW-SP
	Pe: 4.1, 9.1; Co: 4.11, 10.5;	III1-2 WW-Pe	III1-6 WW-EIR-LIR
	SP: 6.1, 11.1; LIR: 7.15, 10.25;	III1-3 WW-Co	III1-7 Cl-EIR-LIR
	Cl: 10.15, 4.15; WW: 11.5, 4.15	III1-4 WW-Ma	III1-8 EIR-LIR
III-2 东南丘陵区	EIR: 3.11, 7.1; Ma: 3.5, 7.5;	III2-1 Cl-SP	III2-5 Cl-EIR-LIR
	IR: 4.1, 9.1; SP: 6.15, 11.15;	III2-2 WW-Ma	III2-6 EIR-LIR
	LIR: 7.1, 10.25; Cl: 10.15, 4.15;	III2-3 WW-SP	III2-7 WW-IR
	WW: 11.5, 4.15	III2-4 WW-EIR-LIR	III2-8 Cl-IR
III-3 华南热带农业区	Sb: 2.15, 6.1; EIR: 2.15, 7.1;	III3-1 Ma-Sb	III3-5 Cl-EIR-LIR
	Pe: 2.25, 7.1; LIR: 7.1, 11.1;	III3-2 Pe-SP	III3-6 EIR-LIR
	SP: 7.15, 1.15; Ma: 8.1, 11.1;	III3-3 Sb-SP	III3-7 Pe-LIR
	Cl: 11.1, 4.1	III3-4 WW-EIR-LIR	

注: BW: 荞麦; Cl: 油菜; Co: 棉花; EIR: 早籼稻; Fa: 休闲; IR: 籼稻; JR: 粳稻; LIR: 晚籼稻; Ma: 玉米; Mi: 谷糜; Pe: 花生; Po: 薯类; Sb: 大豆; Sg: 高粱; SP: 甘薯; SW: 春小麦; WW: 冬小麦; C.: 连续种植。†→: 年际轮作; ‖: 间作; /: 套种; -: 年内轮作。

I、II 和 III 分别代表一熟区、二熟区和三熟区 (见图 7-3)

收集我国 69 个气象站 (图 7-3) 1951~2010 年日降雨数据计算多年平均年降雨径流侵蚀力, 以及不同耕作区内各种作物生长期降雨径流侵蚀力占年降雨径流侵蚀力百分比。这 69 个站点均匀分布在不同耕作制度一级区。

2. 单一作物 SLR 的确定

为了计算各耕作区主要作物轮作因子值, 首先需要确定每种作物的 SLR, 为此收集发表文献和径流小区观测资料。根据文献和数据内容, 参照 7.2 节方法计算各种作物的 SLR。具体过程如下: 有些资料已经提供作物 SLR, 根据资料信息重新计算, 确定无误后选用; 有些资料未提供 SLR, 但提供了计算 SLR 的作物小区和相应观测年限的裸地小区土壤流失量数据, 如果两个小区坡长和坡度等条件一致, 直接计算作物小区土壤流失量与裸地小区土壤流失量之比作为 SLR, 如果坡长和 (或) 坡度不一致, 按坡长和 (或) 坡度因子修正后得到 SLR。径流小区观测资料的筛选遵循两个原则: 一是只选择直接观测数据, 二是观测小区基础信息, 如坡长、坡度、土地利用等信息完整。最终得到 16 个省

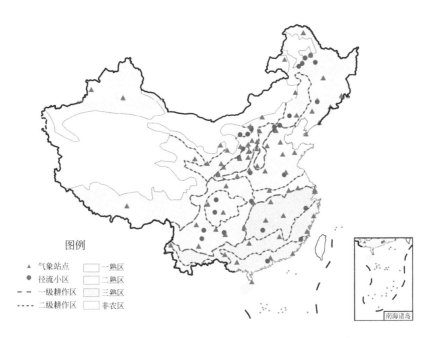

图 7-3　耕作分区及采用气象站点和径流小区站点分布

不包括港澳台数据

（自治区、直辖市）28 个地区（图 7-2）共 36 条土壤流失比率记录，覆盖 9 个轮作制度一级区：I1、I2、I3、I5、II1、II3、II4、III1 和 III3（图 7-2，表 7-11）。

　　基于这些数据计算了我国主要作物的 SLR（表 7-11）。水稻是我国种植最为广泛的作物，然而，水稻多种植于平原或河谷等几乎无土壤侵蚀的平坦地区，国内无种植水稻的径流小区观测，直接采用 Morgan（2005）给定的 0.1～0.2，取其平均值 0.15。冬小麦和春小麦的 SLR 均较低，分别为 0.23 和 0.07，冬小麦播种前和收获后尚经历雨季，春小麦生长期后期的盖度最大时期与降雨径流侵蚀力最大时期重合，更有效地降低了土壤侵蚀，其 SLR 更低。各作物中荞麦和谷糜的 SLR 相对较高，分别为 0.74 和 0.528。这两种作物主要分布于黄土高原，降雨集中在七、八两月。荞麦播种于 7 月，收获于 10 月，降雨集中期与其生长期早期覆盖较为稀疏时期重合，造成较大的土壤侵蚀（张岩等，2001）。谷糜播种于 5 月，收获于 9 月，其盖度高的时期与降雨集中期重合，降低了土壤侵蚀。油菜的 SLR 为 0.21，与冬小麦类似，是越冬夏收作物。玉米、高粱、棉花、大豆、花生和薯类的播种和收获期均较为相似，其 SLR 也体现出了这一相似性，分别为 0.42、0.33、0.29、0.47、0.49 和 0.46。与收集的国外农作物 SLR 研究成果（表 7-12）对比看出，绝大部分作物 SLR 与国外研究结果一致，仅有棉花 SLR 略低于国外研究结果。

表 7-11 收集的径流小区实测主要作物 SLR

作物	SLR	观测时段	耕作区	省份	县	数据来源
荞麦	0.74	1945~1953、1988~1992	I2	陕西/甘肃	安塞/天水	张岩等（2001）
油菜	0.36	—	II4	四川	内江	中国科学院成都分院土壤研究室（1991）
	0.07	2001	III1	浙江	兰溪	马琨等（2003）
棉花	0.29	—	II3	湖北	秭归	徐勤学（2011）
玉米	0.39	2001~2006	I2	北京	延庆	北师大实测数据
	0.26	1986~1989	I1	黑龙江	克山	张宪奎等（1992）
	0.40	1980~1990	I1	辽宁	西丰	孙景华等（1997）
	0.41	1980~1990	I1	辽宁	西丰	孙景华等（1997）
	0.37	1980~1990	I1	辽宁	西丰	孙景华等（1997）
	0.53	2006~2007	III1	北京	门头沟	北师大实测数据
	0.47	—	III1	北京	密云	毕小刚等（2006）
	0.59	2007	III1	安徽	淮北	焦平金等（2009）
	0.42	2001~2003	II3	贵州	修文	吴士章等（2005）
	0.35	1995~1997	II3	云南	昭通	杨子生（2002）
谷糜	0.45	1991~1994	I3	内蒙古	鄂尔多斯	尉恩凤等（2002）
	0.51	1991~1994	I5	内蒙古	和林格尔	尉恩凤等（2002）
	0.45	1991~1994	I2	内蒙古	宁城	尉恩凤等（2002）
	0.70	1990~1991	I2	陕西	米脂	郭初慧等（1996）
	0.55	1945~1953、1988~1992	I2	陕西/甘肃	安塞/天水	张岩等（2001）
花生	0.49	—	III1	湖南	衡阳	赵辉等（2008）
	0.50	1997	III3	广东	鹤山	蔡坤争等（1998）
薯类	0.54	—	I2	山西	吕梁	山西省水土保持科学研究所（1982）
	0.50	1945~1953、1988~1992	I2	陕西/甘肃	安塞/天水	张岩等（2001）
	0.37	1995~1997	II3	云南	昭通	杨子生（2002）
高粱	0.33	1986~1989	I1	黑龙江	克山	张宪奎等（1992）

续表

作物	SLR	观测时段	耕作区	省份	县	数据来源
	0.20	1991~1994	I3	内蒙古	鄂尔多斯	尉恩凤等（2002）
	0.46	1991~1994	I5	内蒙古	和林格尔	尉恩凤等（2002）
	0.60	1991~1994	I2	内蒙古	宁城	尉恩凤等（2002）
	0.53	1945~1953、 1988~1992	I2	陕西/甘肃	安塞/天水	张岩等（2001）
大豆	0.26	1986~1989	I1	黑龙江	克山	张宪奎等（1992）
	0.66	1980~1990	I1	辽宁	西丰	孙景华等（1997）
	0.63	1980~1990	I1	辽宁	西丰	孙景华等（1997）
	0.57	1980~1990	I1	辽宁	西丰	孙景华等（1997）
	0.36	1995~1997	II3	云南	昭通	杨子生（2002）
冬小麦	0.23	1945~1953、 1988~1992	I2	陕西	安塞	张岩等（2001）
春小麦	0.07	1986~1989	I1	黑龙江	克山	张宪奎等（1992）

表 7-12　国外文献主要作物 SLR

作物	SLR	文献
小麦	0.07	Wischmeier 和 Smith（1978）
	0.09	Wischmeier（1960）
	0.19（0.05~0.46）*	Fernandez 等（2003）
	0.25	Miller（1936）
	0.25（0.1~0.4）*	Morgan（2005）
	0.35	Stone 和 Hilborn（2012）
玉米	0.13（0.13, 0.14）*	Wischmeie 和 Smith（1978）
	0.23（0.17, 0.29）*	Wischmeier（1960）
	0.38（0.2~0.55）*	Morgan（2005）
	0.40	Stone 和 Hilborn（2012）
	0.43	Mati 和 Veihe（2001）
	0.48	Miller（1936）
	0.65（0.4~0.9）*	Roose（1977）
大豆	0.10（0.02~0.19）*	Mati 和 Veihe（2001）
	0.38（0.2~0.55）*	Morgan（2005）
	0.50	Stone 和 Hilborn（2012）
棉花	0.55（0.4~0.7）*	Morgan（2005）
	0.60（0.5~0.7）*	Roose（1977）

作物	SLR	文献
花生	0.55（0.3~0.8）*	Morgan（2005）
	0.60（0.4~0.8）*	Roose（1977）
薯类	0.35（0.2~0.5）*	Morgan（2005）
	0.50（0.1~0.9）*	Mati 和 Veihe（2001）
木薯	0.50（0.2~0.8）*	Roose（1977）
	0.56（0.39~0.72）	Mati 和 Veihe（2001）
高粱/谷子	0.38（0.2~0.55）*	Morgan（2005）
	0.65（0.4~0.9）*	Roose（1977）

＊SLR 是根据原文给定的范围进行平均得到的。

需要说明的是，本模型计算 SLR 的数据多来自于我国北部，特别是黄土高原地区，南方地区的研究报道相对较少。这与南方水田为主有关，但南方地区山区有较大面积旱地，该地区更大的降雨径流侵蚀力及耕地坡度会造成更为严重的侵蚀。以往对此观测不足，目前的市场经济更加速了旱地农作物类型的变化。本模型选用的农作物是我国主体粮食、油料、豆类作物，对很多经济作物没有涉及，加强各水蚀类型区单一农作物 SLR 观测迫在眉睫。

3. 轮作制度多年平均 T 值的确定

不同轮作制度的 T 值是轮作期所有作物的 SLR 以各种作物生长季节降雨径流侵蚀力占年降雨径流侵蚀力百分比作为权重的加权平均。不同熟制对应的作物数量不同，因此分两种情形计算各耕作区轮作 T 值：

（1）一熟区每年仅种植一种作物，每年通过种植不同作物形成年际轮作制度。这种情况下每年的 T 值是当年所种植的单一作物 SLR，多年平均轮作 T 值为逐年各作物 SLR 平均：

$$T = \sum_{i=1}^{n} \frac{SLR_i}{n} \qquad (7\text{-}3)$$

式中，i 是作物轮作年限（$i=1, 2, \cdots, n$）；SLR_i 是第 i 年种植作物的 SLR。

（2）二熟和三熟区每年种植至少两种以上作物。其中任一种作物的 T 值是该作物 SLR 与该作物生长季降雨径流侵蚀力占全年降雨径流侵蚀力百分比的乘积，一个完整的轮作期所有轮作作物的平均 T 值则是各种作物 T 值的加权平均：

$$T = \sum_{j=1}^{m} \left(\frac{SLR_j}{m} \cdot \frac{R_j}{R} \right) \qquad (7\text{-}4)$$

式中，j 是年内根据不同轮作方式划分的时段；SLR_j 是时段 j 的 SLR；R_j 是时段 j 的降雨径流侵蚀力；R 是耕作制度区多年平均年降雨径流侵蚀力。根据不同的轮作方式，全年可划分为多个时段。二熟区全年划分 2 或 3 个时段。2 个时段是指：第一个时段包括第一种作物的生长期及其残茬期，采用第一种作物 SLR，第二个时段是第二种作物的生长期，采用第二种作物 SLR。3 个时段是指：第一种作物和第二种作物各自生长的时段，以及二者共同生长的时段，种植方式为间作或套种（IIRR and ACT，2005；Nafziger，2009），共生期的 T 值按照两种作物 SLR 的均值计算。三熟区全年时段划分与二熟区类似。

采用上述方法计算了全国 12 个耕作区 88 种主要轮作 T 值（表 7-13）。平均值为 0.34，标准差为 0.12，与比利时 Kemmelbeek 流域 40 种轮作的年均值一致（Gabriels et al.，2003），但标准差却大于 Kemmelbeek 流域的 0.05，这与本模型范围大、作物品种与轮作制度多样性强有关。三种熟制区的 T 值有明显差异：一熟区 T 值为 0.37，高于二熟区的 0.36 和三熟区的 0.28，对应的标准差分别为 0.11、0.11 和 0.12。一熟区和二熟区轮作 T 值无显著差异，但均显著大于三熟区因子值（Duncan's test，$P<0.05$）。轮作值越小，表明作物盖度大，土壤侵蚀小。因此熟制越多，作物覆盖土壤的时间越长，对土壤的保护效果就越好。

一熟区内主要是旱作轮作，各轮作的 T 值在 $0.15 \sim 0.63$ 之间。I-2 和 I-3 区轮作 T 值最大，I-4 和 I-5 区最小（表 7-13，图 7-4）。前者主要位于黄土高原，种植的是土壤流失比率较高的作物，如荞麦、谷糜和薯类等，导致了 T 值相对较高。后者 T 值分别为 0.27 和 0.28，十分接近。I-4 区位于青藏高原，主要农作物为春小麦，I-5 区位于西北地区的绿洲农业地区，如河套平原、甘肃走廊和新疆的绿洲，作物灌溉条件较好，春小麦种植面积占本区的 50% 以上（刘巽浩和韩湘玲，1987）。I-4 和 I-5 区主要作物春小麦、油菜、水稻和棉花的 SLR 较低，且本区降雨径流侵蚀力也很低，二者共同作用，使得这两个区轮作 T 值在一熟区中最低。I-1 区为东北平原区，降雨径流侵蚀力在一熟区最高，主要作物玉米、大豆和高粱的 SLR 明显低于 I-2 和 I-3 区的作物，对应 T 值低于上述两区。

二熟区和三熟区分为旱作和水田两种轮作制度，只有 II-1 区例外。II-1 区位于我国北方，其主要种植制度为冬小麦和夏作物一年二熟，很少种植水稻。水稻在除 II-1 区的二熟和三熟区均广泛种植。二熟区主要种植模式是水稻—油菜和水稻—冬小麦，三熟区是水稻—水稻—休闲，水稻—水稻—油菜和水稻—水稻—冬小麦。水田轮作时，作物生长季对应时段内降雨径流侵蚀力占年降雨径流侵蚀力的比例十分相似，各耕作区轮作 T 值接近。二熟区的 II-2、II-3 和 II-4 区分别为 0.16、0.16 和 0.15，三熟区的 III-1、III-2 和 III-3 区分别为 0.17、0.16 和 0.18（表 7-13）。统计检验显示上述 6 个区轮作 T 值没有显著差异（Duncan's test，$P<0.05$）（图 7-4），因此，对我国所有水田轮作的 T 平均，得到均值 0.16，明显低于旱作轮作 T 值。旱作轮作时，二熟区四个耕作区轮作 T 值在统计学上没有显著差异（Duncan's test，$P<0.05$），可能与四个耕作区相似的一年二熟种植制度有关：通

表 7-13　主要轮作制度和不同耕作区 *T* 值[*]

轮作制度	T 值	轮作制度	T 值	轮作制度	T 值	轮作制度	T 值	轮作制度	T 值	轮作制度	T 值
I1-1	0.41	I2-10	0.38	II1-1	0.34	II3-1	0.35	III1-1	0.38	III3-2	0.48
I1-2	0.44	I2-11	0.44	II1-2	0.42	II3-2	0.42	III1-2	0.38	III3-3	0.47
I1-3	0.35	I2-12	0.24	II1-3	0.44	II3-3	0.36	III1-3	0.24	III3-4	0.15
I1-4	0.38	I3-1	0.38	II1-4	0.42	II3-4	0.43	III1-4	0.27	III3-5	0.15
I1-5	0.36	I3-2	0.36	II1-5	0.48	II3-5	0.15	III1-5	0.36	III3-6	0.16
I1-6	0.26	I3-3	0.51	II1-6	0.27	II3-6	0.16	III1-6	0.15	III3-7	0.27
I1-7	0.30	I3-4	0.63	II1-7	0.32	II3-7	0.48	III1-7	0.16		
I1-8	0.15	I3-5	0.56	II1-8	0.44	II3-8	0.46	III1-8	0.21		
I2-1	0.49	I4-1	0.18	II1-9	0.35	II4-1	0.37	III2-1	0.39		
I2-2	0.49	I4-2	0.36	II2-1	0.31	II4-2	0.44	III2-2	0.31		
I2-3	0.46	I5-1	0.30	II2-2	0.42	II4-3	0.36	III2-3	0.38		
I2-4	0.50	I5-2	0.27	II2-3	0.33	II4-4	0.44	III2-4	0.15		
I2-5	0.44	I5-3	0.30	II2-4	0.39	II4-5	0.15	III2-5	0.16		
I2-6	0.51	I5-4	0.31	II2-5	0.15	II4-6	0.16	III2-6	0.17		
I2-7	0.33	I5-5	0.32	II2-6	0.16	II4-7	0.47	III2-7	0.15		
I2-8	0.36	I5-6	0.19	II2-7	0.40			III2-8	0.16		
I2-9	0.37			II2-8	0.41			III3-1	0.44		

耕作区均值及标准差

轮作耕作区	T 值		轮作耕作区	T 值		轮作耕作区	T 值	
	均值	标准差		均值	标准差		均值	标准差
I1	0.33	0.09	II1	0.40	0.06	III1	0.27	0.09
I2	0.42	0.08	II2	0.32	0.11	III2	0.26	0.11
I3	0.49	0.12	II3	0.35	0.12	III3	0.30	0.15
I4	0.27	0.13	II4	0.34	0.13			
I5	0.28	0.05						

[*] 表中轮作代码含义见表 7-10 含义。

常为冬小麦与玉米、大豆和薯类等夏作作物（表 7-14，图 7-4）。这些作物的生长期及相应时段的降雨径流侵蚀力在四个耕作区相似，轮作 *T* 值较为一致，为 0.4 左右。这类轮作 *T* 值主要由夏作作物贡献，因为夏作作物的 SLR 高于冬小麦等冬季作物，且大部分年降雨径流侵蚀力集中在夏作作物的生长期。三熟区三个耕作区旱作轮作 *T* 值具有显著差异（Duncan's test，$P<0.05$）：III-3 区旱作 *T* 值高于 III-1 和 III-2 区，而后两者无显著差异。可能是因为 III-3 区是 SLR 小的作物如冬小麦种植面积远低于 III-1 和 III-2 区，而 SLR 高的作物如玉米等的种植面积则相对较高（刘巽浩和韩湘玲，1987）。总体来说，全国平均

旱作轮作 T 值为 0.40，其中一熟区、二熟区和三熟区分别为 0.39、0.40 和 0.37，三者之间没有显著差异（Duncan's test，$P<0.05$）。在没有详细轮作信息的情况下，全国旱地的轮作措施因子值可采用 0.40。

表 7-14　不同耕作区旱地轮作因子差异性检验

一熟区		二熟区		三熟区	
耕作区	T 值	耕作区	T 值	耕作区	T 值
I1	0.33[ab]	II1	0.40[a]	III1	0.33[a]
I2	0.42[bc]	II2	0.38[a]	III2	0.36[a]
I3	0.49[c]	II3	0.42[a]	III3	0.46[b]
I4	0.27[a]	II4	0.42[a]		
I5	0.28[a]				

注：字母相同表示不同熟制区的差异不显著。

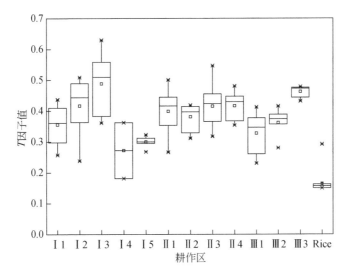

图 7-4　旱作及水田轮作 T 值

水平线分别表示 25%、50% 和 75% 分位 T 值，误差棒（error bar）

分别表示最大和最小值，方框表示该耕作区 T 均值

与国外相比，我国轮作 T 值，尤其是旱作轮作 T 值较高。比利时 Kemmelbeek 流域 40 种轮作中仅有 3 种 T 值超过了 0.40（Gabriels et al.，2003），可能是由于两地作物类型不同所致。比利时的冬小麦和牧草等具有较低 SLR 的作物种植广泛，而我国农作物 SLR 较高。美国轮作 T 值也低于我国，如 Fernandez 等（2003）给出了爱达荷州两种轮作因子值，一种是四年制的冬小麦—春大麦—冬小麦—扁豆/豌豆，T 值为 0.11；一种是六年制的冬小麦—春大麦—休闲—冬小麦—春大麦—油菜，T 值为 0.15。Wischmeier（1960）及

Wischmeier 和 Smith（1965）分别给出印第安纳州中部四年制的小麦—牧草—玉米—玉米 T 值为 0.15 和 0.19。Miller 等（1988）给出的艾奥瓦州三年制玉米—玉米—大豆 T 值为 0.47，4 年制玉米—玉米—玉米—燕麦 T 值为 0.29，5 年制玉米—玉米—燕麦—牧草—牧草 T 值为 0.08，进一步说明了冬小麦、牧草等能有效降低 T 值，三年玉米—玉米—大豆的轮作方式 T 值大，且与我国旱地轮作 T 值十分接近。选择适宜的轮作方式，降低 T 值，是一种行之有效的水土保持措施。

由于已有研究和观测资料较少，采用的轮作制度时代较早，所获得的轮作因子值尚有很多不足，尤其可能对目前变化很快的作物类型及其轮作方式不适用，迫切需要加强多种旱作尤其是南方旱作和北方经济作物 SLR 的观测与研究，加强不同轮作制度 T 的观测和研究。

|第8章| 中国土壤流失方程验证

8.1 模型验证方法

模型验证是指模型预测结果是否与观测结果一致。具体来说，就是将观测条件下的变量作为模型输入变量，检验模型计算结果与观测结果的一致性。中国土壤流失方程预报的是坡面多年平均土壤流失量，最为可靠的验证方法就是利用径流小区观测的土壤流失量进行验证。此外，也可采用其他较为间接的方法，一是利用核示踪元素间接测量的土壤流失量验证，二是利用流域把口站观测的流域产沙量验证，两种方法都存在误差。用^{137}Cs作为核示踪元素，间接测量土壤流失量的方法已在世界范围内得到广泛应用（Rogowski and Tamura，1965，1970；Ritchie and McHenry，1990，1995；Walling and Quine，1993，1995），^{137}Cs是核弹试验释放进入大气的放射性元素，半衰期为30.2年，随降雨落在地面后被土壤颗粒吸附，但不溶于水，会因侵蚀或其他扰动导致土壤中的^{137}Cs含量减少。假设某坡面仅受土壤侵蚀扰动，于是可以推断：土壤中^{137}Cs含量的减少除其自身的化学衰减外，只能是土壤侵蚀造成的，可以通过测定附近未被侵蚀和扰动土壤中的^{137}Cs含量，与侵蚀坡面土壤中的^{137}Cs含量比较，再考虑其衰变周期，反推土壤流失量。未被扰动土壤中的^{137}Cs含量称为背景值含量，样品一般采自20世纪60年代核爆试验以来未被扰动且地势平坦的林地或草地。由于土壤被扰动不仅仅是侵蚀，还有耕作、填挖、道路建设等扰动，致使土壤中^{137}Cs含量变化受很多因素影响，此外，背景值样品的采集、将^{137}Cs含量推算为土壤流失量模型精度等，都使^{137}Cs含量推算的土壤流失量具有较大的不确定性，但仍不失为一种很好的定量估算方法。流域把口站观测的流域产沙量是其控制流域范围内所有类型的土壤侵蚀，去掉侵蚀泥沙在被搬运过程中的沉积部分后，在流域出口处的净输移量。侵蚀类型包括细沟间侵蚀、细沟侵蚀、浅沟侵蚀、切沟侵蚀等水蚀为主的过程，也有滑坡、崩塌等重力侵蚀过程。泥沙沉积受地形和地表起伏等的影响。如果流域地形陡峭，其出口产沙量与侵蚀量之比的泥沙输移比为1，可将产沙量视为侵蚀量，否则泥沙输移比一般均小于1。因此利用产沙量进行流失量的验证应选择泥沙输移比为1，且仅有细沟间和细沟侵蚀发生的流域。

本模型采用三种方法观测的土壤流失量进行模型验证：一是径流小区，收集全国范围的已发表研究成果和径流小区观测资料，将径流小区条件带入模型，比较径流小区逐年和多年平均模拟的土壤流失量与观测的土壤流失量；二是 ^{137}Cs 核素示踪，在黄土高原区采集农地土壤样品推算的多年平均年土壤流失量，与该农地条件下模型模拟的多年平均年土壤流失量比较；三是流域产沙量，选择不同尺度的流域，收集其控制站产沙量数据，比较流域多年平均产沙模数（流域年产沙量除以流域面积）与模拟的流域平均年土壤流失量。为了确保泥沙输移比接近或等于1，选择的流域位于黄土高原丘陵沟壑区，地形较陡，很少沉积，但不只是细沟间和细沟侵蚀。

采用以下指标评价模型的模拟精度：①模型有效系数 ME；②计算值与实测值的回归效果分析；③绝对误差 AE。

模型有效系数（model efficiency，ME）是 Nash 和 Sutcliffe（1970）提出的比较观测值与模拟值差异的指标，计算公式为

$$ME = 1 - \frac{\sum\limits_{i=1}^{N} (O_i - Y_i)^2}{\sum\limits_{i=1}^{N} (O_i - \bar{O})^2} \tag{8-1}$$

式中，O_i 是某年观测土壤流失量，$t \cdot km^{-2} \cdot a^{-1}$；$Y_i$ 是用模型模拟的相应年份的土壤流失量，$t \cdot km^{-2} \cdot a^{-1}$；$\bar{O}$ 是观测的年土壤流失量的多年平均值，$t \cdot km^{-2} \cdot a^{-1}$；$i = 1, 2, \cdots$，$N$ 是观测年数。ME 反映了模拟值与实测值之间的差异，越接近1，表明模拟值与实测值差异越小，模型模拟精度越高，反之模型模拟效果不好。

以实测值为横坐标，模拟值为纵坐标，进行二者之间的线性回归分析，如果拟合方程的回归系数与1无显著差异，截距与0无显著差异，表明模拟值与实测值无显著差异，模型的模拟精度很高，否则模拟效果欠佳。

相对误差 RE 是指观测值与模拟值的差异相对于观测值的百分比，计算公式为

$$RE_i = \frac{O_i - Y_i}{O_i} \times 100\% \tag{8-2}$$

RE 值越小，表明模拟值越接近实测值，模型精度越高，反之模拟精度越差。将所有观测序列的相对误差取绝对值平均，可以说明模拟值与观测值差异的平均水平。

8.2　径流小区资料验证

8.2.1　径流小区资料收集

我国早在 20 世纪 20 年代就在山西沁源、宁武和山东青岛等地布设过径流小区，观测

森林植被和植被破坏对水土流失的影响（郭索彦和李智广，2009）。20 世纪 30 年代，中央农业实验室和四川农业改进研究所在四川内江紫色土丘陵区布设径流小区研究坡面土壤侵蚀规律（刘武林等，2006）。1941 年，黄河水利委员会下属的林垦设计委员会分别在甘肃天水建立了陇南水土保持试验区，在陕西长安县终南山的荆峪沟建立了关中水土保持试验区。1942 年，农林部在天水建立了水土保持实验区，即为现在的黄河水利委员会天水水土保持科学试验站，1951 年和 1952 年黄河水利委员会分别在甘肃的西峰和陕西的绥德建立了西峰和绥德水土保持科学试验站，与早期建站的天水站一起组成了闻名全国的水土保持科学研究三大支柱站（郭索彦和李智广，2009），从建站到 60 年代积累了迄今最为丰富和完善的径流小区观测资料。到 80 年代以后，随着对土壤侵蚀模型研究的日益重视，陆续在各类项目支持下，我国各地布设了大量径流小区，开展不同地区和不同影响因素的土壤侵蚀定量研究，获取了大量土壤侵蚀观测资料，取得了丰富的研究成果。1991 年，国务院批准了《全国水土保持规划纲要》，明确指出要把全国水土保持监测网络列为水土保持重点工程，2002 年国家发改委批准建设"全国水土保持监测网络和信息系统"（郭索彦和李智广，2009），使径流小区和小流域观测上升到一个新的台阶。

模型验证收集的径流小区资料正是源于此。通过查阅已发表研究成果、观测资料等，共搜集了全国 268 个小区、854 个小区年的径流小区资料，涉及 13 个省份，包括西北黄土高原区、东北黑土区、北方土石山区、南方红壤丘陵区和西南土石山区共 5 个水蚀类型区，具有较好的代表性（表 8-1）。其中，西北黄土高原区的小区资料分布在陕西、山西和甘肃 3 省，陕西省站点在安塞县和子洲县，山西省和甘肃省站点各一处，分别在吕梁市离石区和天水市；东北黑土区的小区资料来源于黑龙江省的宾县和嫩江县；北方土石山区的资料主要收集于北京市延庆区、密云区、门头沟区和怀柔区的径流小区；南方红壤丘陵区的径流小区分布在湖南、江西、福建和广东 4 省，湖南省站点在慈利县，江西省站点在德安县和泰和县，福建省站点在福安市和福州金山区，广东省站点在五华县和兴宁市；西南土石山区的资料分别取自重庆、四川、贵州和云南四省市的径流小区，重庆市站点在北碚区，四川省站点在南充嘉陵区、南充顺庆区、南部县、蒲江县、遂宁市、岳池县和资阳市等，贵州省站点在龙里县、罗甸县、遵义县和长顺县，云南省站点在富民县、宣威市和昭通市。从径流小区资料涵盖的时间和空间情况看，20 世纪 40～60 年代主要是黄土高原的观测数据，以天水、绥德和子洲观测站为主；70～80 年代观测资料较少；80 年代以后径流小区观测资料大幅度增加，尤其在 90 年代达到高峰；21 世纪以来虽略有下降，但基本保持了 90 年代的水平，这可能是由于部分在测小区的资料尚未发表造成的。

小区资料观测年份长度 1～13 年，平均 4 年。观测年数最长的是位于甘肃省天水市的水土保持试验站，共 13 年（1945～1957 年）。其次是位于山西省吕梁市离石区的水土保持试验站，共 9 年（1957～1965 年）。观测年数为 8 年的试验站包括：陕西省子洲

（1960～1967 年）、贵州省罗甸（1992～1999 年）、黑龙江省九三（2003～2010 年）。四川省蒲县观测年数为 7 年（1984～1990 年），陕西省安塞观测年份为 6 年（1987～1992 年）。其他各省（自治区、直辖市）的观测年数 1～5 年不等。

表 8-1 收集的径流小区资料基本情况

水蚀类型区	省份	站数	小区数	小区年数 /（站·年）	资料长度 /a
西北黄土高原区	陕西	2	8	54	6～8
	山西	1	5	36	3～9
	甘肃	1	5	44	4～13
东北黑土区	黑龙江	2	13	66	2～8
北方土石山区	北京	4	23	139	6～10
南方红壤丘陵区	湖南	1	18	25	1～2
	江西	2	9	27	2～5
	福建	2	3	10	2～6
	广东	2	7	10	1～2
西南土石山区	重庆	1	4	4	1
	四川	7	88	345	2～7
	贵州	4	33	47	1～8
	云南	3	52	47	2～3
合计		**13**	**32**	**268**	**854**	**1～13**

268 个小区中，主要土地利用类型包括耕地、园地、林地、草地和裸地。耕地主要农作物包括玉米、小麦、大麦、大豆、谷子、绿豆、马铃薯、红薯、油菜、蔬菜等；园地包括果园和茶园，其中果树种类有柑橘、梨树和枇杷。林地包括有林地、灌木林地和其他林地；其中有林地有天然林和人工林，人工林主要是刺槐、马尾松、洋槐、杨树、柏树、香樟、柳杉、杜仲、圣诞树等；灌木林包括天然灌木林和人工灌木林，人工灌木林主要是沙打旺。草地有天然草地和人工草地，人工草地主要有苜蓿、红豆草、百喜草、香根草等。

8.2.2 模型计算

根据径流小区信息分别计算模型因子或直接对模型因子赋值。降雨径流侵蚀力采用第 2 章的公式（2-9）～（2-11）计算，土壤可蚀性采用径流小区土壤类型的数据（表 8-2），坡长因子和坡度因子采用第 4 章公式（4-1）和公式（4-7）计算，覆盖与生物措施因子根据盖度赋值，工程措施因子和耕作措施因子根据类型赋值，农地小区根据作物轮作赋值

（表 8-3）。

表 8-2　根据裸地和农地小区观测资料测定的土壤可蚀性因子 K

土壤侵蚀类型区	小区所在地	小区观测 K 值/ $(t \cdot hm^2 \cdot h \cdot hm^{-2} \cdot MJ^{-1} \cdot mm^{-1})$
东北黑土区	黑龙江九三	0.0470
西北黄土区	陕西绥德	0.0302
南方红壤区	福建安溪	0.0083
	安徽歙县	0.0296
西南紫色土区	四川遂宁	0.0038
西南石灰岩区	贵州毕节	0.00296

表 8-3　工程措施因子 E 和耕作措施因子 T

工程措施类型	E 值	耕作措施类型	T 值
土坎水平梯田	0.084	等高耕作	0.431
石坎水平梯田	0.121	等高沟垄种植	0.425
坡式梯田	0.414	垄作区田	0.152
隔坡梯田	0.347	掏钵（穴状）种植	0.499
软埝	0.414	休闲地水平犁沟	0.425
水平阶（反坡梯田）	0.151	中耕培垄	0.499
水平沟	0.335	草田轮作	0.225
鱼鳞坑	0.249	横坡带状间作	0.225
大型果树坑	0.16	留茬少耕	0.212

8.2.3　模型验证结果

将上述 268 个小区共 854 个径流小区年资料实测的逐年年土壤流失量和多年平均年土壤流失量分别与模型模拟的逐年土壤流失量和多年平均年土壤流失量进行对比分析（表 8-4），多年平均值的模拟效果明显好于逐年结果，更进一步说明了土壤流失方程更适宜模拟多年平均状况。854 个径流小区年的多年平均观测值为 2622t · km^{-2} · a^{-1}，模拟平均值为 2102t · km^{-2} · a^{-1}，相差 520t · km^{-2} · a^{-1}，相当于平均实测值的 19.8%。多年平均观测值变化范围为 5 ~ 21 323t · km^{-2} · a^{-1}，多年平均计算值变化范围为 0 ~ 26 958t · km^{-2} · a^{-1}。逐年实测值平均为 2531.6t · km^{-2} · a^{-1}，逐年计算值平均为 2062.3t · km^{-2} · a^{-1}，相差 469.3t · km^{-2} · a^{-1}，相当于逐年实测值的 18.5%。逐年观测值变化范围为 0.8 ~ 63 120

$t \cdot km^{-2} \cdot a^{-1}$，逐年计算值变化范围为 $5.6 \sim 22\,499 t \cdot km^{-2} \cdot a^{-1}$。多年平均土壤流失量模拟的模型有效系数 ME 为 0.73，逐年土壤流失量的模型有效系数 ME 仅为 0.49。

表 8-4　径流小区观测与模型计算对比

	多年平均值	逐年值
实测值平均/($t \cdot km^{-2} \cdot a^{-1}$)	2 622	2 532
计算值平均/($t \cdot km^{-2} \cdot a^{-1}$)	2 102	2 062
实测值变化范围/($t \cdot km^{-2} \cdot a^{-1}$)	5 ~ 21 323	1 ~ 63 120
计算值变化范围/($t \cdot km^{-2} \cdot a^{-1}$)	20 ~ 26 958	6 ~ 22 499
模型有效系数 ME	0.730 2	0.490 8
平均绝对误差/($t \cdot km^{-2} \cdot a^{-1}$)	−521.8	−469.2

分等级多年平均年土壤流失量模拟值与实测值的绝对误差统计表明 ［图 8-1 （a）］，34.9% 的样本模拟误差在 $-200 \sim 200 t \cdot km^{-2} \cdot a^{-1}$，18.1% 的样本模拟误差在 $-1000 \sim -200$ $t \cdot km^{-2} \cdot a^{-1}$，22.3% 的样本模拟误差在 $-2500 \sim -1000 t \cdot km^{-2} \cdot a^{-1}$，10.7% 的样本模拟误差在 $200 \sim 1000 t \cdot km^{-2} \cdot a^{-1}$，3.7% 的样本模拟误差在 $1000 \sim 2500 t \cdot km^{-2} \cdot a^{-1}$，10.4% 的样本模拟误差在小于 $-2500 t \cdot km^{-2} \cdot a^{-1}$ 或大于 $2500 t \cdot km^{-2} \cdot a^{-1}$。逐年分等级逐年土壤流失量模拟与实测值的绝对误差统计表明 ［图 8-1 （b）］，32.5% 的样本模拟误差在 $-200 \sim$ $200 t \cdot km^{-2} \cdot a^{-1}$，11.1% 的样本模拟误差在 $-1000 \sim -200 t \cdot km^{-2} \cdot a^{-1}$，8.5% 的样本模拟误差在 $-2500 \sim -1000 t \cdot km^{-2} \cdot a^{-1}$，23.9% 的样本模拟误差在 $200 \sim 1000 t \cdot km^{-2} \cdot a^{-1}$，7.6% 的样本模拟误差在 $1000 \sim 2500 t \cdot km^{-2} \cdot a^{-1}$，16.4% 的样本模拟误差在小于 -2500 $t \cdot km^{-2} \cdot a^{-1}$ 或大于 $2500 t \cdot km^{-2} \cdot a^{-1}$。

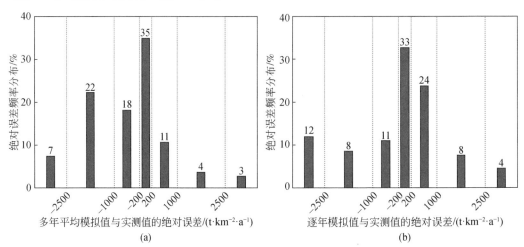

图 8-1　土壤流失量模拟值与实测值的绝对误差分布

将本模型采用径流小区资料的验证结果与 Risse 等（1993）采用径流小区资料对 USLE 模型的验证结果相比，二者一致：模型对多年平均土壤流失量的模拟效果明显高于对逐年土壤流失量的模拟效果（图 8-2）。

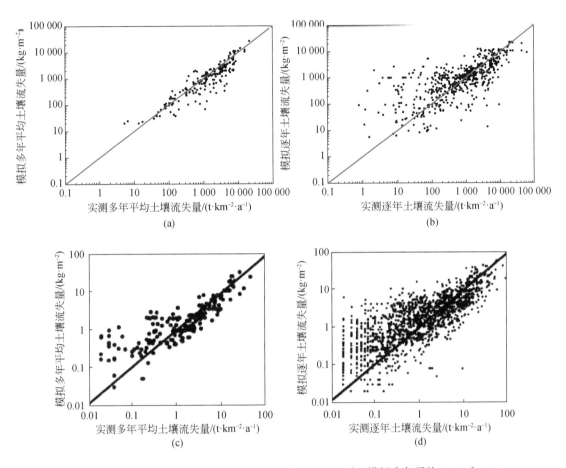

图 8-2　利用径流小区资料验证 CSLE（上）和 USLE（下）模拟多年平均（a）和（c）
与逐年（b）和（d）土壤流失量的回归分析（对数坐标）

8.3　流域产沙量资料验证

选择位于黄土高原的流域产沙量资料进行模型验证，原因有二：一是黄土高原土壤侵蚀严重，二是该地区泥沙输移比近似为 1（龚时旸和熊贵枢，1979；牟金泽和孟庆枚，1982），可将流域出口水文站观测的产沙量近似看作流域土壤流失量。

黄土高原因大面积黄土覆盖得名，范围大致位于 34°~40°N，102°~114°E，海拔多在1000~2000m。许多学者从不同角度给出了不同的范围和面积（杨勤业等，1988；陈永宗等，1988)，包括综合自然地理区划（中国科学院地理研究所，1959）、黄土分布范围（刘东生等，1966）、地貌类型组合（罗来兴，1956；中国科学院《中国自然地理》编辑委员会，1980）、流域分界（陈永宗等，1988）、国土整治（姜达权，1980；中国科学院黄河中游水土保持综合考察队，1958；中国科学院黄土高原综合科学考察队，1991）等角度。主体采用的界线有：东界以太行山东麓、西麓，或吕梁山为界；西界以青藏高原边缘山地或青海省龙羊峡为界，前者又有日月山、乌鞘岭等具体界定；北界以阴山山脉或长城一线为界；南界以秦岭山脉北麓，其东端又有伊、洛河分水岭或伏牛山为界。各类范围都有一个共同的主体区：位于黄河中游、面积在 30 万 km² 左右的黄土分布区，东起吕梁山，西至乌鞘岭，北起长城一线，南到秦岭北麓，平均海拔 1200~1600m，黄土分布集中，厚度大（50~200m），发育有典型的黄土地貌。黄土是第四纪期间风力搬运的黄色粉土沉积物，由老至新分别为早更新世的午城黄土、中更新世的离石黄土和晚更新世的马兰黄土（刘东生等，1964）。

黄土高原属暖温带大陆性半湿润和半干旱气候，四季比较分明，冬季寒冷干燥，春季风大干燥，夏季温暖湿润，秋季凉爽较为湿润。全年降水量由东南向西北减少，变化于 200~700mm。各地降水均集中在夏季和初秋，6~9 月降雨量占全年降水量的 55%~80%。气候、地表物质、地形及悠久人类活动历史共同作用，使黄土高原不仅成为世界上土壤侵蚀最为严重的地区，也是黄河泥沙的主要来源，同时又是粗泥沙源区。黄河流域总面积 75.2 万 km²，分别以内蒙古托克托县河口镇和河南郑州桃花峪为界分为上、中、下游，中游面积 34.3 万 km²，占流域总面积的 45.6%，包括了黄土高原的主体区域。如果以花园口水文站观测的径流和泥沙为准，来自中游的水量和沙量分别占其 44% 和 92%（赵文林，1996）。输沙量最大的 4 条支流贡献的沙量占全河沙量的 47.1%，分别是泾河、无定河、渭河咸阳以上和窟野河，均流经黄土高原。淤积在黄河下游河道最多的泥沙是粒径大于 0.05mm 的泥沙，其中 0.05~0.10mm 泥沙有近 50% 淤积在河道里，大于 0.10mm 泥沙几乎全部淤积在河道里，因此钱宁等（1978）提出 0.05mm 是黄河悬移质泥沙中的粗泥沙，景可等（1997）提出悬移质泥沙中大于 0.05mm 粗泥沙含量占总沙量百分比大于 25% 的地区为粗沙区。黄河中游区河口至龙门之间有两条明显的多沙粗沙带：一是陕北丘陵区的皇甫川至孤山川一带，粗泥沙含量高达 50%~60%，甚至以上，流域输沙模数在 15 000~20 000t·km⁻² 以上；其次是窟野河、秃尾河、佳芦河、湫水河一带，粗泥沙比例在 40% 以上，流域输沙模数为 5000~10 000t·km⁻² 以上，粗泥沙输沙模数在 5000t·km⁻² 以上。因此常将此区称为河龙区间多沙粗沙区。龚时旸和熊贵枢（1979）首先论证了该地区泥沙输移比为 1，牟金泽和孟庆枚（1982）进一步在黄河支流之一无定河的支流大理河证明了这一结论。黄河中游所在黄土高原的各支流流域地貌特征均与之十分相似，因此在泥沙输移比为 1 的情况下，流域产沙量可代表流域侵蚀量，将产沙量除以所在流域面积可视为该流域土壤流失量,一般将其称之为流域输沙模数。产沙量能否代表侵蚀量除受泥沙输移比影响外,还与观测资料有关。目前水文站观测的河流泥沙含量是指悬移质,不包括槽床底部的推移质和卵石,即不包括所有侵蚀量。基于黄土高原上述侵蚀和泥沙输移特征,本模型在该区选择典型流域产沙量资料对模型进行验证。

黄秉维(1955)对黄土高原土壤侵蚀分区时,首先考虑植被状况分为有完密植被区域和缺乏完密植被区域,然后根据地面物质组成和地貌分为 10 个次一级区:第一类有完密植被区域包括高地草原、石质山岭中的林区和黄土丘陵中的林区,第二类缺乏完密植被区域包括冲积平原、石质山岭、干燥草原、风沙区、黄土阶地、黄土高原和黄土丘陵。其中黄土丘陵区面积最大,水蚀最为严重,且区域差异显著,又依据土地利用,并参考地形、植被和气候将其进一步划分为 5 个副区,至今依然被普遍采用。本模型分别在黄土丘陵一副区、二副区和黄土高原沟壑区各选择两个尺度的流域,收集流域出口水文站资料,计算流域产沙量。同时在对应的流域用抽样方法确定面积为 0.2 ~ 1km² 的小流域作为野外调查单元,实地调查单元内与模型相关的各种影响因素,利用模型计算调查单元土壤流失量后,汇总得到流域土壤流失量,比较分析流域产沙量与模型计算的流域土壤流失量,进行模型验证。

8.3.1 流域选择与水文站泥沙资料收集

在黄土高原由东北向西南的黄土丘陵一副区、二副区、黄土高原沟壑区,各选择一个有水文站观测资料的面积量级为 1000km² 以上的中尺度流域和面积量级 1000km² 以下的小尺度流域,流域面积均指水文站断面控制面积。黄土丘陵一副区的中尺度流域是窟野河流域,小尺度流域是水磨河流域;黄土丘陵二副区的中尺度流域是延河流域,小尺度流域是岔巴沟流域;黄土高原沟壑区的中尺度流域是泾河流域,小尺度流域是砚瓦川流域。各流域面积、所在黄土高原类型区、对应的水文站及观测序列等见表 8-5,流域位置见图 8-3。

表 8-5 模型验证选择的黄土高原典型流域信息

流域	面积/km²	分区	水文控制站范围	观测时间	观测年数
窟野河	1347	黄土丘陵一副区	神木—温家川	1957 ~ 2006	50
水磨河	140	黄土丘陵一副区	秃尾河支流,水磨站以上	1981 ~ 1988	8
延河	3208	黄土丘陵二副区	延安站以上	1957 ~ 2006	50
岔巴沟	187	黄土丘陵二副区	无定河支流,曹坪以上	1959 ~ 1985	27
泾河	2483	黄土高原沟壑区	泾川—杨家坪—袁家庵—杨吕—毛家河间	1957 ~ 2006	50

流域	面积/km²	分区	水文控制站范围	观测时间	观测年数
砚瓦川	329	黄土高原沟壑区	马莲河支流，砚瓦川站以上	1976～1990	5

注：窟野河流域数据通过温家川和神木水文站观测数据获得，泾河流域数据通过杨家坪、泾川、杨闾和毛家河水文站观测数据获得。

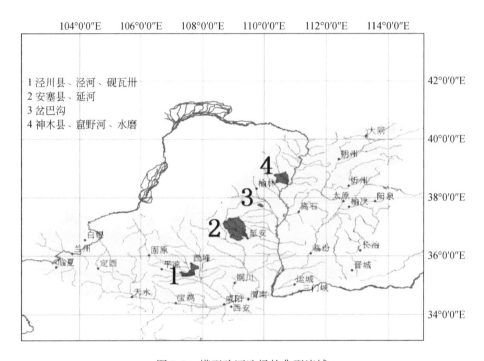

图 8-3　模型验证选择的典型流域

　　位于黄土丘陵一副区的窟野河流域地处陕西与内蒙古交界的鄂尔多斯台地和毛乌素沙漠边缘，是黄土高原水蚀风蚀的交错区。窟野河是黄河河口镇至龙门段右岸一条主要的一级支流，发源于内蒙古自治区东胜区巴定沟，流向东南，经伊金霍洛旗和陕西省府谷县，于神木县沙峁头村注入黄河，全长 242km，流域面积 8706km²，是黄河中游地区一条较大的支流，也是含沙量和输沙量最大的河流之一。对比流域位于窟野河下游的两个水文站神木至温家川区间，控制的河道长 67km，集水面积 1347km²。小尺度水磨河流域面积为 140km²，位于陕西省，是黄河一级支流秃尾河的支流，水文站为水磨站。秃尾河是黄河中游河口镇至龙门区间水土流失最严重的多沙支流之一，发源于陕西省神木县瑶镇乡的宫泊海子，自西北向东南流经神木县的瑶镇、公草湾、古今滩、高家堡等地，在万镇的河口岔村汇入黄河。

　　位于黄土丘陵二副区的延河是黄河的一级支流，全长 286.9km，源于靖边县天赐湾乡周山，由西北向东南，流经志丹、安塞、延安，于延长县南河沟凉水岸附近汇入黄河，流域面积7725km²。对比流域位于延河中游干流延安水文站以上。该水文站位于延安市河庄坪乡李家洼村，集水面积3208km²，距河口159km。小尺度的岔巴沟流域横跨陕西省子洲、米脂两县，是黄河一级支流无定河的支流大理河的支流，其水文站曹坪站的集水面积187km²，位于无定河严重流失区赵石窑至白家硷区间。

位于黄土高原沟壑区的泾河是黄河二级支流，也是黄河第一大支流渭河的第一大支流，发源于宁夏六盘山东麓，南源出于泾源县老龙潭，北源出于固原大湾镇，至甘肃省平凉八里桥汇合，东流经平凉、泾川于杨家坪进入陕西长武县，再经政平、亭口、彬县、泾阳等，于高陵区崇皇街道办船张村注入渭河。泾河全长455.1km，流域面积45421km²。泾河干流河谷开阔，一般在1km以上，平凉至泾川间，谷宽2~3km。对比流域有5个水文站，从上游至下游依次是泾川—杨家坪—袁家庵—杨吕—毛家河，控制面积为2483km²。小尺度的砚瓦川流域地处甘肃省庆阳市西峰区及宁县境内，是泾河的二级支流马莲河的一级支流，其水文站砚瓦川以上控制的流域面积约329km²。

水文站区间的产沙量由下游水文站的年输沙量减去上游水文站的年输沙量得到。对每年的输沙量计算多年平均值，时间系列最长为1957~2006年。输沙量资料来自黄河水利委员会，其中1998年以后的资料来自黄河水利委员会发布的历年《黄河泥沙公报》。

8.3.2 基于抽样调查单元的流域土壤流失量计算

在上述典型流域中，采用2010~2012年第一次全国水利普查土壤侵蚀抽样调查方法（国务院第一次全国水利普查领导小组办公室，2010），按分层系统不等概空间抽样，以1%–4%密度确定野外调查单元，制作野外调查底图，在野外实地调查该范围内的土壤侵蚀模型因子，经室内数据处理后，基于GIS软件或本模型计算机软件，计算每个调查单元的土壤侵蚀模数，进行各流域统计汇总，得到各流域平均土壤侵蚀模数。野外调查单元是指实地采集CSLE因子信息的空间范围，山丘区为面积0.2~3km²的小流域，平坦区域如平原、川地、盆地、塬面或难以绘制流域边界的地区为面积1km²的网格。6个典型流域共计布设79个野外调查单元（表8-6），全部为小流域，面积变化于0.2~1km²，平均0.4km²。以下具体介绍计算过程。

表 8-6 模型验证选择的黄土高原典型流域信息与抽样调查单元数量

分区	中尺度流域	面积/km²	调查单元数	小尺度流域	面积/km²	调查单元数
黄土丘陵一副区	窟野河	1347	14	水磨河	140	3
黄土丘陵一副区	延河	3208	38	岔巴沟	187	4

分区	中尺度流域	面积/km²	调查单元数	小尺度流域	面积/km²	调查单元数
黄土高原沟壑区	泾河	2483	12	砚瓦川	329	8
	合计	7038	64	合计	656	15
总计		7694	79			

1. 资料收集

收集的资料主要包括三个方面：

（1）降雨。第一次全国水利普查土壤侵蚀普查用日降雨估算公式［式（2-40）］计算多年平均年降雨径流侵蚀力以及24个半月降雨径流侵蚀力占年降雨径流侵蚀力的比例。以省为单位收集每县一个水文站或气象站1981～2010年逐年逐日大于等于12mm的侵蚀性日雨量资料。本模型6个典型小流域的降雨径流侵蚀力因子直接采用陕西省降雨径流侵蚀力因子普查成果数据。

（2）土壤。第一次全国水利普查土壤侵蚀普查通过收集第二次全国土壤普查的土种志和土壤类型图资料，细化整理了全国16 493个土壤剖面数据；通过采集分析土壤样品和文献查阅，更新了1065个土壤数据，最终得到全国分省1：50万土壤类型矢量图及其属性表，采用公式（3-1）～（3-3）计算了7764个土种的可蚀性因子K值，结合土壤类型矢量图插值生成全国K因子栅格图层。以此为基础通过收集裸地径流小区或农地径流小区资料实测的K因子值，对插值图采用公式3-4进行了分区修订，详见3.3节。本模型6个典型小流域的土壤可蚀性因子直接采用陕西省土壤可蚀性因子普查成果数据。

（3）地形。收集野外调查单元所在的1：1万地形图，确定调查单元具体范围和位置后，对调查单元边界和等高线进行数字化，在GIS软件中通过空间插值，生成10m分辨率的栅格文件DEM，提取调查单元范围内的坡度和坡长。

（4）植被覆盖与土地利用。第一次全国水利普查采用遥感和土地利用数据获得不同植被类型全年24个半月植被盖度，数据来自三方面：一是中国资源卫星中心提供的3期高空间分辨率（30m左右）HJ-1多光谱反射率数据，用于计算一年2～3期的NDVI和植被盖度。二是收集的空间分辨率为250m，时间分辨率为16天的MODIS传感器数据，用于生成一年24期NDVI和植被盖度，通过二者融合，得到30m空间分辨率的24期植被盖度。三是中国科学院地理科学与资源研究所提供的2010年1：10万全国土地利用图数据，用于分土地利用类型计算30m分辨率的植被盖度。本模型6个流域24个半月植被盖度直接采用陕西省24个半月植被盖度栅格数据。

2. 野外调查与数据处理

为了进行野外调查，首先需要制作野外调查底图。根据抽样确定的经纬度，购置对应的 1∶10 000 地形图。在该图中心位置找出面积在 0.2 ~ 3km² 的小流域，勾绘边界。扫描边界包围区域后，在 GIS 软件中数字化调查单元边界和等高线，标注调查单元辖区和编号、经纬网、比例尺、高程等信息，按 A4 规格打印出调查底图。可进一步将调查底图与高分辨率（不低于 5m 分辨率）的卫星影像套合，提高野外调查精度和效率。

野外调查完成三项内容：勾绘调查图，填写调查表，拍摄照片。

勾绘调查图。在调查底图上勾绘地块边界，对每个地块编号和拍照，并标注在图上（图 8-4）。地块是指土地利用类型相同、水土保持措施类型相同、郁闭度/盖度相同（相差不超过 20%）的空间连续范围。郁闭度是指乔木冠层在单位面积内其垂直投影面积所占百分比，盖度是指灌木或草本植物在单位面积内其垂直投影面积所占百分比。

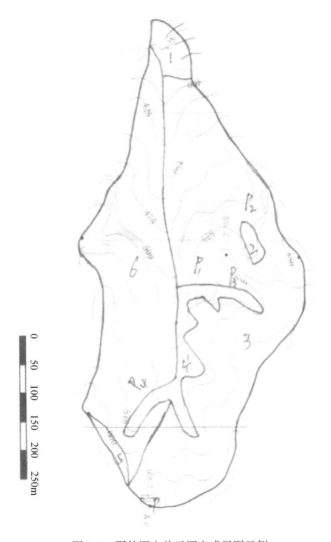

图 8-4　野外调查单元调查成果图示例

填写水蚀野外调查表。完成一个地块边界的勾绘后，立刻将该地块信息填写在"水蚀野外调查表中（附表 1）。该表是第一次全国水利普查由国家统计局发布的表格，按填表说明填写。土地利用类型参照附表 2 的二级分类，水土保持措施类型参照附表 3 的二级或三级分类，填写到最低一级。

拍摄景观照片。景观照片包括四种类型（图 8-5）：标识照片。是到达野外调查单元拍的第一张照片，显示调查单元编号和 GPS 经纬度信息，同时起到两个调查单元照片间的分割标识作用。地块照片。每个地块的近景照片，反映地块土地利用和水土保持措施。典型水土保持措施照片，反映地块水土保持措施特征的近景或特写照片，可与地块照片合并为一张。调查单元远景照片，反映调查单元的宏观远景特征。

标识照片

远景照片

地块照片

水土保持措施照片

图 8-5　调查单元景观照片

室内数据处理包括：清绘野外调查图后数字化地块边界，建立地块属性表，将调查表信息录入属性表，下载拍摄的照片。

扫描清绘调查图并数字化地块边界。将野外勾绘完后的调查图清绘后扫描。将扫描的调查清绘图 4 个标有经纬度的角点配准后，数字化地块边界，将数字化的地块边界保存为面状文件。

建立地块属性表。利用 GIS 软件，对地块边界面状文件的各个地块建立属性表，添加地块属性字段，与调查表内容相同，将"水蚀野外调查表"内容录入相应的属性字段。同时还要增加 B、E、T 字段。

3. 调查单元土壤侵蚀模数计算与统计

采用开发的土壤侵蚀计算程序 SECP（soil erosion calculation program）计算 6 个典型流域共计 79 个调查单元的土壤侵蚀模数（详见第 9 章），再按 6 个流域分别计算包含的调查单元土壤侵蚀模数的加权平均值。具体步骤如下：

（1）降雨径流侵蚀力。利用每个调查单元边界从陕西省降雨径流侵蚀力栅格图层裁切，分别得到 6 个流域内所有调查单元范围内的降雨径流侵蚀力栅格图层。年平均降雨径流侵蚀力变化为 1030.2 ~ 1467.5MJ·mm·hm^{-2}·h^{-1}·a^{-1}。

（2）土壤可蚀性。利用每个调查单元边界从陕西省土壤可蚀性栅格图层裁剪，分别得到 6 个流域内所有调查单元范围内的土壤可蚀性因子栅格图层，土壤可蚀性变化为 0.0059 ~ 0.0138t·hm^{2}·h·MJ^{-1}·mm^{-1}·hm^{-2}。

（3）坡长因子和坡度因子。利用调查单元数字化的等高线通过空间插值，生成 10m 分辨率的栅格文件 DEM。然后提取坡长和坡度，再根据式（4-6）的分段坡坡长因子和式（4-7）的坡度因子公式，生成调查单元坡长因子和坡度因子栅格图层。6 个流域内所有调查单元地块的坡长范围为 0 ~ 63.5m，坡长因子取值范围为 0 ~ 2，坡度范围为 0.4 ~ 37.8°，坡度因子取值范围为 0.1 ~ 9.6。

（4）覆盖与生物措施因子。首先用每个调查单元边界裁切陕西省全年 24 个半月植被盖度栅格图层，然后根据调查单元不同地块的土地利用，通过覆盖与生物措施 B 因子的关系，分别计算不同土地利用类型每个半月时段的土壤流失比率 B_i，再以各半月时段降雨径流侵蚀力比例为权重，得到年平均覆盖与生物措施因子 B 值。其中园地和林地林下盖度采用野外调查结果。灌木林地和草地采用遥感数据获得的植被盖度。农地 B 因子值取 1。6 个流域内调查单元生物措施因子取值范围为 0.01 ~ 1。

（5）工程措施因子。根据调查的各地块工程措施，在地块属性表中按第 6 章表 6-3 赋值，然后生成 10m 分辨率图层。

（6）耕作措施因子。根据调查的各地块耕作措施，在地块属性表中按第 7 章表 7-5 和表 7-13 赋值，然后生成 10m 分辨率图层。

（7）土壤侵蚀模数。将上述 7 个图层进行乘积运算，得到调查单元土壤侵蚀模数栅格图层。6 个流域内所有调查单元 10m 栅格的土壤侵蚀模数值范围为 0 ~ 14 565.6t·km^{-2}·a^{-1}。该结果代表 1980 ~ 2010 年 30 年平均降雨径流侵蚀力下、2010 ~ 2011 年土地利用和水土保持措施状况下的多年平均土壤侵蚀模数。

水文站资料由于观测年限的限制，无法与模型计算代表的时间和空间完全匹配，并考虑到自 1997 年开始，黄土高原地区大面积退耕，土地利用有巨大改变，因此分年限对比水文站与模型计算结果，并将调查单元内的林地、灌木林地和草地地块作为耕地，利用模型重新计算土壤侵蚀模数进行验证，重新计算后的栅格土壤侵蚀模数值范围为 0 ~ 34 819.1t · km^{-2} · a^{-1}。

8.3.3 模型结果验证

从水文站泥沙观测资料看，不同水文站的资料年限差异较大，其中大流域窟野河、延河和泾河水文站的观测年限长，资料齐全，可计算得到 1957 ~ 2006 年完整的 50 年的年产沙量数据。小流域水文站观测年限均相对较短，起始和终止年限各不相同，其水文站观测结果的代表性较弱。从模型模拟结果看，模型计算的是 1981 ~ 2010 年 30 年平均降雨情况下，2010 ~ 2011 年土地利用和水土保持措施情况下的土壤侵蚀模数，因此将水文站分为 1957 ~ 2006 年、1981 ~ 2006 年两个时间段的观测结果与模型计算结果比较。此外，考虑到黄土高原地区从 1997 年开始实行大面积退耕还林还草，进一步将 1981 ~ 2006 年分为 1981 ~ 1997 年和 1998 ~ 2006 年两个时间段，计算这两个时间段的多年平均产沙量，与模型模拟结果比较，同时还模拟了退耕前土地利用为耕地状况下 1981 ~ 2010 年 30 年平均降雨条件下的土壤侵蚀模数。6 个流域调查单元土壤侵蚀模数加权平均结果与对应的水文站泥沙观测结果对比（表8-7）。

表8-7 6 个典型流域采用抽样调查单元模型计算结果与水文站观测结果对比

流域	面积 /km^2	调查单元个数	水文站资料年限	产沙量/(t · km^{-2} · a^{-1})				模型计算/(t · km^{-2} · a^{-1})	
				1957 ~ 2006 年	1981 ~ 2006 年	1981 ~ 1997 年	1998 ~ 2006 年	2010 年土地利用	退耕前土地利用
窟野河	1 347	14	1957 ~ 2006	26 198	13 612	21 402	214	1 578	9 930
水磨河	140	3	1981 ~ 1988	13 255	13 255	132 552	—	1 277	10 061
延河	3 208	38	1957 ~ 2006	10 056	8 025	99 632	4 903	1 553	9 081
岔巴沟	187	4	1959 ~ 1985	12 681	2 902	31 572	—	2071	8 104
泾河	2 483	12	1957 ~ 2006	3 130	1 831	23 862	633	304	2 117
砚瓦川	329	8	1976 ~ 1990	3 862	2 100	—	—	350	1 785

注：窟野河流域数据通过温家川和神木水文站观测数据获得，泾河流域数据通过杨家坪、泾川、杨闾和毛家河水文站观测数据获得。

位于黄土高原第一副区的窟野河流域水文站 1957 ~ 2006 年 50 年平均产沙量为 26198.2t · km^{-2} · a^{-1}，其中 1981 ~ 2006 年的平均产沙量为 50 年平均值的一半，是由于 1998 ~ 2006 年平均产沙量骤减为 213.6t · km^{-2} · a^{-1}，仅为 1981 ~ 1997 年平均产沙量的 1/10，体现出显著的退耕还林还草水土保持效益。模型计算结果窟野河流域土壤侵蚀模数为 1578.4t·km^{-2}·a^{-1}，如果将当前林草地更换为耕地后，模拟结果为 9929.9t·km^{-2}·a^{-1}，与水文观测结果较为接近。位于该副区的水磨河小流域水文观测年限仅为 1981～1988 年，缺少退耕后的观测结果，模型结果较观测偏低。

位于黄土高原第二副区的延河流域水文站 1957～2006 年 50 年平均产沙量为 10 056.3t·km^{-2}·a^{-1}，1981～2006 年的平均产沙量相对 50 年平均值略有减少，为 8025.2t·km^{-2}·a^{-1}，退耕后的平均产沙量降为 4902.6t·km^{-2}·a^{-1}，为 1981～1997 年平均产沙量的1/2。模型计算结果为 153.0t·km^{-2}·a^{-1}，将当前林草地更换为耕地后，模拟结果增加到 9080.6t·km^{-2}·a^{-1}，与第一副区流域的模拟结果相近。位于该副区的岔巴沟小流域水文观测年限为 1959～1985 年，多年平均产沙量与延河流域相近，但是 1981～2006 年的平均产沙量却远远低于延河流域，可能由于该时段内岔巴沟流域仅有 5 年观测数据，不足以代表整个时段。计算的重叠年限仅有 5 年，模型模拟结果与观测结果相差较大。

位于黄土高原沟壑区的泾河流域 1957～2006 年 50 年平均产沙量仅为 3129.8t·km^{-2}·a^{-1}，明显低于第一副区和第二副区，实行退耕还林还草后产沙量降为 632.7t·km^{-2}·a^{-1}，与该地区平均坡度低于前两个副区有关。退耕前后的产沙量与模型模拟结果较为接近，砚瓦川小流域的观测结果与泾河流域一致，模拟结果与观测结果也基本一致。

根据以上分析，选取 1981～2006 年流域产沙量与模型模拟退耕前的土壤侵蚀模数结果进行验证分析（表 8-8），各流域多年平均土壤侵蚀模数模拟结果的模型有效系数 ME 为 0.66，如果去除观测资料只有 5 年的岔巴沟流域，模型有效系数增加到 0.86。从模拟值与实测值的线性回归方程看（图 8-6），各流域计算的多年平均土壤侵蚀模数与观测产沙量之间的回归方程斜率为 0.84，接近 1，回归方程的决定系数为 0.44 [图 8-6（a）]，去除只有 5 年观测资料的岔巴沟流域后，模拟的土壤侵蚀模数与观测的产沙量之间的回归方程斜率为 0.81，回归方程的决定系数增为 0.88 [图 8-6（b）]。

表 8-8　流域水文站 1981～2006 年观测产沙量与模型计算对比

	6 个流域	5 个流域（去除岔巴沟流域）
模型有效系数 ME	0.6556	0.8633
线性回归分析		
斜率	0.8437	0.8058
截距	0	0
方程决定系数	0.4445	0.8798
平均绝对误差/(t·km^{-2}·a^{-1})	2289.45	1706.55
平均相对误差/%	0.457	0.190

总体而言，模型模拟的趋势和数量级合理。需要说明的是，模型模拟结果偏低，主要

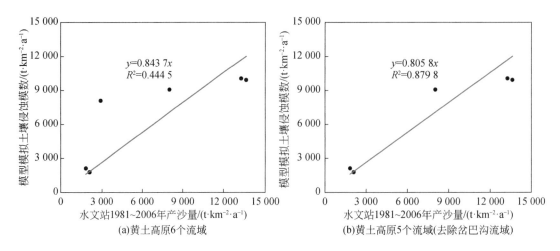

图 8-6 土壤侵蚀模数模拟值与水文站观测的产沙量之间的回归分析

与三个因素有关：一是模拟的时间段与观测的时间段没有完全对应；其中的土地利用变化较大；二是模型模拟的只是细沟和细沟间侵蚀，没有考虑沟蚀和重力侵蚀的贡献；三是模型模拟的是平均状况，长序列平均特征的模拟效果较好，序列越短模拟效果越差。

第9章 计算机软件与用户指南

9.1 概　述

9.1.1 开发背景

中国土壤流失方程 CSLE 可以预报坡面多年平均细沟与细沟间侵蚀量。2010~2012年国务院组织开展了第一次全国水利普查，水土保持情况普查是其中7个普查内容之一，包括土壤侵蚀普查、水土保持措施普查和沟蚀调查。土壤侵蚀普查采用野外实地调查与模型计算相结合的方法，通过调查土壤侵蚀模型因子，计算土壤侵蚀模数，判断土壤侵蚀强度，评价水土流失面积与分布。

为了调查模型因子或土壤侵蚀影响因子，在全国采用系统分层不等概空间抽样方法，布设了约33000个水蚀野外调查单元。野外调查单元是指空间范围 0.2~3km² 的小流域或方里网格。山丘区是小流域，平坦区域如平原、盆地、河川谷地、塬面、台地、阶地等为 1km² 网格。全部过程分为三个主要阶段（详见8.3节）。

（1）资料准备阶段。包括收集资料、制作野外调查底图，并按规范格式存储。资料包括降雨、土壤和地形图等。调查底图用于野外调查土壤侵蚀模型因子，包括调查单元边界和范围内等高线数字化、及相关制图信息等。形成的野外调查底图电子数据按相应规范存储。

（2）野外调查阶段。到达调查单元实地调查地块的土地利用和水土保持措施分布，绘制调查图和信息表。地块是指土地利用类型相同、水土保持措施一致、植被郁闭度/盖度差别不超过20%的连续空间范围。

（3）数据处理阶段。对所有野外调查单元的地块边界数字化，建立属性表，输入相应的土地利用、水土保持等信息。

（4）计算阶段。计算 CSLE 各个因子，其中降雨径流侵蚀力和土壤可蚀性因子是覆盖全国的栅格图层，以1:25万地形图标准图幅存储，用调查单元边界裁切相应的范围得到，水土保持措施 B、E、T 三个因子是根据调查单元地块信息对每个地块按水土保持措施类型赋值计算。

考虑到计算过程复杂，涉及数据量大，为提高计算效率和准确率，按照 CSLE 各个因子计算过程，开发了土壤侵蚀计算程序 SECP（soil erosion calculation program），能够实现快速、准确的多个野外调查单元侵蚀因子计算、提取，土壤侵蚀模数计算和数据统计分析等功能。

本软件可用于小流域土壤侵蚀强度评价、水土保持措施布设与效益评价、基于抽样方法的区域水土流失强度评价等。

9.1.2　开发原则与依据

为了实现"数字水土保持"的总目标，以水土流失普查为契机，根据统筹规划、分步建设的总体指导方针，按以下原则开发软件：

（1）实用性与先进性相结合。针对水土保持管理与水土流失监测的实际需求，围绕数据上传与检查、数据库建设（基础数据完善、数据管理与分析、动态数据更新）、土壤流失量计算与分析、分析结果显示与发布等中心环节，从可操作性和实用性出发，尽量采用已有先进技术，进行系统建设，使系统美观实用，方便用户操作。

（2）统一标准，数据共享。采用统一的标准和规范，确保系统建设的完整性、高效性、标准化，便于信息资源的共建共享和扩展需要。

（3）服务多层次用户。面向水土保持管理与决策部门、科研部门、公众需要等多层次用户需求，统筹考虑国家、流域机构、省级水土保持管理部门的需要，以及水土保持科学研究部门需要，满足不同层次需求。

（4）综合考虑系统性能。进行系统软硬件环境建设时，应综合考虑和协调系统的以下基本性能：①稳定性：系统稳定可靠；②安全性：充分考虑网络安全和环境安全，并采取有效措施防止火灾、电力故障、通信故障、漏水、雷击、非法入侵等造成的安全事故；③灵活性与扩展性：方便对新数据和应用系统的集成，如对新数据格式的接入和数据汇总统计。提供设备扩容和技术升级的接口等。

（5）统一规划，分步实施。为可持续建设系统，统一规划系统软硬件建设，根据不同需要和财力，分阶段性实施。目前为单机版软件，未来以单机版核心模块为基础，建立网络版软件。

开发依据的相关技术规定有：

（1）《第一次全国水利普查水土流失普查技术细则》

（2）《第一次全国水利普查水土流失普查培训教材》

（3）本书第二章至第七章。

9.1.3　结构与功能

SECP 软件中文名称为"土壤侵蚀计算程序"，对应英文名称为"soil erosion calculation program"，简称为 SECP，由北京师范大学研发，是具有自主知识产权的专用软件工具。

SECP 基于 ArcEngine9.3 开发，能够实现任何区域内调查单元水力侵蚀计算与汇总统计，具体功能包括：

（1）野外调查单元的数据质量检查；

（2）侵蚀因子计算；

（3）侵蚀模数计算及评价；

（4）调查单元统计及导出。

系统采用 C/S 软件架构，分为数据层、逻辑层和表现层三层结构设计（图 9-1）。

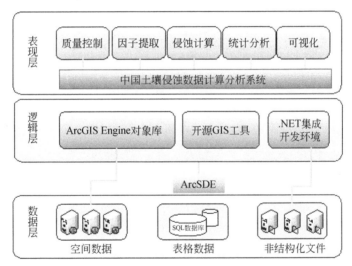

图 9-1　SECP 系统三层结构图

9.1.4　运行环境与安装

运行该软件的硬件环境包括：CPU 为 Intel/AMD 单核及多核；Windows10 以上系统，建议配置内存 8G 以上。硬盘可用空间 500M 以上（未考虑数据存储）要求的环境软件为：Microsoft. NET Framework 4.0 或以上版本；ArcGIS 10.2 或以上版本。

在相关环境软件安装完毕后，安装 SECP 软件。鼠标点击 SECP 安装目录下的 setup. exe，按照简单提示即可顺利完成本软件的安装。

9.2　操作流程与主要功能模块

双击程序图标 SECP. exe 即可启动系统，启动程序后出现软件主界面，分为四个区域（图 9-2）：

（1）菜单栏：用于调用各种计算统计模块，进行系统参数配置等；

（2）即时信息展示区域：用于展示各种模块的实时计算信息、结果、错误报告等；

（3）信息面板设置区域：设置信息字体颜色，清除、保存即时信息；

（4）状态栏：展示当前系统版本，模块的执行进度，以及数字水土保持的超级链接。

软件操作流程依次为：①数据预处理。包括存储目录及文件检查、处理阶段地块面文件的属性表检查、因子管理及投影转换。②侵蚀因子计算。包括 R、K、L、S、B、E、T。各因子计算不分先后，但每个因子计算要按照一定步骤进行。③调查单元统计。对调查单元计算结果按地块、土地利用等进行统计。④统计导出。进行相关统计，并导出 EXCEL 表格。以下按该流程介绍各模块功能与操作。

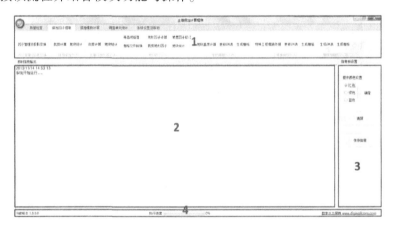

图 9-2　软件 SECP 主界面及其结构分区

9.2.1　数据质量检查

1. 资料准备阶段

本阶段主要是对目录和文件的完整性进行检查。选择菜单中的【处理阶段】点击后，弹出窗口如下（图 9-3）。选择输入省调查单元数据文件的目录，选择输入配置文件名，并确定检查方式后，点击按钮【开始检查】，即可进行。

图 9-3 资料准备阶段质量检查模块对话框

配置文件是给出拟检查的省、县代码及包括的调查单元编号。以省级为单位检查，或将区域范围视作一个省。配置文件的格式如下：第一列是省代码，第二列是县代码，第三列是单元代码，不同列之间以符号","分割。

目录检查、文件检查和目录文件检查对应的具体检查内容如下。

（1）目录检查。对省级和县级数据判断：是否存在下级目录；下级数目是否与配置文件中数目一致；是否缺失下级目录，及包含不该包含的下级目录；单元数据是否存在 basic 和 shp 目录下。

（2）文件检查。判断 dgx. dbf 文件是否有 DGX 字段；判读地块面文件是否正确；检查是否有"DKBH"，"TDLYMC"，"TDLYDM"，"GD"，"YBD"，"BMC"，"BDM"，"BYZZ"，"EYZZ"，"TYZZ"，"EMC"，"EJSSJ"，"EZL"，"EDM"，"TMC"，"TDM"，"BZ"等字段；检查 shp 文件夹应包括的以下文件：dt1. mxd、spotdt. mxd、bjxp. shp、dgxp. shp、bjmp. shp. dkxp. shp、dkmp. shp、bjx. shp、dgx. shp、dkx. shp；检查 shp 文件夹包括的除上述文件外的其他文件；检查 basic 文件夹下必要文件 spotdt. jpg（spotdt. pdf）、qht. jpg、dt1. jpg（dt1. pdf）、水蚀野外调查表；检查 basic 文件夹下非必要文件；景观照片数小于 5 张。

（3）目录文件检查。同时包括前面两种的检查。选择该项，即可实现前两项检查。

2. 野外调查阶段

该阶段检查调查成果图数字化后的地块面矢量文件"dkmpa. shp"的地块属性表。单击【地块属性检查】按钮后，即可弹出检查窗口（图 9-4）。选择计算级别，选择调查单元数据所在的目录，在编辑框框中确定检查的开始单元编号（如果忽略本选项则从第 1 个单元开始进行监测），点击按钮【开始检查】，即可进行。

图 9-4　地块属性检查模块对话框

针对地块面矢量文件 "dkmpa. shp" 的地块属性表进行自动质量检查的内容包括如下方面：

（1）耕地类型（水田、水浇地、旱地）。土地利用名称与代码的一致性；工程措施名称与代码一致性（当没有工程措施时，名称或代码填写 0 或无皆可）；耕作措施名称与代码一致性，轮作为 6 位时，对应备注是否正确；调查时间字段应该为 8 位数字组成。

（2）园地类型（果园、茶园、其他园地）。土地利用名称与代码的一致性；工程措施名称与代码一致性（当没有工程措施时，名称或代码填写 0 或无皆可）；郁闭度/盖度填写合理性；生物措施/代码是否为经果林类型；调查时间字段应该为 8 位数字组成；耕作措施名称与代码一致性，轮作为 6 位时，对应备注是否正确（仅仅针对果园和茶园）。

（3）林地类型（有林地、灌木林地、其他林地）。土地利用名称与代码的一致性；郁闭度/盖度填写合理性；生物措施与代码的一致性；调查时间字段应该为 8 位数字组成。

（4）草地类型（天然牧草地、人工牧草地、其他草地）。土地利用名称与代码的一致性；郁闭度/盖度填写合理性；生物措施与代码的一致性；调查时间字段应该为 8 位数字组成。

（5）居民点及工矿用地、交通运输用地、水域用地、其他用地。土地利用名称与代码的一致性；调查时间字段应该为 8 位数字组成。

9.2.2 侵蚀因子提取计算

因子提取的各个模块（图9-5），与用户交互，参照野外调查单元的存储结构，都提供分野外调查单元、县级和省级 3 个级别的因子提取选项。如果以调查单元为单位计算，用户输入调查单元代码（10 位代码）的目录；如果以县为单位计算，用户输入县代码所在目录，系统计算该县代码目录内所有的调查单元；如果以省为单位计算，系统计算该省代码目录内所有的调查单元。

图9-5　因子提取的各个模块

若勾选开始单元，可以输入调查单元代码（10 位代码），则程序从该调查单元开始，逐步依次计算该编号之后的调查单元，便于在某次程序运行到一半情况下，下次从中断处开始，而不必全部重新运行。

1. 因子管理及投影变换

投影变换主要是将原始资料的 WGS84-UTM 投影转换为第一次水利普查成果所要求的 WGS84-Albers 投影。选择菜单中的【因子管理及投影变换】，弹出其对话框（图9-6），选择【计算级别】，并配置对应的文件夹路径，单击【计算】按钮，完成操作。

图9-6　因子管理及投影变换模块对话框

2. 降雨径流侵蚀力因子 R

1）裁剪计算

系统提供对 R 因子的裁剪计算功能，即以调查单元图幅范围来裁剪全国降雨径流侵蚀力数据，并重采样成 10 米分辨率的栅格文件。裁剪并重采样得到的 R 因子存储在 4 级目录"raster"内，每个 4 级目录"raster"内，应包含 25 个降雨径流侵蚀力文件，空间分辨率 10m×10m，其中多年平均降雨径流侵蚀力文件命名为"r"，其他 24 个半月降雨径流侵蚀力比例文件（即每个半月降雨径流侵蚀力占全年降雨径流侵蚀力的比例）命名依次为"rbl01"，"rbl02"，... "rbl23"，"rbl24"。要求 24 个半月降雨径流侵蚀力比例文件进行累加求和的结果文件中，每个像元的取值为 1。

单击侵蚀因子提取降雨径流侵蚀力组的【裁剪计算】，弹出对话框（图 9-7），选择计算级别，输入与计算级别对应的调查单元文件夹路径和 R 因子栅格文件夹路径，单击【计算】按钮，进行 R 因子裁剪，生成调查单元范围的 R 因子栅格图。

图 9-7　降雨径流侵蚀力因子 R 裁剪对话框

2）地块统计

系统基于裁剪计算出的降雨径流侵蚀力栅格文件，计算单元每个地块的平均降雨径流侵蚀力及其 24 个半月降雨径流侵蚀力占全年降雨径流侵蚀力的比例。计算结果存在"dkmpa. shp"的属性表中，对应字段为 r、rbl01、rbl02、……、rbl23、rbl24 等 25 个字段。

单击侵蚀因子提取"降雨径流侵蚀力"组的【地块统计】，弹出对话框（图 9-8）。选择计算级别以及对应级别的调查单元文件夹路径，单击【开始】裁剪按钮，进行 R 因子地块统计，输出调查单元地块的年降雨侵蚀力及一年 24 个半月降雨侵蚀力占年降雨侵蚀力的比例 rbl01、rbl02、……、rbl23、rbl24 属性表（图 9-9）。

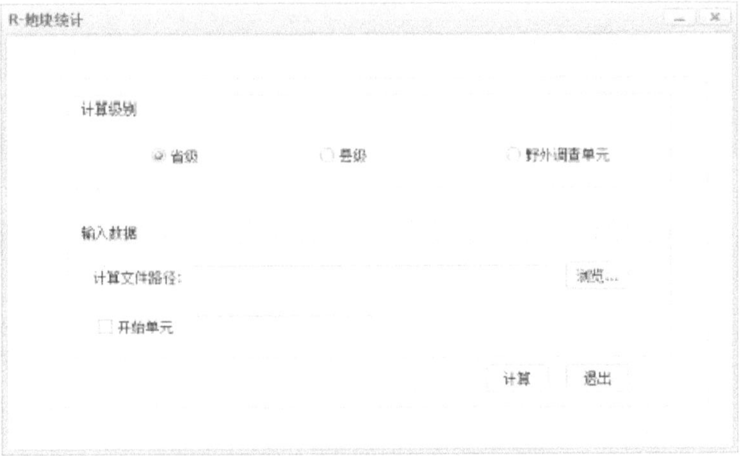

图 9-8　降雨径流侵蚀力因子 *R* 统计对话框

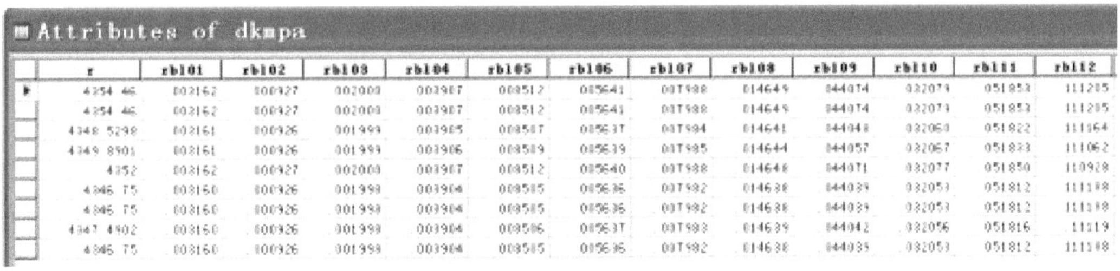

Attributes of dkmpa

r	rbl01	rbl02	rbl03	rbl04	rbl05	rbl06	rbl07	rbl08	rbl09	rbl10	rbl11	rbl12
4354.46	003162	000927	002000	003907	008512	005641	007988	014649	044074	032073	051853	111205
4354.46	003162	000927	002000	003907	008512	005641	007988	014649	044074	032073	051853	111205
4348.5298	003161	000926	001999	003905	008507	005637	007994	014641	044048	032060	051822	111164
4349.8901	003161	000926	001999	003906	008509	005639	007985	014644	044057	032067	051833	111062
4352	003162	000927	002000	003907	008512	005640	007988	014646	044071	032077	051850	110928
4346.75	003160	000926	001998	003904	008505	005636	007982	014638	044039	032053	051812	111188
4346.75	003160	000926	001998	003904	008505	005636	007982	014638	044039	032053	051812	111188
4347.4902	003160	000926	001998	003904	008506	005637	007983	014639	044042	032056	051816	11119
4346.75	003160	000926	001998	003904	008505	005636	007982	014638	044039	032053	051812	111188

图 9-9　降雨径流侵蚀力因子统计在地块面矢量文件属性表中的输出

3. 土壤可蚀性因子 *K*

1）裁剪计算

系统提供对 *K* 因子的裁剪计算功能，即以调查单元图幅范围来裁剪全国的矢量格式 *K* 因子数据。裁剪结果根据 *K* 值进行矢量到栅格的转换，生成 10m 分辨率 *K* 值图，存储在对应调查单元的 raster 目录内。

单击“侵蚀因子提取”下土壤可蚀性因子“K”组中的【裁剪计算】，弹出对话框，界面与图 9-8 一致（图 9-10）。选择计算级别，输入与计算级别对应的调查单元文件夹路径，输入 *K* 因子矢量文件夹路径，单击【计算】按钮，进行 *K* 因子裁剪，生成调查单元范围的 *K* 因子栅格图。

2）地块统计

系统根据裁剪出的栅格文件计算单元每个地块的 *K* 因子。计算结果存在”

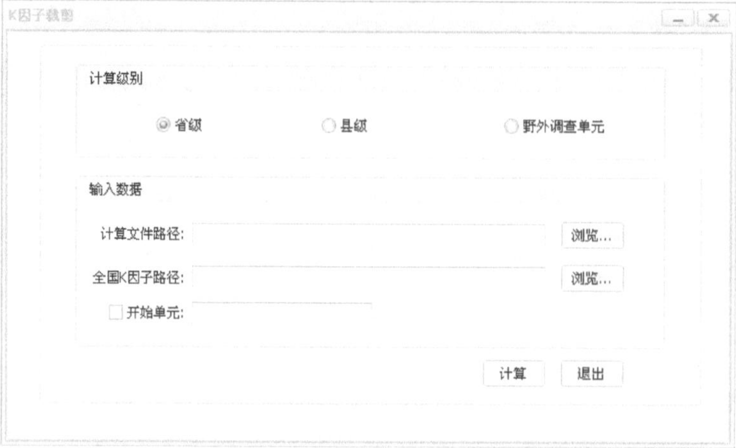

图 9-10　土壤可蚀性因子 *K* 裁剪对话框

dkmpa. shp”的属性表中，对应字段为 *K*。

单击“侵蚀因子提取”下土壤可蚀性因子“K”组中的【地块统计】，弹出对话框（同图 9-8）。选择“计算级别”以及对应级别的调查单元文件夹路径，单击“开始”裁剪按钮，进行 *K* 因子地块统计，输出调查单元地块土壤可蚀性属性表（图 9-11）。

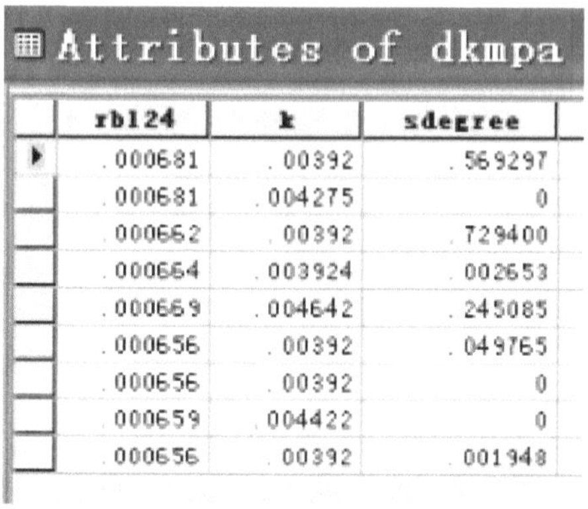

Attributes of dkmpa

rb124	k	sdegree
.000681	.00392	.569297
.000681	.004275	0
.000662	.00392	.729400
.000664	.003924	.002653
.000669	.004642	.245085
.000656	.00392	.049765
.000656	.00392	0
.000659	.004422	0
.000656	.00392	.001948

图 9-11　土壤可蚀性因子 *K* 统计在地块面矢量文件属性表中的输出

4. 地形因子 LS

坡度坡长因子提取流程由野外调查单元的等高线数据为初始输入，依据等高线高程字段进行插值得到野外调查单元的 DEM 数据，进而利用 DEM 数据计算该野外调查单元的坡度、坡长、坡度因子和坡长因子。地形因子的计算步骤如下。

1）等高线插值生成 DEM

首先调用"侵蚀因子提取"下地形因子"LS"组中的【等高线插值】模块，提出对话框（图9-12），设定高程字段名称，栅格文件分辨率，计算级别及其对应的文件夹路径，单击【计算】按钮，进行等高线插值。

图 9-12 地形因子 LS 的等高线插值对话框

2）等高线插值结果的栅格文件格式转换

调用调用"侵蚀因子提取"下地形因子"LS"组中【栅格文件转换】模块，弹出对话框（图9-13），选择选项"DEM 栅格 Raster->文本 AscII 文件格式"，实现栅格 Raster 格式与 ASCII 文本格式的转换。

3）地形因子计算

调用"侵蚀因子提取"下地形因子"LS"组中【地形因子计算】模块，弹出对话框（图9-14），计算坡度和坡长因子。注意选择选项"文本文件"类型。

地形因子计算模块中，涉及到以下参数设置，具体含义和取值方法如下。

（1）坡长阈值。当坡长大于等于该值时，坡长因子值不再变化，该数值对应的坡长称为坡长阈值。系统默认的坡长阈值参数为100m。建议东北漫岗丘陵区（主要位于黑龙江和吉林省）坡长阈值设置为300m，其他地区设置为100m。

（2）坡度阈值。当坡度大于等于该值时，坡度因子值将不再变化，该数值对应的坡度称为坡度阈值。系统默认坡度阈值参数为30°，此时坡度因子值为9.995。当土地利用为林地和草地时，小于等于30°时均采用缓坡公式，大于30°时均采用缓坡公式计算的30°的坡度因子值，此时值为5.43。

图 9-13　地形因子 LS 的栅格文件转换对话框

图 9-14　地形因子 LS 的地形因子计算对话框

（3）中断因子。用于区分侵蚀与淤积区。淤积区不能用坡面侵蚀模型计算流失量，此时坡长因子取值为零。陡坡和缓坡的中断因子不同，采用默认设置：坡度大于等于 2.86°为陡坡，中断因子取 0.5；坡度小于 2.86°为缓坡，中断因子取 0.7。

（4）沟道汇流面积阈值。用于提取流域的沟道，取值与流域地形有关：流域坡度较陡，沟系密度较发达，汇流面积阈值较小；流域坡度平缓，沟系密度较低，汇流面积阈值较大。根据表9-1分区设置。

表9-1 沟道汇流面积阈值参考

区域	省份	阈值/m²
北黑土区	黑龙江、吉林、内蒙古、新疆	3000
北方土石山区	辽宁、北京、天津、河北、山东、河南	1000
黄土高原区	陕西、山西、宁夏、甘肃	1000
西南土石山区	四川、重庆、云南、贵州、西藏、青海	2000
南方红壤丘陵区	海南、广东、广西、福建、浙江、江西、湖南、湖北、安徽、江苏、上海	1500

4）地形因子计算结果的栅格文件格式转换

调用侵"侵蚀因子提取"下地形因子"LS"组中【栅格文件转换】模块，弹出对话框（图9-15），选择选项"地形因子计算成果AscII文件–>栅格Raster文件格式"，实现ASCII文本格式与栅格Raster格式的转换。

图9-15 地形因子LS的栅格文件转换对话框

5）地形因子计算结果的裁剪

调用"侵蚀因子提取"下地形因子"LS"组中【裁剪地形因子】模块，弹出对话框（同图9-8），对生成的LS因子进行边界裁剪，得到调查单元LS因子栅格图。

6）坡度因子修订

调用"侵蚀因子提取"下地形因子"LS"组中【坡度因子修订】模块，弹出对话框（图9-16），对生成的坡度因子进行进一步修订。其中，中间文件路径是任意指定的临时文件夹，用于存放程序计算过程中的一些文件，当计算完成后可以将指定的中间文件删除。

图9-16 地形因子LS的坡度因子修订对话框

7）地形因子的地块统计

调用"侵蚀因子提取"下地形因子"LS"组中的【地块统计】模块，弹出对话框（同图9-8），对LS计算结果按地块统计，写入"dkmpa. shp"的属性表中（图9-17）。

sdegree	slength	S	L
.569297	9.55741	.137276	.637884
0	9.77235	.030000	.808511
.729400	12.2112	.167444	.773828
.002653	7.51202	.0305	.635844
.245085	23.002399	.076181	.789208
.049765	9.4316	.039379	.761488
0	9.16593	.030000	.773957
0	9.44438	.030000	.789212
.001948	8.25301	.030367	.702265

图9-17 地形因子统计在地块面矢量文件属性表中的输出

5. 生物措施因子 B

1) 地块盖度计算

根据输入的遥感影像计算野外调查单元 24 个半月的盖度。注意的是，由于 B 因子的计算需要用到 R 因子的结果，因此在计算 B 因子前一定要已经完成 R 因子相关的裁剪计算。

单击菜单栏中"侵蚀因子提取下"生物措施因子"B"组中【地块盖度计算】，弹出对话框（图 9-18），选择计算级别、对应计算级别的调查单元文件夹路径和植被盖度影像路径，单击【计算】按钮，进行调查单元的植被盖度裁剪计算。

图 9-18　生物措施 B 因子计算植被块盖度裁剪统计的对话框

注意，这里默认影像的盖度取值为 0~100，如果采用的盖度是 0~1 取值，则需要勾选 0~1 的选项。

地块植被盖度计算结果会在调查单元"raster"目录下生成植被盖度栅格文件，同时在矢量文件"dkmpa"的属性表中增加 24 个半月的植被盖度（图 9-19）。

2) 更新地块属性表

根据调查单元野外调查的结果结合遥感植被盖度计算生物措施 B 因子值，并将计算好的 B 因子值赋到"dkmpa. shp"属性表中的 B 因子字段（BYZZ）。单击菜单栏中"侵蚀因子提取下"生物措施因子"B"组中【更新 DK 表】，弹出对话框（同图 9-8）。选择计算级别、计算级别对应的文件夹路径，单击【计算】按钮，执行 B 因子计算并统计更新到

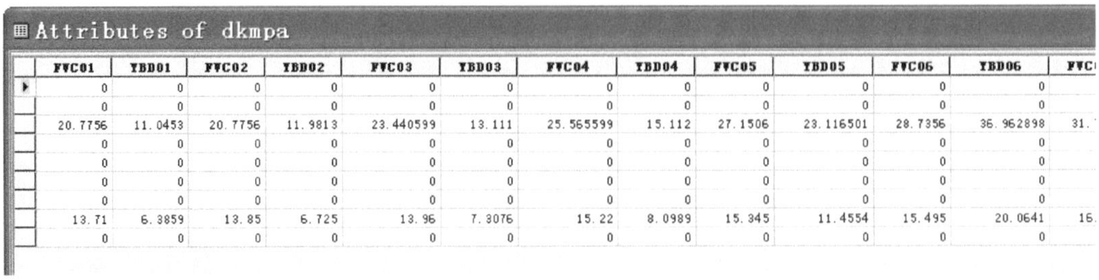

▦ Attributes of dkmpa												
FVC01	**YBD01**	**FVC02**	**YBD02**	**FVC03**	**YBD03**	**FVC04**	**YBD04**	**FVC05**	**YBD05**	**FVC06**	**YBD06**	**FVC**
0	0	0	0	0	0	0	0	0	0	0	0	
0	0	0	0	0	0	0	0	0	0	0	0	
20.7756	11.0453	20.7756	11.9813	23.440599	13.111	25.565599	15.112	27.1506	23.116501	28.7356	36.962898	31.
0	0	0	0	0	0	0	0	0	0	0	0	
0	0	0	0	0	0	0	0	0	0	0	0	
13.71	6.3859	13.85	6.725	13.96	7.3076	15.22	8.0989	15.345	11.4554	15.495	20.0641	16.
0	0	0	0	0	0	0	0	0	0	0	0	

图 9-19　植被块盖度裁剪计算结果在地块面矢量文件属性表中的输出

"dkmpa. shp"属性表中。

3）生成栅格图

单击中"侵蚀因子提取下"生物措施因子"B"组中【生成栅格】，弹出对话框（同图 9-8），选择计算级别及其对应的调查单元文件夹路径，单击【计算】按钮，生成生物措施 B 因子计算栅格文件，空间分辨率 10m×10m，命名为"B"，存储在相应 4 级目录"raster"内。

6. 工程措施因子 E

1）特殊情况处理

为方便计算，反映调查单元实际侵蚀状况，需要对部分土地利用类型的特殊工程措施信息进行完善处理：野外调查中的耕地（水田）经常遗漏了工程措施"梯田"，一些含特定覆盖物的土地利用类型如交通用地、城镇居民点、农村居民点、商服用地、工矿用地需要作特殊处理，需要增加一些特殊的工程措施来反映其侵蚀效应，否则计算结果会产生偏差。

单击菜单栏中"侵蚀因子提取"下工程措施因子"E"组中【特殊工程措施处理】，弹出对话框（同图 9-8），选择"计算级别"及其对应的调查单元文件夹路径，单击【计算】按钮，完成调查单元的特殊工程措施处理。

2）更新地块属性表

单击菜单栏中"侵蚀因子提取"下工程措施因子"E"组中【更新 DK 表】，弹出对话框（同图 9-8）。选择"计算级别"及其对应的调查单元文件夹路径，单击【计算】按钮，赋值计算得到各个地块的工程措施 E 值，更新到地块面矢量文件"dkmpa. shp"属性表中的"EYZZ"字段（图 9-20）。

3）生成栅格图

单击菜单栏中"侵蚀因子提取"下工程措施因子"E"组中【生成栅格】，弹出对话框（同图 9-8），选择"计算级别"及其对应的文件夹路径，单击【计算】按钮，生成工

Attribu

EYZZ
1
1
1
1
.800000
.1
.193
1
1

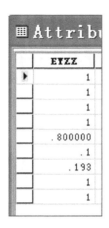

图 9-20　工程措施更新地块属性表的“EYZZ”字段值

程措施 E 因子栅格文件，空间分辨率 10m×10m，命名为“E”，存储在相应 4 级目录“raster”内。

7. 耕作措施因子 *T*

1）更新地块属性表

根据调查单元地块面矢量文件“dkmpa. shp”的属性表数据，自动计算调查单元的耕作措施 *T* 值，赋值给属性表中的 *T* 字段“TYZZ”。

单击菜单栏中“侵蚀因子提取”下工程措施因子“T”组中【更新 DK 表】，弹出对话框（同图 9-8），选择“计算级别”及其对应的调查单元文件夹路径，单击【计算】按钮，赋值计算调查单元各个地块的耕作措施 *T* 值，并更新到地块面矢量文件“dkmpa. shp”属性表中的“TYZZ”字段（图 9-21）。

Attribu

TYZZ	
.414	E
.343000	E
1	E
1	E
.414	E
1	E
1	E
1	E
1	E

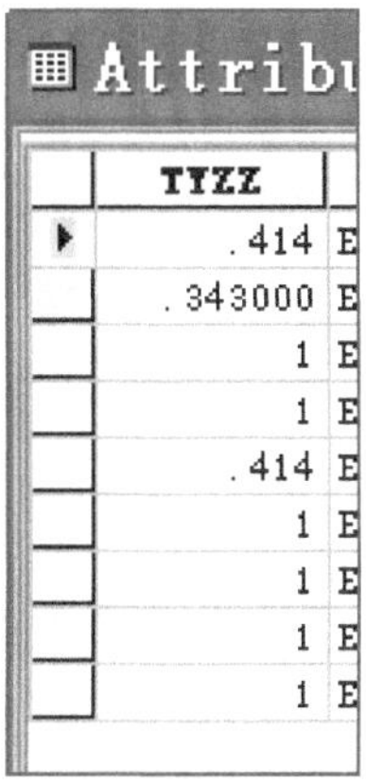

图 9-21　耕作措施更新地块属性表的“TYZZ”字段值

2）生成栅格图

单击菜单栏中"侵蚀因子提取"下工程措施因子"T"组中【生成栅格】，弹出对话框（同图9-8），选择"计算级别"及其对应的文件夹路径，单击【计算】按钮，生成 T 栅格文件，空间分辨率10m×10m，命名为"T"，存储在相应4级目录"raster"内。

9.2.3 土壤侵蚀强度评价

1. 土壤侵蚀模数计算

完成调查单元各个侵蚀因子的计算后，可调用侵蚀模数计算中的调查单元模块计算出侵蚀模数。

单击菜单栏中"侵蚀模数计算及评价"下的【调查单元】，弹出侵蚀模数计算器对话框（图9-22），选择"计算级别"及其对应的调查单元文件夹路径，其他选项一般采用默认设置，然后单击【计算】按钮，计算调查单元侵蚀模数，生成侵蚀模数栅格文件，空间分辨率10m×10m，命名为"A"，存储在相应4级目录"raster"内。

图9-22 土壤侵蚀模数计算的对话框

2. 调查单元地块统计

单击菜单栏中侵蚀模数计算及评价下的【地块统计】，弹出地块统计对话框（同图9-

8），选择计算级别及其对应级别的调查单元文件路径，单击【计算】按钮，计算每个地块的平均侵蚀模数 A。

3. 土壤侵蚀强度判断

依据土壤侵蚀模数强度分级标准，利用每个栅格土壤侵蚀模数判断土壤侵蚀强度级别。单击菜单栏侵蚀模数计算下的【侵蚀强度评价】，弹出侵蚀强度评价对话框（同图 9-8），选择“计算级别”及其对应的调查单元文件夹路径，单击【计算】按钮，计算调查单元的侵蚀强度比例，生成侵蚀强度的栅格文件，并更新到地块面矢量文件“dkmpa.shp”属性表中（图 9-23）。

Attributes of dkmpa

WDBL	QDBL	ZDBL	QLBL	JQLBL	JLBL
1	0	0	0	0	0
1	0	0	0	0	0
1	0	0	0	0	0
1	0	0	0	0	0
1	0	0	0	0	0
1	0	0	0	0	0
1	0	0	0	0	0
1	0	0	0	0	0
1	0	0	0	0	0

图 9-23　调查单元属性表中各地块的侵蚀强度分级结果

9.2.4　调查单元统计

1. 统计

调查单元的侵蚀计算完成后，调用调查单元统计模块，对数据进行综合分析，并导出成 Excel 报表。

单击菜单栏调查单元统计及导出下的【统计】，弹出数据统计对话框（同图 9-8），选择计算级别及其对应的调查单元文件夹路径，单击【计算】按钮，进行调查单元数据统计。调查单元按地块统计的内容包括：

（1）县名、县代码、单元编号、地块编号；

（2）单元经度、单元纬度、地块经度、地块纬度、调查单元面积、地块面积；

（3）土地利用代码、土地利用类型；

（4）生物措施类型、生物措施代码、郁闭度、盖度、工程措施类型、工程措施代码、耕作措施类型、耕作措施代码；

（5）坡长（m）、坡度（°）；

（6）R、K、L、S、B、E、T；

（7）A 均值（$t \cdot km^{-2}$），微度比例、轻度比例、中度比例、强烈比例、极强烈比例、剧烈比例；

（8）24 个时段的盖度、24 个时段的郁闭度、24 个时段的降雨径流侵蚀力比例。

2. 导出

调查单元的统计结果可导出为 EXCEL 格式数据表。单击菜单栏调查单元统计及导出下的【导出】，弹出数据导出对话框（图 9-24），选择“计算级别”及输出目录和文件名，选择输出的省份代码，单击【计算】按钮，导出统计结果 EXCEL 表（图 9-25）。

图 9-24　调查单元导出的对话框

	A	B	C	D	E	F	G	H	I	J	K
1	县名	县代码	单元编号	单元经度	单元纬度	地块编号	地块经度	地块纬度	:物措施类	:物措施代	郁闭度
2	南京市市辖	320101	32010100(	118.7825	31.97914	1	118.7806	31.97948	无	0	0
3	南京市市辖	320101	32010100(	118.7825	31.97914	2	118.7873	31.98321	无	0	0
4	南京市市辖	320101	32010100(	118.7825	31.97914	3	118.7877	31.98218	无	0	0
5	南京市市辖	320101	32010100(	118.7825	31.97914	4	118.7856	31.97801	无	0	0
6	铜山县	320323	32032300	117.345	34.18749	1	117.3401	34.18645	四旁林	010109	10
7	铜山县	320323	32032300	117.345	34.18749	2	117.3404	34.18446	农田防护林	010108	21
8	铜山县	320323	32032300	117.345	34.18749	3	117.3456	34.18794	人工乔木林	010101	60
9	铜山县	320323	32032300	117.345	34.18749	4	117.345	34.18929	四旁林	010109	20
10	铜山县	320323	32032300	117.345	34.18749	9	117.3445	34.18654	四旁林	010109	23
11	铜山县	320323	32032300	117.345	34.18749	5	117.3439	34.19084	农田防护林	010108	19
12	铜山县	320323	32032300	117.345	34.18749	6	117.3484	34.18672	四旁林	010109	38
13	铜山县	320323	32032300	117.345	34.18749	7	117.3495	34.18529	四旁林	010109	21
14	铜山县	320323	32032300	117.345	34.18749	8	117.3454	34.18438	经果林	010107	56
15	南京市市辖	320101	32010100(	118.7825	31.97914	5	118.7806	31.97673	无	0	0
16	南京市市辖	320101	32010100(	118.7825	31.97914	6	118.7797	31.98167	无	0	0
17	南京市市辖	320101	32010100(	118.7825	31.97914	7	118.7834	31.98228	无	0	0
18											

	L	M	N	O	P	Q	R	S	T	U	V
1	盖度	:地利用代	:地利用名	:地利用面	单元面积	:程措施类	:程措施代	:作措施类	:作措施代	坡长(米)	坡度(度
2	0	06	交通运输用	210811.3	999429.3	无.护坡	0.0218	无	0	43.7948	1.9567
3	0	054	商服及公共	8218.923	999429.3	无.城镇工和	0.0219	无	0	70.6629	0.3020
4	0	054	商服及公共	705.1945	999429.3	无.城镇工和	0.0219	无	0	0	0.12332
5	0	054	商服及公共	295607.4	999429.3	无.城镇工和	0.0219	无	0	42.4289	1.1256
6	37	011	水田	23222.69	1000067	无	0	轮作	031428	9.55741	0.56929
7	72	012	水浇地	39399.66	1000067	无	0	轮作	031428A	9.77235	
8	80	031	有林地	172957.7	1000067	无	0	无	0	12.2112	0.729
9	35	07	水域及水利	140213.6	1000067	无	0	无	0	7.51202	0.00265
10	37	07	水域及水利	33342.68	1000067	无	0	无	0	8.25301	0.00194
11	86	011	水田	228374.9	1000067	排水沟	020302	轮作	031428	23.0024	0.24508
12	47	053	独立工矿用	79695.56	1000067	无.工矿工和	0.0221	无	0	9.4316	0.04976
13	32	052	农村居民点	26250.71	1000067	无.农村工和	0.0220	无	0	9.16593	
14	78	021	果园	257610.9	1000067	无	0	无	0	9.44438	
15	0	054	商服及公共	222173.2	999429.3	无.城镇工和	0.0219	无	0	33.7668	2.9465
16	0	054	商服及公共	101592.7	999429.3	无.城镇工和	0.0219	无	0	45.3625	2.2926
17	0	051	城镇居民点	160420.6	999429.3	无.城镇工和	0.0219	无	0	39.5109	0.60457
18											

图 9-25　调查单元导出的 EXCEL 格式数据表

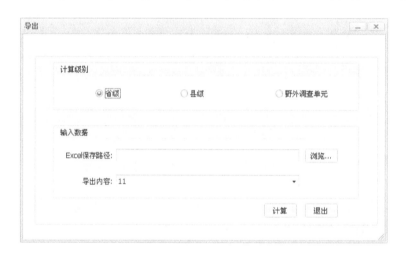

9.2.5 系统运行文档与常见问题

1. 系统运行文档记录

启动 SECP 后，会在其安装目录下的子目录"log"中，根据系统启动运行的时间自动生成一个文本格式的 log 文件，用来记录登陆系统后产生的各种操作，也包括系统启动的时间。

log 文件以系统启动运行的时间点命名，具体方式为"年_月_日_小时_分钟_秒"，如当系统启动时间为 2011 年 12 月 19 日 21 时 43 分 36 秒，则自动产生的 log 文件为"2011_12_19_21_43_36. log"。

为了便于检查程序运行中遇到的各种错误，每次运行完后最好将原始的以时间命名的 log 文件分内容复制保存在其他位置，例如保存为"×年×月×日×因子计算即时信息 . txt"等类似的文件。

2. 人工保存记录

可以在必要的时候，人工进行清屏和保存信息。点击系统主界面右侧的【保存信息】按钮（图 9-26），会弹出文件保存对话框，可以将当前 SECP 系统运行的各种操作以 ∗. txt格式保存下来。如果屏幕记录大于 500 行时，系统会自动清屏，但是原始的记录可以在系统自动记录的"log"文件中找到。

图 9-26　SECP 主界面右侧的按钮选项

3. 常见问题

（1）SECP 运行必须有必要的环境软件支持，必须安装有 ArcGIS Engine 9. 3 runtime 和ArcMap 9. 3，如果操作系统为 Windows XP 或更低版本操作系统，还必须安装有

Microsoft. NET Framework 3.5（或更高的版本）。

（2）计算前是否进行了投影转换。

（3）软件的质量检查只能查找出调查单元常见的数据错误。如果出现计算错误，可首先根据《第一次全国水利普查水土流失普查技术细则》以及水蚀野外调查表（P502 表）填表规范，针对出现错误的调查单元目录下地块面矢量文件"dkmpa. shp"的属性表进行分析，其字段定义是否正确，土地利用代码、生物措施代码、工程措施代码、耕作措施代码是否合乎要求，地块编号是否有重复等。

（4）确定边界面矢量文件"bjmpa. shp"中只包含一个多边形对象，且覆盖范围与地块面矢量文件"dkmpa. shp"重合。

参 考 文 献

白晓永，王世杰．2011．岩溶区土壤允许流失量与土地石漠化的关系．自然资源学报，26（8）：
　　1315-1322.

毕小刚，段淑怀，李永贵，等．2006．北京山区土壤流失方程探讨．中国水土保持科学，4（4）：6-13.

蔡坤争，段舜山，陈荣均．1998．南亚热带荒坡地不同作物种植方式对水土流失的影响．水土保持研究，
　　5：104-107.

蔡永明，张科利，李双才．2003．不同粒径制间土壤质地资料的转换问题研究．土壤学报，40（4）：
　　511-517.

操丛林，吴中能．2002．岳西县不同林地水土流失初步研究．安徽林业科技，1：3-5.

曹建华，蒋忠诚，杨德生．2008．我国西南岩溶区土壤侵蚀强度分级标准研究．中国水土保持科学，6
　　（6）：1-7.

岑奕，丁文峰，张平仓．2011．华中地区土壤可蚀性因子研究．长江科学院院报，28（10）：65-68，74.

柴宗新．1989．试论广西喀斯特区的土壤侵蚀．山地研究（现山地学报），7（4）：255-260.

常茂德．1986．陇东黄土高原沟道小流域的土壤侵蚀．水土保持通报，（3）：44.

常庆瑞．2008．遥感技术导论（第四版）．北京：科学出版社．

陈法扬，王志明．1992．通用土壤流失方程在小良水土保持试验站的应用．水土保持通报，12（1）：
　　23-41.

陈光，范海峰，陈浩生，等．2006．东北黑土区水土保持措施减沙效益监测．中国水土保持科学，12：
　　13-17.

陈静，姚静．2010．Landsat_5TM 影像增益偏置值对地面反射率计算影响分析．国土资源遥感，（2）：
　　45-48.

陈明华，黄炎和．1995．坡度和坡长对土壤侵蚀的影响．水土保持学报，9（1）：6.

陈晓平．1997．喀斯特山区环境土壤侵蚀特性的分析研究．土壤侵蚀与水土保持学报，13（4）：31-36.

陈一兵，林超文，朱钟麟，等．2002．经济植物篱种植模式及其生态经济效益研究．水土保持学报，16
　　（2）：80-83.

陈永宗，景可，蔡强国．1988．黄土高原现代侵蚀与治理．北京：科学出版社．

程李，王小波，陈正刚，等．2013．贵州山区坡耕地土壤可蚀性研究．安徽农业科学，41（19）：8247-
　　8249，8309.

戴英生．1980．从黄河中游的古气候环境探讨黄土高原的水土流失问题．人民黄河，（4）：1.

丁光敏，林桂志，刘廉海，等．2006．坡地幼龄果园不同水土保持措施水沙调控研究．亚热带水土保持，
　　9（18）：1-3.

窦保璋 . 1978. 土地利用方式对黄绵土抗冲性的影响 . 陕西省土壤学会 . 1978 年学术年会论文集 .

段兴武，谢云，冯艳杰，等 . 2009. 东北黑土区土壤生产力评价方法研究 . 中国农业科学，42（5）：1656-1664.

范昊明，蔡强国，郭陈久，等 . 2006. 东北黑土区土壤容许流失量与水土保持治理指标探讨 . 水土保持学报，20（2）：31-35.

方正三 . 1958. 黄河中游黄土高原梯田的调查研究 . 北京：科学出版社 .

符素华，吴敬东，段淑怀，等 . 2001. 北京密云石匣小流域水土保持措施对土壤侵蚀的影响研究 . 水土保持学报，15（2）：21-24.

符素华，刘宝元，路炳军，等 . 2009. 官厅水库上游水土保持措施的减水减沙效益 . 中国水土保持科学，7（2）：18-23.

符素华，吴敬东，段淑怀，等 . 2001. 北京密云石匣小流域水土保持措施对土壤侵蚀的影响研究 . 水土保持学报，15（2）：21-24.

付斌 . 2009. 不同农作处理对坡耕地水土流失和养分流失的影响研究——以云南红壤为例 . 重庆：西南大学 .

甘枝茂，吴成基，惠振德，等 . 1987. 陇中地区的土壤侵蚀方式及其特点 . 水土保持学报，1（2）：9.

高科，许俊奇，包斯琴，等 . 2001. 凉城县黄土丘陵沟壑区水土保持生态经济林基础效益分析 . 水土保持学报，15（3）：8-11.

高之栋，张勇 . 2002. 土壤流失方程在苏北鲁南片麻岩区适应性探讨 . 江苏水利，（12）：36-38.

龚时旸，熊贵枢 . 1979. 黄河泥沙来源和地区分布 . 人民黄河，1：7-18.

龚子同，张甘霖，骆国保，等 . 1999. 规范我国土壤分类 . 土壤通报，（S1）：5.

龚子同等 . 1999. 中国土壤系统分类：理论·方法·实践 . 北京：科学出版社 .

郭索彦，李智广 . 2009. 我国水土保持监测的发展历程和成就 . 中国水土保持科学，7（5）：19-24.

郭廷辅，高博文 . 1982. 农业生产技术基本知识——水土保持 . 北京：农业出版社 .

国家技术监督局 . 1997. 中华人民共和国国家标准：水土保持综合治理技术规范 . 北京：中国标准出版社 .

国家统计局 . 2013. 中国农业统计年鉴 . 北京：中国统计出版社 .

国务院第一次全国水利普查领导小组办公室 . 2010. 第一次全国水利普查培训教材之六：水土保持情况普查 . 北京：中国水利水电出版社 .

何长高 . 1995. 低丘红壤水土流失及其保土耕作措施研究 . 水土保持学报，9（1）：82-85.

侯喜禄，白岗栓，曹清玉 . 1995. 刺槐、柠条、沙棘林土壤入渗及抗冲性对比试验 . 水土保持学报，9（3）：90-95.

侯喜禄，梁一民，曹清玉 . 1991. 黄土丘陵沟壑区主要水保林类型及草地水保效益研究 . 水土保持研究，2：96-103.

候喜禄，白岗栓，曹清玉 . 1996. 黄土丘陵区森林保持水土效益及其机理的研究 . 水土保持研究，3（2）：98-103.

呼伦贝尔盟水土保持观测资料汇编 . 1994. 呼伦贝尔盟水土保持中心试验站刊印 .

黄秉维．1955. 编制黄河中游流域土壤侵蚀分区图的经验教训．科学通报，12：15-21，14.

黄河水利委员会绥德水土保持试验站．1981. 水土保持试验研究成果汇编（第二集）．

黄河中游水土保持委员会．1965. 1954-1963 年黄河中游水土保持径流测验资料．

黄丽，丁树文，张光远，等．1998. 三峡库区紫色土坡地的耕作利用方式与水土流失初探．华中农业大学学报，17（1）：45-49.

黄欠如，章新亮，李清平，等．2001. 香根草篱防治红壤坡耕地侵蚀效果的研究．江西农业学报，13（2）：40-44.

黄炎和，卢程隆，郑添发，等．1992. 闽东南天然降雨雨滴特征的研究．水土保持通报，(3)：29-33.

黄炎和，卢程隆，付勤，等．1993. 闽东南土壤流失预报研究．水土保持学报，7（4）：13-18.

黄义端．1981. 我国主要地面物质抗侵蚀性能初步研究．中国科学院西北水土保持研究所．黄土高原水土流失综合治理科学讨论会资料汇编．

黄占斌，张锡梅．1992. 黄土高原粮食生产与水土流失和水土保持的相关分析．生态学杂志，12（3）：47-52.

加生荣，徐雪良．1991. 黄丘一区小流域暴雨特性研究．中国水土保持，(5)：17-19，65.

江忠善，李秀英．1988. 黄土高原土壤流失预报方程中降雨侵蚀力和地形因子的研究．中国科学院西北水土保持研究所集刊，(1)：40-45.

江忠善，刘志，贾志伟．1990. 地形因素与坡地水土流失关系的研究．中国科学院水利部西北水土保持研究所集刊（黄土高原试验区土壤侵蚀和综合治理减沙效益研究专集），(2)：1-8，24.

江忠善，宋文经，李秀英．1983. 黄土地区天然降雨雨滴特性研究．中国水土保持，3（18）：32-36.

江忠善，李秀英．1988. 黄土高原土壤流失方程中降雨径流侵蚀力和地形因子的研究．中国科学院西北水土保持研究所集刊，7：40-45.

江忠善，王志强，刘志．1996. 黄土丘陵区小流域土壤侵蚀空间变化定量研究．土壤侵蚀与水土保持学报，2（1）：1-9.

姜达权．1980. 黄河现代地质作用的一些基本特征和开发治理黄河的途径．中国第四纪研究，5（1）：35-47.

蒋德麒．1984. 我国的水土保持耕作措施．中国水土保持，2：2-6.

蒋定生，范兴科，李新华，等．1995. 黄土高原水土流失严重地区土壤抗冲性的水平和垂直变化规律研究．水土保持学报，9（2）：8.

蒋定生．1978. 黄土抗蚀性的研究．土壤通报，4：20-23.

蒋定生．1997. 黄土高原水土流失与治理模式．北京：中国水利水电出版社．

焦菊英，王万忠．2001. 人工草地在黄上高原水土保持中的减水减沙效益与有效盖度．草地学报，9（3）：176-1882.

焦平金，王少丽，许迪，等．2009. 次暴雨下作物植被类型对农田氮磷径流流失的影响．水利学报，40：296-302.

金争平，史培军．1992. 黄河皇甫川流域土壤侵蚀系统模型和治理模式．北京：海洋出版社．

景可，李钜章，李风新．1997. 黄河中游粗沙区范围界定研究．土壤侵蚀与水土保持学报，3（3）：10-

15，37.

科兹缅科．1958．水土保持原理．叶蒸，丁培榛译．北京：科学出版社．

R. 拉尔．1991．土壤侵蚀研究方法．黄河水利委员会宣传出版中心译．北京：科学出版社．

雷瑞德．1988．华山松林冠层对降雨动能的影响．水土保持学报，2（2）：31-39.

李凤，张如良．2000．坡耕地实行保土耕作的效益试验分析．水土保持研究，9：184-186.

李建牢，刘世德．1987．罗玉沟流域土壤抗蚀性分析．中国水土保持．

李锡泉，田育新，袁正科，等．2003．湘西山地不同植被类型的水土保持效益研究．水土保持研究，6
（10）：123-126.

李笑容，李新荣．2005．免耕法在防治水土流失中的作用．内蒙古水利，1：70-71.

李阳兵，王世杰，魏朝富．2006．贵州省碳酸盐岩地区土壤允许流失量的空间分布．地球与环境，34
（4）：36-40.

李勇，吴钦孝，朱显谟，等．1990．黄土高原植物根系提高土壤抗冲性能的研究 I. 油松人工林根对土
壤抗冲性的增强效应．水土保持学报，4（1）：1-5，10.

李勇，朱显谟，田积莹．1991．黄土高原植物根系提高土壤抗冲性的有效性．科学通报，12：935-938.

李志军．2003．山坡地沟垄耕作蓄水保土效果研究．现代化农业，12：8-10.

联合国粮农组织．1971．土地退化．罗马．

梁音，刘宪春，曹龙熹，等．2013．中国水蚀区土壤可蚀性 K 值计算与宏观分布．中国水土保持，10：
35-40.

林和平．1993．水平沟耕作在不同坡度上的水土保持效应．水土保持学报，7（2）：63-69.

林素兰，黄毅，聂振刚，等．1997．辽北低山丘陵区坡耕地土壤流失方程的建立．土壤通报，28（6）：
251-253.

刘宝元，毕小刚，符素华，等．2010．北京土壤流失方程．北京：科学出版社．

刘宝元，郭索彦，李智广，等．2013a．中国水力侵蚀抽样调查．中国水土保持，（10）：26-34.

刘宝元，刘瑛娜，张科利，等．2013b．中国水土保持措施分类．水土保持学报，27（2）：80-84.

刘宝元，阎百兴，沈波，等．2008．东北黑土区农地水土流失现状与综合治理对策．中国水土保持科学，
6（1）：1-8.

刘宝元，杨扬，陆绍娟．2018．几个常用土壤侵蚀术语辨析及其生产实践意义．中国水土保持科学，16
（1）：9-16.

刘斌涛，陶和平，史展，等．2014．青藏高原土壤可蚀性 K 值的空间分布特征．水土保持通报，34（4）：
11-16.

刘秉正，刘世海，郑随定．1999．作物植被的保土作用及作用系数．水土保持研究，6（2）：32-36.

刘昌红．2009．水土保持耕作措施在小流域综合治理中的作用．中国水土保持，9：29-30.

刘昌明．1982．黄河中游黄土高原森林减少效应研究的梗概．全国森林水源涵养学术讨论会资料（内部
资料）．

刘东生，等．1964．黄河中游黄土．北京：科学出版社．

刘东生，等．1966．黄土的物质成分和结构．北京：科学出版社．

刘尔铭 . 1982. 黄河中游降水特性初步分析 . 水土保持通报，（1）：31-34，5.

刘刚才，罗治平，张先婉 . 1996. 川中丘陵区土壤侵蚀及其 P 值的确定 . 水土保持学报，7（2）：40-44.

刘刚才，李兰，周忠浩，等 . 2009. 紫色土容许侵蚀量的定位试验确定 . 水土保持通报，28（6）：90-94.

刘海潮 . 1992. 应用农业区划成果估算通用土壤流失方程各因子值的初探 . 水土保持科技情报，3：19-22，49.

刘明光 . 1989. 中国自然地理图集 . 北京：中国地图出版社 .

刘善建 . 1953. 天水水土流失测验的初步分析 . 科学通报，12：59-65，54.

刘士余，聂明英，彭鸿燕 . 2007. 百喜草及其应用研究 . 安徽农业科学，35（25）：7807-7808，7810.

刘世荣，温远光，王兵，等 . 1996. 中国森林生态系统水文生态功能规律 . 北京：中国林业出版社 .

刘武林，邓玉林，李春艳，等 . 2006. 长江中上游土壤侵蚀预报模型研究进展 . 水土保持应用技术，3：29-32.

刘巽浩，韩湘玲 . 1987. 中国耕作制度区划 . 北京：北京农业大学出版社 .

刘亚云，谭敦英 . 1992. 紫色土坡耕地保土耕作研究初报 . 耕作与栽培，4：63-64.

刘元保 . 1985. 黄土高原坡面沟蚀的危害及其发生发展规律 . 陕西杨凌：中国科学院西北水土保持研究所 .

刘元保，朱显谟，周佩华，等 . 1988. 黄土高原坡面沟蚀的类型及其发生发展规律 . 中国科学院西北水土保持研究所集刊，（7）：9.

卢宗凡，张兴昌，苏敏，等 . 1995. 黄土高原人工草地的土壤水分动态及水土保持效益研究 . 干旱区资源与环境，9（1）：40-49.

吕惠明，王恒俊，谢永生，等 . 1996. 滦平试区黄绵土坡耕地秋季免耕水保综合效益初探 . 资源科学，6：68-71.

吕甚悟，陈谦，袁绍良，等 . 2000. 紫色土坡耕地水土流失试验分析 . 山地学报，12（18）：520-525.

吕喜玺，沈荣明 . 1992. 土壤可蚀性因子 K 值的初步研究 . 水土保持学报，6（1）：63-70.

罗来军 . 2011. 流域坡长因子提取方法和地域尺度效应研究 . 北京：北京师范大学 .

罗来兴 . 1956. 划分晋西、陕北、陇东黄土区域沟间地与沟谷的地貌类型 . 地理学报，22（3）：201.

罗伟详，白立强，宋西德，等 . 1990. 不同覆盖度林地和草地的径流量与冲刷量 . 水土保持学报，4（1）：30-34.

马超飞，马建文，哈斯巴干，等 . 2001. 基于 RS 和 GIS 的岷江流域退耕还林还草的初步研究 . 水土保持学报，15（4）：20-24.

马琨，王兆骞，陈欣 . 2003. 红壤坡面产流产沙与养分流失特征研究 . 宁夏农学院学报，24（2）：3-7.

米艳华，潘艳华，沙凌杰，等 . 2006. 云南红壤坡耕地的水土流失及其综合治理 . 水土保持学报，4（20）：17-21.

缪驰远 . 2006. 东北典型黑土区土壤成土年龄及容许土壤流失量研究 . 北京：北京师范大学 .

牟金泽，孟庆枚 . 1982. 论流域产沙量计算中的泥沙输移比 . 泥沙研究，2：60-65.

牟金泽，孟庆枚 . 1983. 降雨侵蚀土壤流失预报方程的初步研究 . 中国水土保持，6：23-27.

南京土壤研究所 . 1978. 中国土壤 . 北京：科学出版社 .

聂碧娟．1995．闽东南花岗岩侵蚀区 C、P 因子研究初报．福建水土保持，4：43-46.

钱宁，张仁，赵业安，等．1978．从黄河下游河床演变规律来看河道治理中的调水调沙问题．地理学学报，38（1）：13-24.

秦伟，朱清科，张岩．2009．基于 GIS 和 RUSLE 的黄土高原小流域土壤侵蚀评估，25（8）：157-164.

全国土壤普查办公室．1993．中国土种志（第四卷）．北京：科学出版社.

阮伏水，吴雄海．1995．福建省花岗岩地区土壤容许侵蚀量的确定．福建水土保持，（2）：26-31.

山西省水土保持科学研究所．1982．1955～1981 年山西省水土保持科学研究所径流测验资料.

石生新，蒋定生．1994．几种水土保持措施对强化降水入渗和减沙的影响试验研究．水土保持研究，1
（1）：82-88.

石生新．1992．高强度人工降雨入渗规律．水土保持通报，12（2）：49-54.

史德明，杨艳生，姚宗虞．1983．土壤侵蚀调查方法中的侵蚀试验研究和侵蚀量测定问题．中国水土保
持，（6）.

史东梅，陈正发，蒋光毅，等．2012．紫色丘陵区几种土壤可蚀性 K 值估算方法的比较．北京林业大学
学报，34（1）：33-38.

史观义．1982．抗旱丰产沟．农业科技通讯，4：30-31.

史培军，刘宝元，张科利，等．1999．土壤侵蚀过程与模型研究．资源科学，21（5）：9-18.

史学正，于东升．1995．用人工模拟降雨仪研究我国亚热带土壤的可蚀性．水土保持学报，9（3）：5.

史学正，于东升，邢廷炎．1997．用田间实测法研究我国亚热带土壤的可蚀性 K 值．土壤学报，34（4）：
399-405.

水建国，叶元林，王建红，等．2003．中国红壤丘陵区水土流失规律与土壤允许侵蚀量的研究．中国农
业科学，36（2）：179-183.

水利电力部．1987．中国水资源评价．北京：水利电力出版社.

四川省水土保持委员会办公室．1991．四川省水土保持试验观测成果汇编.

孙保平，赵廷宁，齐实．1990．USLE 在西吉县黄土丘陵沟壑区的应用．中国科学院水利部西北水土保持
研究所集刊（黄土高原试验区土壤侵蚀和综合治理减沙效益研究专集），（2）：50-58，15.

孙景华，杨玉阁，张本家，等．1997．辽北低山丘陵区坡耕地水土流失规律研究．水土保持研究，
12（4）：65-74.

唐克丽，熊贵枢，梁季阳，等．1993．黄河流域的侵蚀与径流泥沙变化．北京：中国科学技术出版社.

唐克丽，周佩华．1988．黄土高原土壤侵蚀研究若干问题的讨论．中国科学院西北水土保持研究所集刊，
（7）：1-4.

唐克丽．1961．生草灰化土与黑钙土的团粒结构—抗蚀性能．全苏土壤侵蚀会议论文集.

唐克丽．1964．生草灰化土与黑钙土的抗蚀性能及其提高途径．中国科学情报所．中国留学生论文.

唐克丽．1999．中国土壤侵蚀与水土保持学的特点及展望．水土保持研究，6（2）：2.

唐克丽．2004．中国水土保持．北京：科学出版社.

田积莹，黄义端．1964．子午岭连家砭地区土壤物理性质与土壤抗侵蚀性能指标的初步研究．土壤学报，
12（3）：278-296.

王宝桐，丁柏齐．2008．东北黑土区坡耕地防蚀耕作措施研究．东北水利水电，1：64-65.

王礼先．1995．水土保持学．北京：中国林业出版社．

王礼先，解明曙．1997．山地防护林水土保持水文生态效益及其信息系统．北京：中国林业出版社．

王礼先，朱金兆．2005．水土保持学（第2版）．北京：中国林业出版社．

王秋生．1991．植被控制土壤侵蚀的数学模型及其应用．水土保持学报，4：68-72.

王万忠，焦菊英，郝小品，等．1995．中国降雨侵蚀力R值的计算与分布（1）．水土保持学报，（4）：
　　5-18.

王万忠，焦菊英．1996．中国的土壤侵蚀因子定量评价研究．水土保持通报，（5）：1-20.

王万忠．1983．黄土地区降雨特性与土壤流失关系的研究Ⅱ——降雨侵蚀力指标R值的探讨．水土保持
　　通报，（5）：62-64，26.

王万忠．1984．黄土地区降雨特性与土壤流失关系的研究Ⅲ——关于侵蚀性降雨的标准问题．水土保持
　　通报，（02）：58-63.

王万忠．1987．黄土地区降雨侵蚀力R指标的研究．中国水土保持，（12）：36-40，67.

王兴祥，张桃林，张斌．1998．红壤旱坡地免耕覆盖研究．土壤，2：84-88.

王学强，蔡强国，和继军．2007．红壤丘陵区水保措施在不同坡度坡耕地上优化配置的探讨．资源科学，
　　29（6）：68-74.

王占礼．2000．黄土高原地区耕作技术效益研究．农业工程学报，16（3）：19-23.

韦红波，李锐，杨勤科．2002．我国植被水土保持功能研究进展．植物生态学报，26（4）：489-496.

尉恩凤，南梅，南洋．2002．内蒙古黄土丘陵区土壤侵蚀预报模型．内蒙古科技与经济，3：18-19.

温远光，刘世荣．1995．我国主要森林生态系统类型降水截留规律的数量分析．林业科学，31（4）：
　　289-298.

吴嘉俊，庐光辉，林俐玲．1996．土壤流失量估算手册．

吴敬东，李永贵．1998．石灰岩小流域坡面不同治理措施降雨径流泥沙关系研究．北京水利，6：13-17.

吴普特，周佩华，郑世清．1993．黄土丘陵沟壑区（Ⅲ）土壤抗冲性研究——以天水站为例．水土保持学
　　报，7（3）：8.

吴钦孝，赵鸿雁，刘向东，等．1998．森林枯枝落叶层涵养水源保持水土的作用评价．水土保持学报，4
　　（2）：23-28.

吴士章，朱文孝，苏维词．2005．喀斯特地区土壤侵蚀及养分流失定位试验研究-以贵阳市修文县久长镇
　　为例．中国岩溶，24（3）：202-205.

吴素业．1994a．安徽大别山区降雨侵蚀力简化算法与时空分布规律．中国水土保持，（4）：12-13.

吴素业．1994b．侵蚀力简化算法与时空分布规律．中国水土保持，（4）：2.

吴彦，刘世全，王金锡．1997．植物根系对土壤抗侵蚀能力的影响．应用与环境生物学，3（2）：
　　119-124.

伍永秋，刘宝元．2000．切沟、切沟侵蚀与预报．应用基础与工程科学学报，8（2）：134.

武艺，杨洁，汪邦稳，等．2008．红壤坡地水土保持措施减流减沙效果研究．中国水土保持，10：37-43.

席承藩，张俊民．1982．中国土壤区划的依据与分区．土壤学报，19（2）：97-109.

夏岑岭，史志刚，欧岩峰，等．2000. 坡耕地水土保持主要耕作措施研究．合肥工业大学学报（自然科学版），23（S1）：769-772.

谢明．1993. 新构造上升运动是水土流失的背景因素．热带地理，13（4）：335-343.

谢庭生，何英豪．2005. 湘中紫色土丘岗区水土流失规律及允许土壤流失量的研究．水土保持研究，12（1）：87-90.

谢云，章文波，刘宝元．2001. 用日雨量和雨强计算降雨侵蚀力．水土保持通报，（6）：53-56.

谢云，段兴武，刘宝元，等．2011. 东北黑土区主要黑土土种的容许土壤流失量．地理学报，66（7）：940-952.

辛树帜，蒋德麒．1982. 中国水土保持概论．北京：农业出版社．

邢廷炎，史学正，于东升．1998. 我国亚热带土壤可蚀性的对比研究．土壤学报，35（3）：296-302.

熊毅，李庆逵．1987. 中国土壤（第二版）．北京：科学出版社．

熊毅，李庆逵．1990. 中国土壤．北京：科学出版社．

徐春达．2003. 容许土壤流失量研究：以北方农牧交错带为例．北京：北京师范大学．

徐勤学．2013. 紫色土区主要农业活动对坡面土壤侵蚀的影响．武汉：华中农业大学．

徐尚辉，杨绍英，何世玉，等．2007. 互助县纳隆沟流域水土保持效益评价．青海农林科技，1：23-24.

杨爱民，沈昌蒲，刘福，等．1994. 坡耕地垄作区田水土保持效益的研究．水土保持学报，9：52-58.

杨传强，蔡强国，范昊明．2004. 土壤容许流失量研究的方法——以东北典型黑土区为例．水土保持研究，11（4）：66-96.

杨金玲，张甘霖，黄来明．2013. 典型亚热带花岗岩地区森林流域岩石风化和土壤形成速率研究．土壤学报，50（2）：253-259.

杨开宝，张振中，吴存良．1990. 不同坡度径流小区产流产沙监测结果初报．中国科学院/水利部西北水土保持研究所集刊，12：59-65.

杨勤业，张伯平，郑度．1988. 黄土高原空间范围的讨论．自然资源学报，3（1）：9-15.

杨艳生，史德明．1982. 关于土壤流失方程中 K 因子的探讨．中国水土保持，（4）：39-42.

杨一松，王兆骞，陈欣，等．2004. 南方红壤坡地不同土地利用模式的水土保持及生态效益研究．水土保持学报，18（5）：84-87.

杨永兴，王世岩．2003. 8.0 ka B. P. 以来三江平原北部沼泽发育和古环境演变研究．地理科学，23（1）：32-38.

杨子生．1999a. 滇东北山区坡耕地土壤可蚀性因子．山地学报，17（S1）：10-15.

杨子生．1999b. 滇东北山区坡耕地土壤流失方程研究．水土保持通报，19（1）：1-9.

杨子生．2002. 云南省金沙江流域土壤流失方程研究．山地学报，20（S1）：1-9.

雍世英．2011. 丹江口市坡耕地牧草种植水土保持综合效益分析．人民长江，42（10）：98-100.

于东升，史学正，梁音，等．1997. 应用不同人工模拟降雨方式对土壤可蚀性 K 值的研究．土壤侵蚀与水土保持学报，3（2）：53-57.

于志纯，史晓峰．1992. 蓄水聚肥改土耕作法示范研究．吉林水利，10：25-27.

余新晓，陈利华．1987. 黄土高原沟壑区土壤抗蚀性的初步研究．中国水土保持学会．中国水土保持学会第一次学术讨论交流论文.

余新晓, 毕华兴, 朱金兆, 等. 1997. 黄土地区森林植被水土保持作用研究. 植物生态学报, 21 (5): 433-440.

余新晓. 1988a. 森林植被减弱降雨侵蚀能量的数理分析. 水土保持学报, 2 (2): 24-30.

余新晓. 1988b. 森林植被减弱降雨侵蚀能量的数理分析 (续). 水土保持学报, 2 (3): 90-96.

喻权刚. 1996. 遥感信息研究黄土丘陵区土地利用与水土流失——以红塔沟流域为例. 土壤侵蚀与水土保持学报, 2 (2): 24-31.

曾思齐, 余济云, 肖育檀, 等. 1996. 马尾松水土保持林水文功能计量研究——Ⅰ林冠截留与土壤贮水能力. 中南林学院学报, 16 (3): 1-8.

扎斯拉夫斯基. 1985. 是容许侵蚀量还是破坏土壤肥力的侵蚀量. 王礼先译. 水土保持科技情报, 2: 1-7.

翟伟峰, 许林书. 2011. 东北典型黑土区土壤可蚀性 K 值研究. 土壤通报, 42 (5): 1209-1213.

张福春, 王德辉, 丘宝剑. 1987. 中国农业物候图集. 北京: 科学出版社.

张光辉, 梁一民. 1995. 黄土丘陵区人工草地盖度季节动态及其水保效益. 水土保持通报, 15 (2): 38-43.

张汉雄. 1983. 黄土高原的暴雨特性及其分布规律. 地理学报, 50 (4): 416-425.

张宏鸣, 杨勤科, 刘晴蕊, 等. 2010. 基于 GIS 的区域坡度坡长因子提取算法. 计算机工程, 36 (9): 246-248.

张科利, 唐克丽, 王斌科. 1991. 黄土高原坡面浅沟侵蚀特征值的研究. 水土保持学报, 5 (2): 8.

张科利, 彭文英, 杨红丽. 2007. 中国土壤可蚀性值及其估算. 土壤学报, 44 (11): 7-13.

张世杰, 焦菊英. 2011. 基于下游河流健康的黄土高原土壤容许流失. 中国水土保持科学, 9 (1): 9-15.

张文安, 徐大地, 刘友云, 等. 2000. 黔中黄壤丘陵旱坡地不同耕作栽培技术对水土流失及作物产量的影响. 贵州农业科学, 28 (6): 18-21.

张文太, 于东升, 史学正, 等. 2009. 中国亚热带土壤可蚀性 K 值预测的不确定性研究. 土壤学报, 46 (2): 185-191.

张贤明, 董文达, 李德荣, 等. 2001. 江西红壤坡地果园水土保持措施效益之研究. 水土保持学报, 15 (2): 102-104.

张宪奎, 许靖华, 卢秀琴, 等. 1992. 黑龙江省土壤流失方程的研究. 水土保持通报, 12 (4): 1-9, 18.

张辛未. 1984. 皖南山地茶园防治土壤侵蚀措施. 中国水土保持, 2: 12-13.

张兴昌, 邵明安, 黄占斌, 等. 2000. 不同植被对土壤侵蚀和氮素流失的影响. 生态学报, 20 (6): 1038-1044.

张岩, 刘宝元, 史培军, 等. 2001. 黄土高原土壤侵蚀作物覆盖因子计算. 生态学报, 21: 1050-1056.

张岩, 刘宝元, 张清春, 等. 2003. 不同植被类型对土壤水蚀的影响 (英文). 植物学报 (英文版), 10: 1204-1209.

张燕, 彭补拙, 窦贻俭, 等. 2005. 水质约束条件下确定土壤允许流失量的方法. 长江流域资源与环境, 14 (1): 109-113.

张志强, 王礼先. 1997. 土壤水力侵蚀与植被变化关系研究途径与展望. 北京林业大学学报, 19 (S1):

177-180.

张宗祜. 1993. 黄土高原土壤侵蚀基本规律. 第四纪研究，（1）：34.

章基嘉，孙照渤，陈松军. 1984. 应用 K 均值聚类法对东亚各自然天气季节 500 毫巴候平均环流的分型试验. 气象学报，（3）：311-319.

章文波，谢云，刘宝元. 2002. 用雨量和雨强计算次降雨侵蚀力. 地理研究，（3）：384-390.

章文波，付金生. 2003. 不同类型雨量资料估算降雨侵蚀力. 资源科学，（1）：35-41.

赵富梅，赵宏夫. 1994. 应用新算法编制张家口市 R 值图的研究. 海河水利，（2）：47-51.

赵辉，郭索彦，解明曙，等. 2008. 南方花岗岩红壤区不同土地利用类型坡地产流与侵蚀产沙研究. 水土保持通报，28（2）：6-10.

赵文林. 1996. 黄河泥沙. 郑州：黄河水利出版社.

赵英时. 2003. 遥感应用分析原理与方法（第一版）. 北京：科学出版社.

赵雨森，魏永霞. 2009. 坡耕地保护性耕作措施的水土保持效应. 中国水土保持科学，6：86-90.

郑海金，杨洁，喻荣岗，等. 2010. 红壤坡地土壤可蚀性 K 值研究. 土壤通报，41（2）：425-428.

郑应茂，张兴广，赵星，等. 2001. 不同整地方法蓄水保土效益的研究. 山东林业科技，2：17-19.

中国科学院《中国自然地理》编辑委员会. 1980. 中国自然地理——地貌. 北京：科学出版社.

中国科学院成都分院土壤研究室. 1991. 中国紫色土. 北京：科学出版社.

中国科学院地理研究所. 1959. 中国综合自然区划. 北京：科学出版社.

中国科学院黄河中游水土保持综合考察队. 1958. 黄河中游黄土高原的自然、农业、经济和水土保持土地合理利用区划. 北京：科学出版社.

中国科学院黄土高原综合科学考察队. 1991. 黄土高原地区土壤侵蚀区域特征及其治理途径. 北京：中国科学技术出版社.

中国科学院南京土壤研究所土壤系统分类课题组，中国土壤系统分类课题研究协作组. 1991. 中国土壤系统分类（首次方案）. 北京：科学出版社.

中国科学院南京土壤研究所土壤系统分类组. 1995. 中国土壤系统分类（修订方案）. 北京：中国农业科技出版社.

中国气象局. 2017. 地面气象观测规范（GB/T 35234—2017）. 北京：气象出版社.

中华人民共和国水利部. 2008. 土壤侵蚀分类分级标准 SL190—2007. 北京：中国水利水电出版社.

中华人民共和国水利部. 2009. 中华人民共和国行业标准《黑土区水土流失综合防治技术标准》（SL446—2009）.

中华人民共和国水利部. 2015. 全国水土保持规划（2015—2030 年）.

中华人民共和国水利部，中华人民共和国国家统计局. 2013. 中国水利普查：第一次全国水利普查公报. 北京：中国水利水电出版社.

周伏建，陈明华，林福兴，等. 1995. 福建省土壤流失预报研究. 水土保持学报，9（1）：25-30，36.

周伏建，林开旺，丁光敏. 1997. 福建省东南沿海坡耕地水土保持耕作措施初探. 福建水土保持，（2）：16-18.

周佩华，王占礼. 1987. 黄土高原土壤侵蚀暴雨标准. 水土保持通报，（1）：38-44.

周佩华, 武春龙. 1993. 黄土高原土壤抗冲性的试验研究方法探讨. 水土保持学报, 7 (1): 6.

周佩华, 郑世清, 吴普特, 等. 1997. 黄土高原土壤抗冲性的试验研究. 水土保持研究, (S1): 13.

周世英, 朱德浩, 劳文科. 1988. 桂林岩溶峰丛区溶蚀速度计算及探讨. 中国岩溶, 7 (1): 73-80.

朱国平. 2006. 密云水库北京集水区允许土壤流失量空间阈值研究. 北京: 北京林业大学.

朱连奇, 许叔明, 陈沛云. 2003. 山区土地利用/覆被变化对土壤侵蚀的影响. 地理研究, 7 (22): 432-437.

朱青, 王兆骞, 尹迪信. 2008. 贵州坡耕地水土保持措施效益研究. 自然资源学报, 3 (23): 219-229.

朱显谟. 1954. 泾河流域土壤侵蚀现象及其演变. 土壤学报, 2 (4): 209-222.

朱显谟. 1956. 黄土区土壤侵蚀的分类. 土壤学报, 4 (2): 99.

朱显谟. 1960. 黄土地区植被因素对水土流失的影响. 土壤学报, 8 (2): 110-121.

朱显谟. 1981. 黄土高原水蚀的主要类型及其有关因素. 水土保持通报, (3): 1.

字淑慧, 吴伯志, 段青松. 2005. 不同草带对坡耕地土壤侵蚀的影响. 水土保持学报, 10 (19): 39-42.

Alderman J K. 1956. The erodibility of Granular Material. J Agr Eng Res, 136-142.

Alexander E B. 1988. Rates of soil formation: Implications for soil loss tolerance. Soil Sci, 145: 37-45.

Angulo-Martínez M, Beguería S. 2009. Estimating rainfall erosivity from daily precipitation records: A comparison among methods using data from the Ebro Basin (NE Spain). Journal of Hydrology, 379 (1-2): 111-121.

Armstrong J S. 1985. Long-range forecasting: From crystal ball to computer, 2nd Ed. New York: Wiley.

Arnoldus H M. 1977. Predicting soil loss due to sheet and rill erosion. FAO Conservation Guide, (1): 99-124.

Barth T F W. 1961. Abundance of the elements, areal averages, and geochemical cycles. Geochim Cosmochim Acta, 23: 1-8.

Baver L D. 1938. Ewald Wollny—a pioneer in soil and water conservation research. Soil Sci Soc Am Proc, 3: 330-333.

Bennett H H. 1926. Some comparisions of the properties of humid-tropical and humid-temperate American soils, with special reference to indicated relations between chemical composition and physical properties. Soil Sci, 21: 349-375.

Bennett H H. 1939. Soil Conservation. New York and London: Mcgraw-Hill Book Company, Inc.

Bennett H H. 1955. Elements of Soil Conservation. New York and London: Mcgraw-Hill Book Company, Inc.

Bennett H H, Chapline W R. 1928. Soil erosion a national menace. USDA, Circular No. 33, Washington, D. C.

Benson V W, Rice O W, Dyke P T, et al. 1989. Conservation impacts on crop productivity for the life of a soil. J Soil Water Conserv, 44 (6): 600-604.

Boardman J, Poesen J. 2007. Soil Erosion in Europe. Chichester, UK: John Wiley & Sons Ltd.

Bormann F H, Likens G E. 1979. Pattern and Process in a Forested Ecosystem. New York: Springer-Verlag.

Brandt C J. 1989. The size distribution of throughfall drops under vegetation canopies. Catena, 16 (4-5): 507-524.

Brooks K N, Ffollioff P F, Gregersen H M, et al. 1991. Hydrology and the Management of Watersheds. Ames: Iowa State University Press.

Brown L C, Foster G R. 1987. Storm erosivity using idealized intensity distributions. Transactions of the ASAE, 30 (2): 0379 -0386.

Browning G M, Parish C L, Glass J A. 1947. A method for determining the use and limitation of rotation and conservation practices in control of soil erosion in Iowa. Soil Sci Soc Am Proc, (23): 249-264.

Bui E N, Hancock G J, Wilkinson S N. 2011. 'Tolerable' hill slope soil erosion rates in Australia: Linking science and policy. Agr Ecosyst Environ, 144 (1): 136-149.

BuolS W, Hole F D, McCracken R J. 1973. Soil Genesis and Classification. Ames, Iowa: Iowa State University Press.

Capolongo D, Diodato N, Mannaerts C M, et al. 2008. Analyzing temporal changes in climate erosivity using a simplified rainfall erosivity model in Basilicata (southern Italy). Journal of Hydrology, 356 (1-2): 119-130.

Carter C E, Greer J D, Braud H J, et al. 1974. Raindrop characteristics in south central United States. Transactions of the ASAE, 17 (6): 1033-1037.

Cassel D K, Raczkowski C W, Denton H P. 1995. Tillage effects on corn production and soil physical conditions. Soil Sci Soc Am J, 59 (5): 1436-1443.

Castillo V M, Martinez-Mena M, Albaladejo J. 1997. Runoff and soil loss response to vegetation removal in a semiarid environment. Soil Sci Soc Am J, 61: 1116-1121.

Cerro C, Bech J, Codina B, et al. 1989. Modeling rain erosivity using disdrometric techniques. Soil Science Society of America Journal, 62 (3): 731-735.

Cerro C, Bech J, Codina B, et al. 1998. Modeling Rain Erosivity Using Disdrometric Techniques. Soil Science Society of America Journal, 62 (3): 731-735.

Chamberli T C. 1908. Soil wastage. Washington, D. C.: conference of governors in the white house, Washington, D C. U. S. congress 60th, 2nd session, House document 1425.

Chander G, Markham B. 2003. Revised Landsat-5 TM radiometric calibration procedures and post-calibration dynamic ranges. IEEE Trans Geosci Remote Sens, 41 (11): 2674-2677.

Chesworth W. 2008. Encyclopedia of Soil Science. Dordrecht, the Netherlands: Springer.

Cook H L. 1936. The nature and controlling variables of the water erosion process. Soil Sci Soc Am Proc, 1: 60-64.

Coutinho M A, Tomas P P. 1995. Characterization of raindrop size distributions at the Vale Formoso Experimental Erosion Center. Catena, 25 (1-4): 187-197.

Das G. 2009. Hydrology and Soil Conservation Engineering: Including Watershed Management (2nd Ed.). New Delhi, India: PHI Learning Private Ltd.

David J B, Mufradi I, Klitman S. 1999. Wheat grain yield and soil profile water distribution in a no-till arid environment. Agron J, 91: 368-373.

Desmet P J J, Govers G. 1996. A GIS procedure for automatically calculating the USLE LS factor on topographically complex landscape units. J Soil Water Conserv, 51 (5): 427-433.

Dunne T, Leopold L B. 1978. Water in environmental planning. W. H. Freeman, San Francisco.

Dunne T, Zhang W, Aubry B F. 1991. Effects of rainfall, vegetation and microtopography on infiltration andrunoff. Water Resour Res, 27 (9): 2271-2285.

EI-Swaify S A, Dangler E W. 1976. Erodibility of selected tropical soils in relation to structural and hydrologic parameters. National Conference on Soil Erosion, 30: 105-114.

Ellison W D. 1944a. Two devices for measuring soil erosion. Agric Eng, 25: 53.

Ellison W D. 1944b. Studies of raindrop erosion. Agric Eng, 25: 131.

Ellison W D. 1947. Soil erosion studies —Part I. Agric Eng, 28: 145-146.

Elwell C F, Stocking M A. 1976. Vegetal cover to estimate soil erosion hazard in Rhodesia. Geoderma, 15: 61-70.

Evans R. 1981. 'Potential soil and crop losses by erosion'. Nat. Agr. Centre, Stoneleigh: WAWMA Conf. Soil and crop loss: developments in erosion control.

Fernandez C, Wu J Q, McCool D K, et al. 2003. Estimating water erosion and sediment yield with GIS, RUSLE, and SEDD. J Soil Water Conserv, 58: 128-136.

Foster G R, Meyer L D. 1975. Mathematical simulation of upland erosion by fundamental erosion mechanics. In: Present and Prospective Technology for Predicting Sediment Yields and Sources, USDA-ARS-S-40. 190-207.

Foster G R. 1982a. Modeling the erosion process//Haan C T, et al. Hydrologic Modeling of Small Watersheds. MI: ASAE.

Foster G R. 1982b. Relation of USLE factors to erosion on rangeland. Agricultural Research Service (Western Region), US Department of Agriculture, 26: 17.

Foster G R. 1986. Understanding ephemeral gully erosion. In: Committee on Conservation Needs and Opportunities, National Research Council, Soil conservation: An assessment of the national resources inventory, vol. 2. Washington DC, USA: National Academy Press.

Foster G R, Wischmeier W H. 1974. Evaluating irregular slopes for soil loss prediction. Trans ASAE, 17: 305-309.

Francis C F, Thornes J B. 1990. Runoff hydrographs from three Mediterranean vegetation cover types//Thornes J B. Vegetation and Erosion. Chichester: Wiley.

Fu S H, Cao L X, Liu B Y, et al. 2015. Effects of DEM grid size on predicting soil loss from small watersheds in China. Environ Earth Sci, 73 (1): 2141-2151.

Gabriels D, Ghekiere G, Schiettecatte W, et al. 2003. Assessments of USLE cover management C factors for 40 crop rotation systems on arable farms in the Kemmelbeek watershed, Belgium. Soil Till Res, 74: 47-53.

Georgia soil and water conservation commission. 2002. Field manual for erosion and sediment control in Georgia. Athens: Georgia soil and water conservation commission.

Ghidey F, Alberts E E. 1998. Runoff and soil losses as affected by corn and soybean tillage systems. J Soil Water Conserv, 53 (1): 64-70.

Grossman R B, Berdanier C R. 1982. Erosion tolerance for cropland: Application of soil survey base. Determinants of Soil Loss Tolerance, 45: 113-130.

Gussak V B. 1946. A device for the rapid determination of erodibility of soils and some results of its application. Abstract in Soils and Fertilizers, (10): 481-491.

Gutierrez J, Hernandez I I. 1996. Runoff and interrill erosion as affected by grass cover in a semi-arid rangeland of northern Mexico. J Arid Environ, 34: 287-295.

Hadley R F, Lar R, Onstand C A, et al. 1985. Recent developments in erosion and sediment yield studies// Technical Documents in Hydrology. Paris: UNESCO.

Haith D A, Merrill D E. 1987. Evaluation of a daily rainfall erosivity model. Transactions of the ASAE, 30 (1): 90-0093.

Hall G F, Logan T J, Young K K. 1985. Criteria for determining tolerable erosion rates//Follett R F, Stewart B A. Soil Erosion and Crop Productivity. USA: American Society of Agronomy.

Hays O E, Clark N. 1941. Cropping system that help control erosion. Bull. 452. Wisc. Soil Cons. Comm. , Soil Cons. Serv. and the Univ. of Wisc. Agr. Exp. Sta. , Madison.

Hickey R. 2000. Slope angle and slope length solutions for GIS. Cartography, 29: 1-8.

Hickey R, Smith A, Jankowski P. 1994. Slope length calculations from a DEM within Arc/ Info GRID. Comput Environ Urban, 18 (5): 365-380.

Hosking J R M. 1990. L- moments: analysis and estimation of distributions using linear combinations of order statistics [J]. Journal of the Royal Statistical Society Series B: Statistical Methodology, 52 (1): 105-124.

Hudson N. 1995. Soil Conservation. Ames, Iowa, USA: Iowa State University Press.

Igwe C A. 1999. Land use and soil conservation strategies for potentially highly erodible soils of central- eastern Nigeria. Land Degrad Dev, 10: 425-434.

IIRR and ACT. 2005. Conservation Agriculture: A manual for farmers and extension workers in Africa. International Institute of Rural Reconstruction, Nairobi; African Conservation Tillage Network.

Jayawardena A W, Rezaur R B. 2000. Measuring drop size distribution and kinetic energy of rainfall using a force transducer. Hydrological Processes, 14 (1): 37-49.

Johannesson B. 1960. The soil of iceland. Univ. Rest. , Dept. Ggr. Reports series B 13.

Johnson C W, Schumaker G A, Smith J P. 1980. Effects of grazing and sagebrush control on potential erosion. J Range Manage, 33: 451-454.

Johnson L C. 1987. Soil loss tolerance: Fact or myth? J Soil Water Conserv, 42 (3): 155-160.

Kinnell P I A. 1973. The Problem of assessing the erosive power of rainfall from meteorological observations. Soil Science Society of America Journal, 37 (4): 617-621.

Kinnell P I A. 2005. Raindrop- impact- induced erosion processes and prediction: A review. Hydrol Process, 19: 2815.

Kinnell P I. 1981. Rainfall intensity- kinetic energy relationships for soil loss prediction. Soil Science Society of America Journal, 45 (1): 153-155.

Kinnell P I. 1973. The problem of assessing the erosive power of rainfall from meteorological observations. Soil Science Society of America Journal, 37: 617-621.

Kirkby M J, Morgan R P C. 1980. Soil Erosion. A Wiley- Interscience Publication. New York: John Wiley & Sons.

Klingebiel A A. 1961. Soil factors and soil loss tolerance// Soil loss prediction, North and South Dakota, Nebraska, and Kansas. USA: Soil Conservation Service, NE68508.

Laflen J M , Elliot W J , Simanton J R , et al. 1991. WEPP: Soil erodibility experiments for rangeland and cropland soils. Journal of Soil and Water Conservation, 46 (1): 39-44.

Lahee F H. 1921. Use of terms " Erosion," " Denudation," " Corrasion" and " Corrosion" . Science, 54 (1383): 13.

Lakaria B L, Biswas H, Mandal D. 2008. Soil loss tolerance values for different physiographic regions of central India. Soil Use Manage, 24 (2): 192-198.

Lal R. 2006. Encyclopedia of Soil Science (2nd Ed.) . Boca Raton, FL, USA: CRC Press.

Lal R. 2009. Soil degradation as a reason for inadequate human nutrition. Food Secur, 1: 45-57.

Laws J O. 1941. Measurements of the fall- velocity of water- drops and raindrops. Transactions- American Geophysical Union, 22: 709-721.

Liu B Y, Nearing M A, Risse L M. 1994. Slop gradient effects on soil loss for slops. Trans ASAE, 37 (6): 1835-1840.

Liu B Y, Nearing M A, Shi P J, et al. 2000. Slope length effects on soil loss for steep slopes. Soil Sci Soc Am J, 64 (9): 1759-1763.

Liu B Y, Zhang K L, Xie Y. 2002. An empirical soil loss equation//Proceedings−Process of soil erosion and its environment effect (Vol. II), 12th international soil conservation organization conference.

Liu G, Li L, Wu L, et al. 2009. Determination of soil loss tolerance of an entisol in southwest China. Soil Sci Soc Am J, 73 (2): 412-417.

Llody O H, Eley G W. 1952. Graphical solution of probable soil loss formula for Northeastern Region. J Soil Water Conserv, (7): 189-191.

Loch R J. 2000. Effects of vegetation cover on runoff and erosion under simulated rain and overland flow on a rehabilitated site on the Meandu Mine, Tarong, Queensland. Aust J Soil Res, 38 (2): 299-312.

Lombardi Neto F, Bertoni J. 1975. Tolerância de perdas de terra para solos do Estado de São Paulo. Campinas: BoletimTécnico, (28): 1-12.

Lowdermilk W C. 1935. Man- made deserts. Pac Aff, 8 (4): 409.

Lowdermilk W C. 1948. Conquest of the land through seven thousand years. Agricultural Information Bulletins, (8):

Makridakis S, Hibon M. 1995. Evaluating accuracy (or error) measures. Fontainebleau, France: Working paper, INSEAD.

Mati B M, Veihe A. 2001. Application of the USLE in a Savannah environment: Comparative experiences from east and west Africa. Singapore J Trop Geo, 22: 138-155.

McCool D K, Brown L C, Foster G R, et al. 1987a. Revised slope steepness factor for the universal soil loss equation. Trans ASAE, 30 (5): 1387-1396.

McCool D K, Zuzel J F, Istok J D, et al. 1987b. Erosion process and prediction for Pacific Northwest. Spokane, Wash.: The 1986 Nat. STEEP Synp.

McCool D K, Foster G R, Mutchler C K, et al. 1989. Revised Slope Length Factor for the Universal Soil Loss Equation. Trans ASAE, 32 (5): 1571-1576.

McCool D K, George G O, Freckleton M, et al. 1993. Topographic effect on erosion from cropland in the northwestern wheat region. Trans ASAE, 36: 1067-1071.

McCormack D E, Young K K, Kimberlin L W. 1982. Current criteria for determining soil loss tolerance// Determinants of Soil Loss Tolerance. ASA Special Publication No. 45, Am. Soc. Agr., Madison, Wisconsin.

McGregor K C, Bingner R L, Bowie A J, et al. 1995. Erosivity index values for Northern Mississippi. Transactions of the ASAE, 38 (4): 1039-1047.

Meyer L D. 1984. Evolution of the universal soil loss equation. J Soil Water Conserv, 39: 99-104.

Meyer L D, Foster G R, Romkens M J M. 1975. Source of soil eroded by water from upland slopes. Oxford: proc. Od Sediment yield Workship, USDA Sedimentation Laboratory.

Middleton H E. 1930. Properties of Soils Which Influence Soil Erosion. USDA Tech. Bull., 178: 119-121.

Miller G A, Amemiya M, Jolly R W, et al. 1988. Soil erosion and the Iowa soil 2000 program. Ames, Iowa: Iowa State University, Extension services.

Miller M F. 1936. Cropping systems in relation to erosion control. University of Missouri, College of Agriculture, Agricultural Experiment Station Bulletin 366.

Montgomery D R. 2007. Soil erosion and agricultural sustainability. Proc Natl Acad Sci USA, 104 (33): 13268.

Morgan R P C. 1977. Soil Erosion in the United Kingdom: field studies in the Silsoe area 1973-1975. London: Occasional Paper No. 4, National College of Agricultural Engineering.

Morgan R P C. 1986. Soil Erosion and Conservation. Lngman Scientific & Technical, Longman Group UL Limited. England, 12: 162-164.

Morgan R P C. 2005. Soil Erosion and Conservation (3rd Ed.). Oxford, UK: Blackwell Science Ltd.

Musgrave G W. 1947. The quantitative evaluation of factors in water erosion- A first approximation. J Soil Water Conserv, 2: 133-138.

Mutchler C K, Greer J D. 1980. Effect of slope length on erosion from low slopes. Trans ASAE, 23 (4): 866-869.

Nafziger E. 2009. Cropping systems. In: Illinois Agronomy Handbook.

Nash J E, Sutcliffe J V. 1970. River flow forecasting through conceptual models, Part 1- a discussion of principles. J Hydrol, 10 (3): 282-290.

Olson T C, Wischmeier W H. 1963. Soil erodibility evaluations for soils on the runoff and erosion stations. Soil Sci Soc Am Proc, 27 (5): 590-592.

Onaga K, Shirai K, Yoshinaga A, et al. 1988. Rainfall erosion and how to control its effects on farmland in Okinawa//Rimwanich. Land Conservation for Future Generations. Bangkok: Department of Land Developmen.

Paschall A H, Klingebiel A A, Allaway W H, et al. 1956. Committee report: Permissible soil loss and relative erodibility of different soils. Washington. D. C. : Agr. Res. Serv. and Soil Cons. Serv.

Peel T C. 1937. The relation of certain physical characteristics to the erodibility of soils. Soil Sci Soc Am Proc, 2: 79-84.

Pierce F J, Larson W E, Dowdy R H. 1984. Soil loss tolerance: Maintenance of long-term soil productivity. J Soil Water Conserv, 39 (2): 136-138.

Pimentel D. 1993. World soil erosion and conservation. Cambridge: Cambridge University Press.

Putuhena W M, Cordery L. 1996. Estimation of interception capacity of the forest floor. J Hydrol, 180: 283-299.

Renard K G, Foster G R, Weesies G A, et al. 1997. Predicting Soil Erosion By Water: A Guide to Conservation Planning with the Revised Universal Soil Loss Equation (RUSLE). Agriculture Handbook, Washington D. C. : USDA-ARS. No. 703.

Richardson C W, G R Foster, D A Wright. 1983. Estimation of erosion index from daily rainfall amount. Trans. of ASAE, 26 (1): 153-157.

Risse L M, Nearing M A, Laflen J M, et al. 1993. Error assessment in the universal soil loss equation. Soil Sci Soc Am J, 57 (3): 825-833.

Ritchie J C, McHenry J R. 1990. Application of radioactive fallout cesium-137 for measuring soil erosion and sediment accumulation rates and patterns: A review. J Environ Qual, 19: 215-233.

Ritchie J C, McHenry J R. 1995. 137Cs use in erosion and sediment deposition studies: promises and problems. //International Atomic Energy Agency. Use of nuclear techniques in studying soil erosion and siltation. IAEA-TECDOC-828, 111-201.

Rodríguez P O S. 1997. Hedgerows and mulch as soil conservation mersures evaluated under field simulated rainfall. Soil Technology, 11: 79-93.

Rogowski A S, Tamura T. 1965. Movement of 137Cs by runoff, erosion and infiltration on the alluvial Captina silt loam. Health Phys, 11: 1333-1340.

Rogowski A S, Tamura T. 1970. Erosional behavior of cesium-137. Health Phys, 18: 467-477.

Roose E J. 1976. Use of the universal soil loss equation to predict erosion in West Africa Soil Erosion Prediction & Control.

Runge C F, Larson W E, Roloff G. 1986. Using productivity measures to target conservation programs: A comparative analysis. J Soil Water Conserv, 41 (1): 45-49.

Römkens M J M, Roth C B, Nelson D W. 1977. Erodibility of selected clay subsoils in relation to physical and chemical properties. Soil Sci Soc Am J, 41: 954-960.

Salles C, Poesen J, Sempere-Torres D. 2002. Kinetic energy of rain and its functional relationship with intensity. Journal of Hydrology, 257 (1-4): 256-270.

Sampson A W, Weyl L H. 1918. Range preservation and its relation to erosion control on western grazing lands. United States Department of Agriculture Bulletin, No. 675.

Schertz D L. 1983. The basis for soil loss tolerances. J Soil Water Conserv, 38: 10-14.

Schertz D Z, Nearing M A. 2006. Erosion tolerance/soil loss tolerance//Rattan Lal. Encyclopedia of Soil Science (ed. 2). Boca Raton, FL: Taylor & Francis.

Selker J S, Haith D A. 1990. Development and Testing of Single-Parameter Precipitation Distributions. Water Resources Research, 26 (11): 2733-2740.

Selker J S, Haith D A, Reynolds J E. 1990. Calibration and testing of a daily rainfall erosivity model. Transactions of the ASAE, 33 (5): 1-1617.

Shiriza M A, Boersma L. 1984. A unifying quantitative analysis of soil texture. Soil Sci Soc Am J, 48: 142-147.

Skidmore E L. 1982. Soil loss tolerance. In: Determinants of Soil Loss Tolerance. Madison, Wisconsin: ASA Special Publication No. 45, Am. Soc. Agr.

Smith D D, Whitt D M. 1947. Estimating soil losses from field areas of claypan soil. Soil Sci Soc Am Proc, 12: 485-490.

Smith D D, Wischmeier W H. 1957. Factors affecting sheet and rill erosion. Trans Amer Geophys Union, 38 (6): 889-896.

Smith D D, Whitt D M. 1948. Evaluating soil losses from field areas. Agr Eng, 29: 394-396.

Smith D D. 1941. Interpretation of soil conservation data for field use. Agric Eng, 22: 173-175.

Smith J A, DeVeaux R D. 1992. The temporal and spatial variability of rainfall power. Environmetrics, 3 (1): 29-53.

Smith R M, Stamey W L. 1965. Determining the range of tolerable erosion. J Soil Sci, 100 (6): 414-424.

Snedecor G W, Cochran W G. 1989. Statistical methods, 8thEdn. Ames: Iowa State Univ. Press Iowa, 54: 71-82.

Soil Survey Staff. 1960. Soil Classification, A Comprehensive System-7th Approximation. Washington D. C.

Soil Survey Staff. 1999. Soil Taxonomy (2nd edition). Agriculture Hand book 426, US Government Printing Office, Washington D. C.

Sreenivas L, Johnston J R, Hill H W. 1947. Some relationships of vegetation and soil detachment in the erosion process. Soil Sci Soc Am Proc, 12: 471-474.

Stamey W L, Smith R M. 1964. A conservation definition of erosion tolerance. Soil Sci, 97 (3): 183-186.

Steiner M, Smith J A. 2000. Reflectivity, rain rate, and kinetic energy flux relationships based on raindrop spectra. Journal of Applied Meteorology, 39 (11): 1923-1940.

Stone R P, Hilborn D. 2012. Fact Sheet: Universal Soil Loss Equation (USLE). Order NO. 12-051, AGDEX 572/751.

Subhashchandler S K D E. 1978. A Simple laboratory apparatus to measure relative erodibility of soils. Soil Sci, 125 (2): 115-121.

Sánchez L A, Ataroff M, López R. 2002. Soil erosion under different vegetation covers in the Venezuelan Andes. The Environmentalist, 22: 161-172.

Thome K, Markham B, Barker J, et al. 1997. Radiometric calibration of Landsat. Photogramm Eng Rem S, 63

（7）：835-858.

Thornes J B. 1990. The interaction of erosional and vegetational dynamics in land degradation：Spatial outcomes//Thornes J B. Vegetation and Erosion. New York：John Wiley & Sons Ltd.

Toy T J, Foster G R, Renard K G. 2002. Soil Erosion：Processes, Prediction, Measurement, and Control. New York, USA：John Wiley & Sons, Inc.

Truman C C, Williams R G. 2001. Effects of peanut practices and canopy cover conditions on runoff and sediment yield. J Soil Water Conserv, 56（2）：152-159.

USDA-ARS. 2013. Science documentation：Revised Universal Soil Loss Equation Version 2. USDA-ARS, Washington, DC.

Van Doren C A, Stauffer R S, Kidder E H. 1950. Effect of contour farming on soil loss and runoff. Soil Sci Soc Am Proc, 15：413-417.

Van Remortel R D, Hamilton M, Hickey R. 2001. Estimating the LS factor for RUSLE through iterative slope length processing of digital elevation data. Cartography, 30（1）：27-35.

Van Remortel R D, Maichle R W, Hickey R. 2004. Computing the LS factor for the revised universal soil loss E-quation through array-based slope processing of digital elevation data using a C++ executable. Comput Geosci, 30：1043-1053.

Van Dijk A I J M, Bruijnzeel L A, Rosewell C J. 2002. Rainfall intensity-kinetic energy relationships：A critical literature appraisal. Journal of Hydrology, 261（1-4）：1-23.

Verheijen F G A, Jones R J A, Rickson R J, et al. 2009. Tolerable versus actual soil erosion rates in Europe. Earth Sci Rev, 94（1）：23-38.

Viles H A. 1990. The agency of organic beings：A selective review of recent work in biogeomorphology//Thornes J B. Vegetation and Erosion. New York：John Wiley & Sons Ltd.

Walling D E, Quine T A. 1993. Use of Caesium-137 as a Tracer of Erosion and Sedimentation：Handbook for the Application of the Caesium-137 Technique, UK Overseas Development Administration Research Scheme R4579. Department of Geography, University of Exeter.

Walling D E, Quine T A. 1995. Use of radionuclide measurements in soil erosion investigations//International Atomic Energy Agency. Nuclear Techniques in Soil-Plant Studies for Sustainable Agriculture and Environmental Preservation.

Wang S Y, Zhu X L, Zhang W B, et al. 2016. Effect of different topographic data sources on soil loss estimation for a mountainous watershed in Northern China. Environ Earth Sci, 75（20）：1-12.

William J R. 1975. Sediment-yield prediction with universal equation using runoff energy factor. In Present and Prospective Technology for Predicting Sediment Yields and Sources, USDA-ARS-S-40.

Williams J R, Jones C A, Dyke P T. 1984. A modeling approach to determining the relationship between erosion and soil productivity. Trans ASAE, 27：129-144.

Wischmeier W H. 1960. Cropping-management factor evaluations for a universal soil-loss equation. Soil Sci Soc Am Proc, 23：322-326.

Wischmeier W H. 1962. Rainfall erosion potential. Agricultural Engineering, 43: 212-215.

Wischmeier W H. 1972. Estimation the soil loss equations's cover and management factor for undisturbed areas. In: Present and prospective technology for predicting sediment yields and sources proc. Oxford: SEDIMENT-YIELDS WORKSHOP. Lab.

Wischmeier W H. 1976. Use and misuse of the universal soil loss equation. Journal of Soil and Water Conservation, 31 (5-6): 554-559.

Wischmeier W H, Mannering J V. 1969. Relation of soil properties to its erodibility. Soil Sci Soc Am Proc, 33 (1): 131-137.

Wischmeier W H, Smith D D. 1965. Predicting Rainfall Erosion Losses from Cropland East of the Rocky Mountains: Guide for Selection of Practices for Soil and Water Conservation. Washington, D. C.: USDA-ARS. Agriculture Handbook No. 282.

Wischmeier W H, Smith D D. 1978. Predicting Rainfall Erosion Losses, A Guide to Conservation Planning. Agriculture Hand Book 537. Washington, D. C.: USDA - ARS.

Wischmeier W H, Smith D D, Uhland R E. 1958. Evaluation of factors in the soil-loss equation. Agricultural Engineering, 39 (8): 458-462.

Wischmeier W H, Johnson C B, Cross B V. 1971. A soil erodibility nomograph for farmland and construction sites. J Soil Water Conserv, 26 (5): 189-193.

Wischmeier W H, Smith D D, Uhland R E. 1958. Evaluation of factors in the soil- loss equation. Agric Eng, 39: 458-462.

Yin S, Chen D, Xie Y. 2009. Diurnal variations of precipitation during the warm season over China. International Journal of Climatology, 29 (8): 1154-1170.

Yin S, Xie Y, Nearing M A, et al. 2007. Estimation of rainfall erosivity using 5- to 60- minute fixed- interval rainfall data from China. CATENA, 70 (3): 306-312.

Young K K. 1980. Impact of erosion on soils for United States//Deboodt S M, Grabriels D. Assessment of Erosion. New York: Wiley.

Young R A, Mutchler C K. 1977. Erodibility of some Minnesota soils. J Soil Water Conserv, (32): 180-182.

Yu B, Hashim G M, Eusof Z. 2001. Estimating the R- factor with limited rainfall data: A case study from peninsular Malaysia. Journal of Soil and Water Conservation, 56 (2): 101-105.

Yu B, Rosewell C J. 1996. An assessment of a daily rainfall erosivity model for New South Wales. Soil Research, 34 (1): 139-152.

Yu B, Rosewell C J. 1998. RECS 2.0: A program to calculate the R- factor for the USLE/RUSLE using BOM/AWS pluviograph data: User guide and reference manual. Faculty of Environmental Sciences, Griffith University.

Yu B. 1998. Rainfall erosivity and its estimation for Australia's tropics. Soil Research, 36 (1): 143 -166.

Yule D F, Sallaway M M, Bell K, et al. 1997. The effect of crop type, crop rotation, and tillage practice on runoff and soil loss on a Vertisol in central Queensland. Aust J Soil Res, 35 (4): 925.

Zachar D. 1982. Soil Erosion. New York：Elsevier Scientific Publishing Company.

Zanchi C，Torri D. 1980. Evaluation of rainfall energy in central Italy//De Boodt Gabriels. Assessment of Erosion. New York ：John Wiley and Sons.

Zhang Y，Liu B Y，Zhang Q C，et al. 2003. Effect of different vegetation types on soil erosion by water. Acta Botanica Sinica，45（10）：1204-1209.

Zhou L Y. 1997. Effect of straw mulch on soil physical conditions infield. Research of Agricultural Modernization，18（5）：317-320.

Zhu Z，Yu B. 2015. Validation of rainfall erosivity estimators for Mainland China. Transactions of the ASABE，58（1）：61-71.

Zingg A W. 1940. Degree and length of land slope as it affect soil loss in runoff. Agric Eng，21（2）：59-64.

附　表

附表1　水蚀野外调查表

表号：P502 表

制定机关：水利部

国务院水利普查办公室

批准机关：国家统计局

批准文号：国统制〔2010〕181 号

有效期至：2012 年 8 月

全国水利普查　　　　　　　　　　　水蚀野外调查表

National Census For Water　　　　　　　2011 年

1. 行政区：1.1 名称＿＿省（自治区、直辖市）＿＿地区（市、州、盟）＿＿县（区、市、旗）　1.2 代码：＿＿

2. 野外调查单元基本信息：2.1 编号＿＿＿　2.2 位置描述＿＿＿　2.3 经度＿＿°＿＿′＿＿″　2.4 纬度＿＿°＿＿′＿＿″

3. 地块编号	4. 土地利用		5. 生物措施				6. 工程措施				7. 耕作措施		8. 备注
	4.1类型	4.2代码	5.1类型	5.2代码	5.3 郁闭度/%	盖度/%	6.1类型	6.2代码	6.3完成时间	6.4质量	7.1类型	7.2代码	

（第　　页/共　　页）

填表人：＿＿＿＿＿　　联系电话：＿＿＿＿＿　　填表日期：＿＿年＿月＿日

复核人：＿＿＿＿＿　　联系电话：＿＿＿＿＿　　复核日期：＿＿年＿月＿日　　　（填表单位公章）

审查人：＿＿＿＿＿　　联系电话：＿＿＿＿＿　　审查日期：＿＿年＿月＿日

《水蚀野外调查表（P502 表）》填表说明

一、填表要求

1. 本表按野外调查单元填写，每个野外调查单元填写一份。

2. 本表由县级普查机构普查员负责填写。

3. 普查表必须用钢笔或签字笔（中性笔）填写。需要用文字表述的，必须用汉字工整、清晰地填写；需要填写数字的，一律用阿拉伯数字表示。填写数据时，应按给定单位和规定保留位数；表中各项指标是指 2011 年地块的现状。

4. 填表人、复核人、审查人需在表下方相应位置签名，填写时间，并加盖单位公章。

5. 某野外调查单元地块数量如一页不够填写，可续表填写。

二、指标解释及填表说明

【1. 行政区】填写普查所在的行政区名称和全国统一规定的行政区代码。

【2. 野外调查单元基本信息】填写野外调查单元的编号和位置描述。

【2.1 编号】填写野外调查底图上的野外调查单元编号。

【2.2 位置描述】选用野外调查单元内部或邻近一个显著地标名称（如村名）填写。

【2.3 经度】填写野外调查单元内一点的经度，单位度、分、秒，保留整数位。

【2.4 纬度】填写野外调查单元内一点的纬度，单位度、分、秒，保留整数位。

【3. 地块编号】地块是指野外调查单元内，土地利用类型相同、郁闭度/盖度相同、水土保持措施相同、空间连续的范围。按照野外调查顺序填写编号：第一个调查地块编号为"1"，第二个调查地块编号为"2"，以此类推，不得重复。表中地块编号要与现场勾绘的野外调查图上的地块编号一致。

【4. 土地利用】按《野外调查单元土地利用现状分类》填写。

【4.1 类型】按《野外调查单元土地利用现状分类》，填写到二级类名称。其中园地、林地和草地如果是单一种类，在"8. 备注栏"填写具体的林种或草种名称，如"柑橘""刺槐林""柠条""苜蓿"分别表示单一种类的园地、林地、灌木林和草地。如果是混交种类，按优势种最多填写三个种类。

【4.2 代码】按《野外调查单元土地利用现状分类》，填写到相应二级类的代码。

【5. 生物措施】按《野外调查单元水土保持措施分类》查表填写。《野外调查单元水土保持措施分类》参照 GB/T16453.1-1996《水土保持综合治理技术规范——坡耕地治理技术》、GB/T16453.2-1996《水土保持综合治理技术规范——荒地治理技术》等编写。

【5.1 类型】按《野外调查单元水土保持措施分类》查表填写到二级类或三级类。如果是"草水路（草皮泄水道）"、"农田防护林"等条带型措施，在备注栏中填其长度。如

果属于"其他措施",填写当地名称,并另起一行详细填写其规格、用途等。

【5.2 代码】按《野外调查单元水土保持措施分类》查表填写【5.1 类型】对应的二级或三级代码。如果属于"其他措施",代码填写"99"。无生物措施,代码填写"0"。

【5.3 郁闭度】郁闭度是指乔木在单位面积内其垂直投影面积所占百分比,单位%,保留整数位。

【5.3 盖度】盖度是指灌木或草本植物在单位面积内其垂直投影面积所占百分比,单位%,保留整数位。郁闭度和盖度采用人工目视判别,参照《野外目估郁闭度/盖度参考图》确定。

乔木林填写格式为:在"郁闭度"栏填写郁闭度如"60",在"盖度"栏填写其下灌木和草地的盖度。如"50",表示乔木林郁闭度为60%,其下灌木和草地盖度为50%。注意:盖度包括覆盖在地表的枯枝落叶。

灌木林(和草地)填写格式为:在郁闭度栏填写"0",在"盖度"栏填写盖度,如"60",表示灌木林(和草地)盖度为60%。注意:盖度包括覆盖在地表的枯枝落叶。

农地填写格式为:在"5.1 类型"栏填写"无",在"5.2 代码"栏填写"0",在"5.3 郁闭度/盖度"栏均填写"无",在"8. 备注"栏内填写"作物名称加盖度",如"玉米60",表示玉米地,盖度为60%。如果是套种或间作,在备注栏内填写格式为"作物1加作物2加盖度";如果是几种作物地相连,最多填写面积最大的三种作物,填写格式为"作物1加盖度,作物2加盖度,作物3加盖度",如"小麦60,玉米30,大豆10"。

【6. 工程措施】按《野外调查单元水土保持措施分类》查表填写。

【6.1 类型】按《野外调查单元水土保持措施分类》查表填写到二级类或三级类。如果是"坡面小型蓄排工程",仅填写到二级类名称。如果是"路旁沟底小型蓄引工程""沟头防护""谷坊""淤地坝""引洪漫地""崩岗治理工程""引水拉沙造地""沙障固沙"等措施,在"8. 备注"栏中填写调查地块内包含的工程个数。如果属于"其他措施",填写当地名称,并另起一行详细填写其规格、用途等;无工程措施,填写"无"。

【6.2 代码】按《野外调查单元水土保持措施分类》查表填写【6.1 类型】对应的二级类或三级类代码。如果属于"其他措施",代码填写"99"。无工程措施,代码填写"0"。

【6.3 完成时间】填写工程措施建成完工的年份,如具体年份不详,可填写建设的年代。

【6.4 质量】填写目前工程措施的好坏程度,分为"好""中""差"三级,按照标准选择填写。水平沟、鱼鳞坑、大型果树坑、谷坊、淤地坝、沟头防护工程、坡面小型蓄排工程等淤积型措施按其淤积程度划分,淤积程度在25%以下认定其质量为"好",淤积程度在25%~50%认定其质量为"中",淤积程度在50%以上认定其质量为"差"。

梯田、窄梯田、水平阶等有较高土埂的措施，按其土埂冲垮破坏程度划分质量等级。土埂保持完好，破坏程度在 25% 以下认定其质量为"好"，土埂破坏程度在 25%～50% 认定其质量为"中"，土埂破坏程度在 50% 以上认定其质量为"差"。

【7. 耕作措施】按《野外调查单元水土保持措施分类》查表填写。

【7.1 类型】按《野外调查单元水土保持措施分类》查表填写到二级类或三级类。其中"轮作"措施的三级类名称查《全国轮作制度区划及轮作措施三级分类》。如果属于"其他措施"，填写当地名称，并另起一行详细填写其规格、用途等。无耕作措施，填写"无"。

【7.2 代码】按《野外调查单元水土保持措施分类》查表填写【7.1 类型】对应的二级类或三级类代码，其中"轮作"措施的三级类代码查《全国轮作制度区划及轮作措施三级分类》。如果轮作的作物种类与表中作物不一致，填写三级代码的前 6 位，并在备注栏中填写现在轮作作物种类。如果属于"其他措施"，代码填写"99"。无耕作措施，代码填写"0"。有多种耕作措施，续行填写。

【8 备注】填写前述各项中要求在备注栏填写的内容，如园地、林地、草地的种类名称，农地的作物名称与盖度等。

三、审核关系

主要进行普查指标完整性审核及普查数据有效性、逻辑性、相关性审核。各指标项不得为空，"经度"中"°"范围为 72°～136°、"′"范围为 0～59′、"″"范围为 0～59″，"纬度"中"°"范围为 16°～54°、"′"范围为 0～59′、"″"范围为 0～59″。

附表 2　野外调查单元土地利用现状分类

| 一级类 | | 二级类 | | 含义 |
编码	名称	编码	名称	
01	耕地			指种植农作物的土地，包括熟地、新开发、复垦、整理地、休闲地（含轮歇地、轮作地）；以种植农作物（含蔬菜）为主，间有零星果树、桑树或其他树木的土地；平均每年能保证收获一季的已垦滩地和海涂。耕地中包括南方宽度<1.0 米、北方宽度<2.0 米固定的沟、渠、路和地坎（埂）；临时种植药材、草皮、花卉、苗木等的耕地，以及其他临时改变用途的耕地
		011	水田	指用于种植水稻、莲藕等水生农作物的耕地。包括实行水生、旱生农作物轮种的耕地
		012	水浇地	指有水源保证和灌溉设施，在一般年景能正常灌溉，种植旱生农作物的耕地。包括种植蔬菜等的非工厂化的大棚用地
		013	旱地	指无灌溉设施，主要靠天然降水种植旱生农作物的耕地，包括没有灌溉设施，仅靠引洪淤灌的耕地
02	园地			指种植以采集果、叶、根、茎、汁等为主的集约经营的多年生木本和草本作物，覆盖度大于50%或每亩株数大于合理株数70%的土地。包括用于育苗的土地
		021	果园	指种植果树的园地
		022	茶园	指种植茶树的园地
		023	其他园地	指种植桑树、橡胶、可可、咖啡、油棕、胡椒、药材等其他多年生作物的园地
03	林地			指生长乔木、竹类、灌木的土地，及沿海生长红树林的土地。包括迹地，不包括居民点内部的绿化林木用地，铁路、公路征地范围内的林木，以及河流、沟渠的护堤林
		031	有林地	指树木郁闭度≥0.2的乔木林地，包括红树林地和竹林地
		032	灌木林地	指灌木覆盖度≥40%的林地
		033	其他林地	包括疏林地（指树木郁闭度≥0.1、<0.2的林地）、未成林地、迹地、苗圃等林地
04	草地			指生长草本植物为主的土地
		041	天然牧草地	指以天然草本植物为主，用于放牧或割草的草地
		042	人工牧草地	指人工种植牧草的草地
		043	其他草地	指树木郁闭度<0.1，表层为土质，生长草本植物为主，不用于畜牧业的草地

一级类		二级类		含义
编码	名称	编码	名称	
05	居民点及工矿用地	051	城镇居民点	指城镇用于生活居住的各类房屋用地及其附属设施用地。包括普通住宅、公寓、别墅等用地
		052	农村居民点	指农村用于生活居住的宅基地
		053	独立工矿用地	指主要用于工业生产、物资存放场所的土地
		054	商服及公共用地	指主要用于商业、服务业以及机关团体、新闻出版、科教文卫、风景名胜、公共设施等的土地
		055	特殊用地	指用于军事设施、涉外、宗教、监教、殡葬等的土地
06	交通运输用地			指用于运输通行的地面线路、场站等的土地。包括民用机场、港口、码头、地面运输管道和各种道路用地
07	水域及水利设施用地			指河流水面、湖泊水面、水库水面、坑塘水面、沿海滩涂、内陆滩涂、沟渠、水工建筑用地、冰川及永久积雪等用地。不包括滞洪区和已垦滩涂中的耕地、园地、林地、居民点、道路等用地
08	其他土地			指上述地类以外的其他类型的土地。包括盐碱地、沼泽地、沙地、裸地等

注：本表参考 GB/T21010—2007《土地利用现状分类》和 1984 年制订的《土地利用现状调查技术规程》，以 GB/T21010—2007《土地利用现状分类》为主制作完成。

附表3 野外调查单元水土保持措施分类

一级分类		二级分类		三级分类		含义描述
代码	名称	代码	名称	代码	名称	
01	生物措施	0101	植树	010101	人工乔木林	采取人工种植乔木林措施，以防治水土流失
				010102	人工灌木林	采取人工种植灌木林措施，以防治水土流失
				010103	人工混交林	采取人工种植两个或两个以上树种组成的森林的措施，以防治水土流失
				010104	飞播乔木林	采取飞机播种方式种植乔木林措施，以防治水土流失
				010105	飞播灌木林	采取飞机播种方式种植灌木林措施，以防治水土流失
				010106	飞播混交林	采取飞机播种方式种植两个或两个以上树种组成的森林措施，以防治水土流失
				010107	经果林	采取人工种植经济果树林措施，以防治水土流失
				010108	农田防护林	主林带走向应垂直于主风向，或呈不大于30°~45°的偏角。主林带与副林带垂直；如因地形地物限制，主、副林带可以有一定交角。主带宽8~12m，副带宽4~6m；地少人多地区，主带宽5~6m，副带宽3~4m。林带的间距应按乔木主要树种壮龄时期平均高度的15~20倍计算。主林带和副林带交叉处只在一侧留出20m宽缺口，便于交通
				010109	四旁林	指在非林地中村旁、宅旁、路旁、水旁栽植的树木
		0102	种草	010201	人工种草	采取人工种草措施，以防治水土流失
				010202	飞播种草	采取飞机播种种草措施，以防治水土流失
				010203	草水路	为防止沿坡面的沟道冲刷而采用的种草护沟措施。草水路用于沟道改道或阶地沟道出口，沿坡面向下，处理径流进入水系或其他出口。可以利用天然的排水沟或草间水沟。一般用在坡度小于11°的坡面
		0103	封育	010301	封山育乔木林	原始植被遭到破坏后，通过围栏封禁，严禁人畜进入，经长期恢复为乔木林
				010302	封山育灌木林	原始植被遭到破坏后，通过围栏封禁，严禁人畜进入，经长期恢复为灌木林
				010303	封坡育草	由于过度放牧等导致草场退化，通过围栏封禁，严禁牲畜进入和采取改良措施
				010304	生态恢复乔木林	原始植被遭到破坏后，通过政策、法规、及其他管理办法等，限制人畜进入，经长期恢复为乔木林
				010305	生态恢复灌木林	原始植被遭到破坏后，通过政策、法规、及其他管理办法等，限制人畜进入，经长期恢复为灌木林
				010306	生态恢复草地	由于过度放牧等导致草场退化，通过政策、法规、及其他管理办法等，限制牲畜进入，经长期恢复为草地
		0104	轮牧			不同年份或不同季节进行轮流放牧，使草场恢复的措施

一级分类		二级分类		三级分类		含义描述
代码	名称	代码	名称	代码	名称	
02	工程措施	0201	梯田	020101	土坎水平梯田	田面宽度，陡坡区一般5～15m，缓坡区一般20～40m；田边蓄水埂高0.3～0.5m，顶宽0.3～0.5m，内外坡比约1：1。黄土高原水平梯田的修建多为就地取材，以黄土修建地埂
				020102	石坎水平梯田	长江流域以南地区，多为土石山区或石质山区，坡耕地土层中多夹石砾、石块。修筑梯田时就地取材修筑石坎梯田。修筑石坎的材料可分为条石、块石、卵石、片石、土石混合。石坎外坡坡度一般为1：0.75；内坡接近垂直，顶宽0.3～0.5m
				020103	坡式梯田	在较为平缓的坡地上沿等高线构筑挡水拦泥土埂，埂间仍维持原有坡面不动，借雨水冲刷和逐年翻耕，使埂间坡面渐渐变平，最终成为水平梯田。埂顶宽30～40cm，埂高50～60cm，外坡1：0.5，内坡1：1。根据地面坡度情况，一般是地面坡度越陡，沟埂间距越小；地面坡度越缓，沟埂间距越大。根据地区降雨情况，一般雨量和强度大的地区沟埂间距小些，雨量和强度小的地区沟埂间距应大些
				020104	隔坡梯田	根据拦蓄利用径流的要求，在坡面上修建的每一台水平梯田，其上方都留出一定面积的原坡面不修，坡面产生的径流拦蓄于下方的水平田面上，这种平、坡相间的复式梯田布置形式，叫做隔坡梯田。隔坡梯田适应的地面坡度（15°～25°），水平田宽一般5～10m，坡度缓的可宽些，坡度陡的可窄些。以水平田面宽为1，则斜坡部分的宽度比例可为1：1～1：3（或者更大）
		0202	软埝			在小于8°的缓坡上，横坡每隔一定距离，做一条埝子，埝的两坡坡度很缓。时间久了，通过软埝，可以把坡地变成梯田
		0203	坡面小型蓄排工程			指防治坡面水土流失的截水沟、排水沟、蓄水池、沉沙池等工程
				020301	截水沟	当坡面下部是梯田或林草，上部是坡耕地或荒坡时，应在其交界处布设截水沟
				020302	排水沟	一般布设在坡面截水沟的两端，用以排除截水沟不能容纳的地表径流。排水沟的终端连接蓄水池或天然排水道
				020303	蓄水池	一般布设在坡脚或坡面局部低凹处，与排水沟的终端相连，以容蓄坡面排水
				020304	沉沙池	一般布设在蓄水池进水口的上游附近。排水沟排出的水量，先进入沉沙池，泥沙沉淀后，再将清水排入池中
		0204	水平阶（反坡梯田）			适用于15°～25°的陡坡，阶面宽1.0～1.5m，具有3°～5°反坡，也称反坡梯田。上下两阶间的水平距离，以设计的造林行距为准。要求在暴雨中，各台水平阶间斜坡径流在阶面上能全部或大部容纳入渗，以此确定阶面宽度、反坡坡度，调整阶间距离

一级分类		二级分类		三级分类		含义描述
代码	名称	代码	名称	代码	名称	
02	工程措施	0205	水平沟			适用于15°~25°的陡坡。沟口上宽0.6~1.0m，沟底宽0.3~0.5m，沟深0.4~0.6m，沟由半挖半填作成，内侧挖出的生土用在外侧作梗，树苗植于沟底外侧。根据设计的造林行距和坡面暴雨径流情况，确定上下两沟的间距和沟的具体尺寸
		0206	鱼鳞坑			坑平面呈半圆形，长径0.8~1.5m，短径0.5~0.8m；坑深0.3~0.5m，坑内取土在下沿作成弧状土埂，高0.2~0.3m（中部较高，两端较低）。各坑在坡面基本上沿等高线布设，上下两行坑口呈"品"字形错开排列，坑的两端开挖宽深各约0.2~0.3m、倒"八"字形的截水沟
		0207	大型果树坑			在土层极薄的土石山区或丘陵区种植果树时，需在坡面开挖大型果树坑，深0.8~1.0m，圆形直径0.8~1.0m，方形各边长0.8~1.0m，取出坑内石砾或生土，将附近表土填入坑内
		0208	路旁、沟底小型蓄引工程	020801	水窖	一种地下埋藏式蓄水工程。主要设在村旁、路旁、有足够地表径流来源的地方。窖址应有深厚坚实的土层，距沟头、沟边20m以上，距大树根10m以上。在土质地区和岩石地区都有应用。在土质地区的水窖多为圆形断面，可分为圆柱形、瓶形、烧杯形、坛形等，其防渗材料可采用水泥砂浆抹面、黏土或现浇混凝土，岩石地区水窖一般为矩形宽浅式，多采用浆砌石砌筑
				020802	涝池	主要修于路旁，用于拦蓄道路径流，防止道路冲刷与沟头前进；同时可供饮牲口和洗涤之用
		0209	沟头防护	020901	蓄水型沟头防护	主要是用来制止坡面暴雨径流由沟头进入沟道或使之有控制的进入沟道，制止沟头前进。当沟头以上坡面来水量不大，沟头防护工程可以全部拦蓄时，采用蓄水型
				020902	排水型沟头防护	主要是用来制止坡面暴雨径流由沟头进入沟道或使之有控制的进入沟道，制止沟头前进。当沟头以上坡面来水量较大，蓄水型防护工程不能完全拦蓄，或由于地形、土质限制、不能采用蓄水型时，应采用排水型沟头防护
		0210	谷坊			主要修建在沟底比降较大（5%~10%或更大）、沟底下切剧烈发展的沟段。其主要作用是巩固并抬高沟床，制止沟底下切，稳定沟坡，制止沟岸扩张（沟坡崩塌、滑塌、泻溜等）。谷坊分土谷坊、石谷坊、植物谷坊三类

一级分类		二级分类		三级分类		含义描述
代码	名称	代码	名称	代码	名称	
02	工程措施	0210	谷坊	021001	土谷坊	由填土夯实筑成,适宜于土质丘陵区。土谷坊一般高 3～5m
				021002	石谷坊	由浆砌或干砌石块建成,适于石质山区或土石山区。干砌石谷坊一般高 1.5m 左右,浆砌石谷坊一般高 3.5m 左右
				021003	植物谷坊	多由柳桩打入沟底,织梢编篱,内填石块而成,统称柳谷坊。柳谷坊一般高 1.0m 左右
		0211	淤地坝			是指在沟壑中筑坝拦泥,巩固并抬高侵蚀基准面,减轻沟蚀,减少入河泥沙,变害为利,充分利用水沙资源的一项水土保持治沟工程措施
				021101	小型淤地坝	一般坝高 5～15m,库容 1 万～10 万 m³,淤地面积 0.2～2hm²,修在小支沟或较大支沟的中上游,单坝集水面积 1km² 以下,建筑物一般为土坝与溢洪道或土坝与泄水洞两大件
				021102	中型淤地坝	一般坝高 15～25m,库容 10 万～50 万 m³,淤地面积 2～7hm²,修在较大支沟下游或主沟的中上游,单坝集水面积 1～3km²,建筑物少数为土坝、溢洪道、泄水洞三大件,多数为土坝与溢洪道或土坝与泄水洞两大件
				021103	大型淤地坝	一般坝高 25m 以上,库容 50 万～500 万 m³,淤地面积 7hm² 以上,修在主沟的中、下游或较大支沟下游,单坝集水面积 3～5km² 或更多,建筑物一般是土坝、溢洪道、泄水洞三大件齐全
		0212	引洪漫地			指在暴雨期间引用坡面、道路、沟壑与河流的洪水、淤漫耕地或荒滩的工程
		0213	崩岗治理工程	021301	截水沟	布设在崩口顶部外沿 5m 左右,从崩口顶部正中向两侧延伸。截水沟长度以能防止坡面径流进入崩口为准,一般 10～20m,特殊情况下可延伸到 40～50m
				021302	崩壁小台阶	一般宽 0.5～1.0m,高 0.8～1.0m,外坡:实土 1:0.5,松土 1:0.7～1:1.0;阶面向内呈 5°～10° 反坡
				021303	土谷坊	坝体断面一般为梯形。坝高 1～5m,顶宽 0.5～3m,底宽 2～25.5m,上游坡比 1:05～1:2,下游坡比 1:1.0～1:2.5
				021304	拦沙坝	与土谷坊相似

一级分类		二级分类		三级分类		含义描述
代码	名称	代码	名称	代码	名称	
02	工程措施	0214	引水拉沙造地			有水源条件的风沙区采用引水或抽水拉沙造地
				021401	引水渠	比降为0.5%~1.0%，梯形断面，断面尺寸随引水量大小而定。边坡1∶0.5~1∶1
				021402	蓄水池	池水高程应高于拉沙造地的沙丘高程，可利用沙湾蓄水或人工围埝修成，形状不限
				021403	冲沙壕	比降应在1%以上，开壕位置和形式有多种
				021404	围埝	平面形状应为规整的矩或正方形，初修时高0.5~0.8m，随地面淤沙升高而加高；梯形断面顶宽0.3~0.5m，内外坡比1∶1
				021405	排水口	高程与位置应随着围埝内地面的升高而变动，保持排水口略高于淤泥面而低于围埝
		0215	沙障固沙			沙障是用柴草、活性沙生植物的枝茎或其他材料平铺或直立于风蚀沙丘地面，以增加地面糙度，削弱近地层风速，固定地面沙粒，减缓和制止沙丘流动
				021501	带状沙障	沙障在地面呈带状分布，带的走向垂直于主风向
				021502	网状沙障	沙障在地面呈方格状（或网状）分布，主要用于风向不稳定，除主风向外，还有较强测向风的地方
03	耕作措施	0301	等高耕作			在坡耕地上顺等高线（或与等高线呈1%~2%的比降）进行耕作
		0302	等高沟垄种植			在坡耕地上顺等高线（或与等高线呈1%~2%的比降）进行耕作，形成沟垄相间的地面，以容蓄雨水，减轻水土流失。播种时起垄，由牲畜带犁完成。在地块下边空一犁宽地面不犁，从第二犁位置开始，顺等高线犁出第一条犁沟，向下翻土，形成第一道垄，垄顶至沟底深约20~30cm，将种子、肥料撒在犁沟内
		0303	垄作区田			在传统垄作基础上，按一定距离在垄沟内修筑小土挡，成为区田
		0304	掏钵（穴状）种植			适用于干旱、半干旱地区。在坡耕地上沿等高线用锄挖穴（掏钵），穴距30~50cm，以作物行距为上下两行穴间行距（一般为60~80cm），穴的直径20~50cm，深20~40cm，上下两行穴的位置呈"品"字形错开。挖穴取出的生土在穴下方作成小土埂，再将穴底挖松，从第二穴位置上取出10cm表土至于第一穴，施入底肥，播下种子
		0305	抗旱丰产沟			适用于土层深厚的干旱、半干旱地区。顺等高线方向开挖，宽、深、间距均为30cm，沟内保留熟土，地埂由生土培成

一级分类		二级分类		三级分类		含义描述
代码	名称	代码	名称	代码	名称	
03	耕作措施	0306	休闲地水平犁沟			在坡耕地内，从上到下，每隔2～3m沿等高线或与等高线保持1%～2%的比降，作一道水平犁沟。犁时向下方翻土，使犁沟下方形成一道土垄，以拦蓄雨水。为加大沟垄容蓄能力，可在同一位置翻犁两次，加大沟深和垄高
		0307	中耕培垄			中耕时，在每棵作物根部培土堆，高10cm左右，并把这些土堆子串联起来，形成一个一个的小土堆，以拦蓄雨水
		0308	草田轮作			适用于人多地少的农区或半农半牧区，特别是对原来有轮歇、撂荒习惯的地区。主要指作物与牧草的轮作
		0309	间作与套种			要求两种（或两种以上）不同作物同时或先后种植在同一地块内，增加对地面的覆盖程度和延长对地面的覆盖时间，减少水土流失。间作，两种不同作物同时播种。套种，在同一地块内，前季作物生长的后期，在其行间或株间播种或移栽后季作物
		0310	横坡带状间作			基本上沿等高线，或与等高线保持1%～2%的比降，条带宽度一般5～10m，两种作物可取等宽或分别采取不同宽度，陡坡地条带宽度小些，缓坡地条带宽度大些
		0311	休闲地绿肥			指作物收获前，在作物行间顺等高线地面播种绿肥植物，作物收获后，绿肥植物加快生长，迅速覆盖地面
		0312	留茬少耕			指在传统耕作基础上，尽量减少整地次数和减少土层翻动，将作物秸秆残茬覆盖在地表的措施，作物种植之后残茬覆盖度至少达到30%
		0313	免耕			指作物播种前不单独进行耕作，直接在前茬地上播种，在作物生育期间不使用农机具进行中耕松土的耕作方法。一般留茬在50%～100%就认定为免耕
		0314	轮作			指在同一块田地上，有顺序地在季节间或年间轮换种植不同的作物或复种组合的一种种植方式

注：本表参照GB/T16453.1-1996《水土保持综合治理技术规范》等编写。"轮作"是二级水土保持措施类型，其下的三级分类名称和代码详见附表《全国轮作制度区划及轮作措施的三级分类表》。

附表4 全国轮作制度区划及轮作措施的三级分类表

一级区	一级区名	二级区	二级区名	代码	名称
I	青藏高原喜凉作物一熟轮歇区	I 1	藏东南川西河谷地喜凉一熟区	031401A	春小麦→春小麦→春小麦→休闲或撂荒
				031401B	小麦→豌豆
				031401C	冬小麦→冬小麦→冬小麦→休闲
		I 2	海北甘南高原喜凉一熟轮歇区	031402A	春小麦→春小麦→春小麦→休闲或撂荒
				031402B	小麦→豌豆
				031402C	冬小麦→冬小麦→冬小麦→休闲
II	北部中高原半干旱喜凉作物一熟区	II 1	后山坝上晋北高原山地半干旱喜凉一熟区	031403A	大豆→谷子→糜子
		II 2	陇中青东宁中南黄土丘陵半干旱喜凉一熟区	031404A	春小麦→荞麦→休闲
				031404B	豌豆（扁豆）→春小麦→马铃薯
				031404C	豌豆（扁豆）→春小麦→谷麻
III	北部低高原易旱喜温一熟区	III 1	辽吉西蒙东南冀北半旱喜温一熟区	031405A	大豆→谷子→马铃薯→糜子
		III 2	黄土高原东部易旱喜温一熟区	031406A	小麦→马铃薯→豆类
				031406B	豆类→谷→高粱→马铃薯
				031406C	豌豆扁豆→小麦→小麦→糜
				031406D	大豆→谷→马铃薯→糜
		III 3	晋东半湿润易旱一熟填闲区	031407A	玉米‖大豆→谷子
		III 4	渭北陇东半湿润易旱冬麦一熟填闲区	031408A	豌豆→冬小麦→冬小麦→冬小麦→谷糜
				031408B	油菜→冬小麦→冬小麦→冬小麦→谷糜
IV	东北平原丘陵半湿润喜温作物一熟区	IV 1	大小兴安岭山麓岗地喜凉一熟区	031409A	春小麦→春小麦→大豆
				031409B	春小麦→马铃薯→大豆
		IV 2	三江平原长白山地凉温一熟区	031410A	春小麦→谷子→大豆
				031410B	春小麦→玉米→大豆
				031410C	春小麦→春小麦→大豆→玉米
		IV 3	松嫩平原喜温一熟区	031411A	大豆→玉米→高粱→玉米
		IV 4	辽河平原丘陵温暖一熟填闲区	031412A	大豆→高粱→谷子→玉米
				031412B	大豆→玉米→玉米→高粱
				031412C	大豆→玉米→高粱→玉米

一级区	一级区名	二级区	二级区名	代码	名称
V	西北干旱灌溉一熟兼二熟区	V1	河套河西灌溉一熟填闲区	031413A	春小麦→春小麦→玉米→马铃薯
				031413B	春小麦→春小麦→玉米（糜子）
				031413C	小麦→小麦→谷糜→豌豆
		V2	北疆灌溉一熟填闲区	031414A	冬小麦→冬小麦→玉米
		V3	南疆东疆绿洲二熟一熟区	031415A	冬小麦-玉米
				031415B	棉→棉→棉→高粱→瓜类
				031415C	冬小麦→玉米→棉花→油菜/草木樨
VI	黄淮海平原丘陵水浇地二熟旱地二熟一熟区	VI1	燕山太行山山前平原水浇地套复二熟旱地一熟区	031416A	小麦-夏玉米
				031416B	小麦-大豆
				031416C	小麦/花生
				031416D	小麦/玉米
		VI2	黑龙港缺水低平原水浇地二熟旱地一熟区	031417A	小麦-玉米
				031417B	小麦-谷
		VI3	鲁西北豫北低平原水浇地粮棉二熟一熟区	031418A	小麦-玉米
		VI4	山东丘陵水浇地二熟旱坡地花生棉花一熟区	031419A	甘薯→花生→谷子
				031419B	棉花→花生
				031419C	小麦-玉米→麦-玉米
				031419D	小麦-玉米
		VI5	黄淮平原南阳盆地旱地水浇地二熟区	031420A	小麦-大豆
				031420B	小麦-玉米
				031420C	小麦-甘薯
		VI6	汾渭谷地水浇地二熟旱地一熟二熟区	031421A	小麦-玉米
				031421B	小麦-甘薯
		VI7	豫西丘陵山地旱地坡地一熟水浇地二熟区	031422A	马铃薯/玉米
				031422B	小麦-夏玉米→春玉米
				031422C	小麦-谷子→春玉米
VII	西南中高原山地旱地二熟一熟水田二熟区	VII1	秦巴山区旱地二熟一熟兼水田二熟区	031423A	麦/玉米
				031423B	油菜-玉米
				031423C	小麦-甘薯
		VII2	川鄂湘黔低高原山地水田旱地二熟兼一熟区	031424A	油菜-甘薯
				031424B	小麦-甘薯
				031424C	油菜-花生
				031424D	小麦-玉米

一级区	一级区名	二级区	二级区名	代码	名称
VII	西南中高原山地旱地二熟一熟水田二熟区	VII3	贵州高原水田旱地二熟一熟区	031425A	小麦-甘薯
				031425B	油菜-甘薯
				031425C	小麦-玉米
		VII4	云南高原水田旱地二熟一熟区	031426A	小麦-玉米
				031426B	冬闲-春玉米‖豆
				031426C	冬闲-夏玉米‖豆
		VII5	滇黔边境高原山地河谷旱地一熟二熟水田二熟区	031427A	马铃薯/玉米两熟
				031427B	马铃薯/大豆
				031427C	小麦/玉米
VIII	江淮平原丘陵麦稻二熟区	VIII1	江淮平原麦稻二熟兼旱三熟区	031428A	小麦-玉米
				031428B	小麦-甘薯
				031428C	小麦-大豆
		VIII2	鄂豫皖丘陵平原水田旱地二熟兼旱三熟区	031429A	小麦-玉米
				031429B	小麦-花生
				031429C	小麦-甘薯
				031429D	小麦-豆类
IX	四川盆地水旱二熟兼三熟区	IX1	盆西平原水田麦稻二熟填闲区	031430A	小麦-玉米
				031430B	小麦-甘薯
				031430C	油菜-玉米
				031430D	油菜-甘薯
		IX2	盆东丘陵低山水田旱地二熟三熟区	031431A	小麦-玉米
				031431B	小麦-甘薯
				031431C	油菜-玉米
				031431D	油菜-甘薯
X	长江中下游平原丘陵水田三熟二熟区	X1	沿江平原丘陵水田旱三熟二熟区	031432A	小麦-甘薯
				031432B	小麦-玉米
				031432C	小麦-棉
				031432D	油菜-甘薯
		X2	两湖平原丘陵水田中三熟二熟区	031433A	小麦-甘薯
				031433B	小麦-玉米
				031433C	小麦-棉
				031433D	油菜-甘薯

一级区	一级区名	二级区	二级区名	代码	名称
XI	东南丘陵山地水田旱地二熟三熟区	XI1	浙闽丘陵山地水田旱地三熟二熟区	031434A	甘薯–小麦
				031434B	甘薯–马铃薯
				031434C	玉米–小麦
				031434D	玉米–马铃薯
		XI2	南岭丘陵山地水田旱地二熟三熟区	031435A	春花生–秋甘薯
				031435B	春玉米–秋甘薯
		XI3	滇南山地旱地水田二熟兼三熟区	031436A	低山玉米 ‖ 豆一年一熟
XII	华南丘陵沿海平原晚三熟热三熟区	XII1	华南低丘平原晚三熟区	031437A	花生（大豆）–甘薯
				031437B	玉米–油菜
				031437C	玉米/黄豆
				031437D	玉米–甘薯
		XII2	华南沿海西双版纳台南二熟三熟与热作区	031438A	玉米–甘薯

注：（1）本表分区和耕作制度及其名称依据刘巽浩，韩湘玲等（1987）编著的《中国耕作制度区划》制定。

（2）表中"名称"栏符号意义："–"表示年内作物的轮作顺序；"→"表示年际或多年的轮作顺序；"/"表示套作；"‖"表示间作。

（3）各二级区包括的县级行政区详见《中国耕作制度区划县（市）名录》。由于该区划完成于20世纪80年代，轮作制度和行政区变化很大，应用时请根据当地实际情况调整。